U0173725

输变电噪声污染控制技术及典型案例

李　丽　樊小鹏　李林勇　编著
邹庄磊　汪　远　何　忠

胡将军　主审

中国环境出版集团·北京

图书在版编目（CIP）数据

输变电噪声污染控制技术及典型案例/李丽等编著.
—北京：中国环境出版集团，2021.3
ISBN 978-7-5111-4684-7

Ⅰ. ①输… Ⅱ. ①李… Ⅲ. ①输电线路－噪声控制－
②变电所－噪声控制 Ⅳ. ①TM726②TM63

中国版本图书馆 CIP 数据核字（2021）第 046684 号

出 版 人　武德凯
责任编辑　林双双
责任校对　任　丽
封面设计　岳　帅

出版发行　**中国环境出版集团**
　　　　　（100062　北京市东城区广渠门内大街 16 号）
　　　　　网　　　址：http://www.cesp.com.cn
　　　　　电子邮箱：bjgl@cesp.com.cn
　　　　　联系电话：010-67112765（编辑管理部）
　　　　　发行热线：010-67125803，010-67113405（传真）
印　　刷　北京市联华印刷厂
经　　销　各地新华书店
版　　次　2021 年 3 月第 1 版
印　　次　2021 年 3 月第 1 次印刷
开　　本　787×1092　1/16
印　　张　19.5
字　　数　450 千字
定　　价　68.00 元

【版权所有。未经许可请勿翻印、转载，侵权必究】
如有缺页、破损、倒装等印装质量问题，请寄回本集团更换

中国环境出版集团郑重承诺：
中国环境出版集团合作的印刷单位、材料单位均具有中国环境标志产品认证；
中国环境出版集团所有图书"禁塑"。

目　录

第 1 章　声学基础知识

1.1　概述

1.1.1　声及声音的产生

声音是由物体振动产生的声波。物体振动后通过介质传播引起人耳或其他接收器的反应，就是声音。振动的物体就是声源，声源可以是固体形态，也可以是气体形态或液体形态。例如，人讲话的声音来源于喉内声带的振动，机械性噪声来源于机器部件的振动，扬声器的发声来源于线圈连接纸盆的振动。这些正在发声的物体称为声源。

声音在介质中以声波的形成进行传播。声波是物质波，是在弹性介质（气体、液体及固体）中传播的应力、压力、质点运动等的一种或者多种变化。以击鼓为例，当鼓槌敲击鼓面时，鼓面振动，靠近鼓面的空气介质受到压缩，空气质点更加密集，局部空气密度加大；当鼓面向内运动时，这部分空气介质体积增大，质点变稀，局部空气密度减小。鼓面这样往复运动，使靠近鼓面的空气时而密集、时而稀疏，带动临近空气的质点由近及远依次运动起来。这一密一疏的空气层就形成了传播的声波，当声波作用于人耳鼓膜时，鼓膜振动，刺激内耳的听觉神经，从而产生听觉。

1.1.2　声音及其物理特性

声波可以用周期、波长、频率、声速等来表述其物理特性。

周期是一个完整的周期波通过波线上某点所需的时间，以 T 表示，单位为秒（s）。声音的产生及传播如图 1-1 所示。

波长是声波在一个周期中传播的距离，或同一波线上两个相邻的周期差为 2π 的质点之间的距离，以 λ 表示，单位为米（m）。对于纵波，波长等于两个相邻的密集部分（压缩区）或稀疏部分（膨胀区）中心之间的距离。

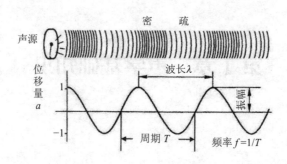

图 1-1　声音的产生和传播

频率是单位时间（1 s）内，声波波动推进的距离中所包含的完整波长的数目，或单位时间内通过波线上某点的完整波的数目，以 f 表示，为平均时间间隔的倒数，即 $f = 1/T$，单位为 Hz，$1 \text{ Hz} = 1 \text{ s}^{-1}$。

人耳能听到的声音频率范围为 20～20 000 Hz，相对应的波长 λ 为 1.7 cm～17 m。频率小于 20 Hz 的声音称为次声，频率大于 20 000 Hz 的声音称为超声。次声和超声作用至人耳时不会引起声音的感觉，故人类一般听不到。

声振动和声速在弹性介质中的传播速度（波速度），或等位相面（波相面）传播的速度（相速度），以 c 表示，单位为米每秒（m/s）。声速取决于介质的弹性和密度，例如，在 20℃时，水中 $c = 1\,483$ m/s；在固体混凝土中，$c = 3\,100$ m/s；在钢材中，$c = 5\,100$ m/s；在空气中，c 仅为 340 m/s。在空气中声速随温度 t（℃）的上升而增加，关系式为 $c = 331.45 + 0.61\,t$。一般工程计算中常取 $c = 340$ m/s。

频率 f、波长 λ 和声速 c 三者之间的关系如式（1-1）或式（1-2）所示：

$$\lambda = c / f = cT \tag{1-1}$$

$$c = \lambda f = \lambda / T \tag{1-2}$$

1.2　噪声的物理度量

1.2.1　声功率、声强、声压

（1）声功率

声源在单位时间内辐射的总能量，称为声功率（Acoustical Power），常用 W 表示，单位为瓦（W）。

瞬时声功率为

$$W(t) = Spu \tag{1-3}$$

式中：S——波阵面面积，m^2；

p——声压，Pa；

t——时间，s；

u——媒介质的振动速度，m/s。

平均声功率为

$$\overline{W} = \frac{1}{T} \int_0^T W(t) \mathrm{d}t \tag{1-4}$$

式中：T——平均时间间隔，s。

对平面波和球面波有式（1-5）：

$$\overline{W} = Sp_e u_e \tag{1-5}$$

式中：p_e——声压振动速度的有效值，Pa；

u_e——质点振动速度的有效值，m/s^2。

一般声源的声功率都非常小，例如一个人平时交谈时所发出的声功率仅为 $10^{-6} \sim 10^{-5}$ W，演讲时所发出的声功率也才达到 10^{-4} W。

（2）声强

单位时间内垂直于传播方向的单位面积上通过的声波能量称为声强（Sound Intensity）或能流密度，用 I 表示，单位为瓦每平方米（W/m^2）。

平面声波中 I 的公式为

$$I = \overline{W} / S = p_e u_e = \frac{p_e^2}{\rho_0 c} = u_e^2 \rho_0 c \tag{1-6}$$

式中：I——声强或能流密度，W/m^2；

$\overline{W}$——平均声功率，W；

S——波阵面面积，m^2；

ρ_0——介质密度，kg/m^3；

c——声音在介质中的速度，m/s。

式（1-6）也适用于半径 r 很大的球面波。

在 $kr > 1$ 时的柱面波中 I 可表示为

$$I = \left[\frac{1}{\pi k r}\right]\left[\frac{A^2}{\rho_0 c}\right] \tag{1-7}$$

式中：k —— 角波数；

r —— 轴线到波阵面的距离，m；

A —— 线声源表面振幅，m；

ρ_0 —— 媒介平衡时的密度，kg/m^3；

c —— 声速，m/s。

声强是具有方向性的矢量，其值有正负，它的指向就是声波的传播方向。因此，在有反射波存在的声场中，声强这一量往往不能直接反映声场中的能量关系，其测量值与环境有关，实际应用中常常用声功率来对声测量的结果进行评价。

式（1-6）表明在特性阻抗（媒介质的特性阻抗 $Z_c = \rho_0 c$）较大的介质中，声源只需要用较小的振动速度就可以发射出较大的能量。

（3）声压

声压（Sound Pressure）是垂直于声波传播方向上单位面积所承受的压力，以 p 表示，单位为帕（Pa）或者牛顿每平方米（N/m^2），1 Pa = 1 N/m^2。由于声压的测量比较易于实现，通过声压的测量也可以间接求得质点振速等其他声学参量，因此声压亦是一种普遍采用的定量描述声波性能的物理参量。

声场中某一瞬时的声压值称为瞬时声压，在一定时间间隔内，最大的瞬时声压为峰值声压。一定时间间隔内，瞬时声压对时间取均方根值称为有效声压（p_e），即

$$p_e = \sqrt{\frac{1}{T}\int_0^T p^2 \mathrm{d}t} \tag{1-8}$$

式中：T —— 平均时间间隔，s；

p —— 瞬时声压，Pa；

$\mathrm{d}t$ —— 瞬时声压作用的时间，s。

媒质质点速度是求声能量所必需的一个参数，是有方向的矢量。已知声压 p，通过运动方程可求出质点速度 u（m/s），即

$$u = -\frac{1}{\rho_0}\int \mathrm{grad}\,p\,\mathrm{d}t \tag{1-9}$$

式中：$\mathrm{d}t$ —— 瞬时声压作用的时间，s。

在 x 方向上表示为

$$u_x = -\frac{1}{\rho_0}\int\frac{\partial p}{\partial x}\mathrm{d}t \tag{1-10}$$

1.2.2　声级

（1）分贝

19 世纪，德国著名的心理学家韦伯（E. H. Weber）发现人耳对声音的感觉满足一定的对数定律（韦伯-费希纳定律）。20 世纪初期，国际会议把测量标度标准化后，采用声压比的自然对数，为奈培数（NP），能量比的常用对数为贝尔数（Bel），分贝为贝的 1/10，1 NP = 0.868 6 Bel。虽然在 20 世纪 40 年代史蒂文斯（S. S. Stevens）证明听觉不应该是对数率而是幂数率，但由于贝尔实验室已做了大量语言和电声研究工作，使用分贝已成为习惯，于是分贝就沿用了下来。

（2）声压级

由于声强具有方向性等物理特性，测量比较困难，而声压测量相对容易，因此声压和声压级（Sound Pressure Level）作为最常用的声音量度，声级计是用来测量声压级的仪器。声压级是声压的对数表现形式，常用 L_p 表示，单位为分贝（dB），其定义为

$$L_p = 10\lg\frac{p^2}{p_0^2} = 20\lg\frac{p}{p_0} \tag{1-11}$$

式中：p —— 被量度的声压有效值，Pa；

　　　p_0 —— 基准声压，Pa。

在空气中，p_0= 20 μPa，即为正常成年人耳朵刚能听到的 1 000 Hz 纯音的声压值。人耳的感觉特性，从刚能听到 2×10^{-5} Pa 到引起疼痛感的 20 Pa，两者相差 100 万倍。用声压级来表示其变化范围为 0～120 dB。一般人耳对声音强弱的最低分辨能力约为 0.5 dB。

（3）声强级

声强级（Sound Intensity Level）是声强的对数表现形式，常用 L_I 表示，单位为分贝（dB），其定义为

$$L_I = 10\lg\left(\frac{I}{I_0}\right) \tag{1-12}$$

式中：I —— 被量度的声强有效值，W/m²；

　　　I_0 —— 基准声强，W/m²。

在空气中,基准声强 I_0 取值为 10^{-12} W/m^2,并以此标准度量任意声音的强度。以 1 000 Hz 声音为例,正常成年人刚刚能引起音响感觉的、最低可听到的声音强度为 10^{-12} W/m^2,该值也被称为听阈声强;使人耳产生疼痛感时的声音强度为 1 W/m^2,称为痛阈声强。

(4)声功率级

声功率级常用 L_W 表示,其定义为

$$L_W = 10\lg\frac{W}{W_0} \tag{1-13}$$

式中:W——被量度的声功率的平均值,空气媒质中,基准声功率 $W_0 = 10^{-12}$ W。

考虑到声强与声功率之间的关系为 $I = W/S$,则有

$$L_I = 10\lg\left(\frac{W}{S} \cdot \frac{1}{I_0}\right) = 10\lg\left[\frac{W}{W_0} \cdot \frac{W_0}{I_0} \cdot \frac{1}{S}\right]$$

将 $W_0 = 10^{-12}$ W、$I_0 = 10^{-12}$ W/m^2 代入可得

$$L_I = L_W - 10\lg S \tag{1-14}$$

式中:L_I——声强级,dB;

  L_W——声功率级,dB;

  S——垂直于声传播方向的面积,m^2。

对于确定的声源,其声功率是不变的,但空间各处的声压级和声强级是会发生变化的。例如,由点源发出的球面波,在距离点源 r 处,球面面积 $S = 4\pi r^2$,所以有

$$I = \frac{W}{4\pi r^2}$$

$$L_I = L_W - 10\lg\left(4\pi r^2\right) = L_W - 20\lg r - 11 \tag{1-15}$$

这表明,对于恒定功率的点声源发出的球面声波,在离声源距离 r 不同时,声强级是不同的。在自由声场中,距离 r 每增加 1 倍,声强级减小 6 dB。当距离足够远时,就可以将球面波近似看作平面波,此时 $L_p \approx L_I$。

1.2.3 频谱与频谱分析

单一频率发出的声音称为纯音(Pure Tone),例如音叉振动发出的声音为 1 000 Hz 的纯音。但在日常生活或工作中,绝大多数声源发出的声音是由多个频率组成的复合音(Complex Tone)。周期波中的最低频率分量称为基频或基音。周期波中频率为基频频率整数倍的频率分量,称谐音或谐频。基音和各次谐音一起组成的复合有规律的声音能给人悦

耳的舒适感；而工作环境中产生的声音往往是杂乱无章的复合音，这种声音给人不舒服的感觉，称为噪声。声音可分为低频、中频、高频三类：小于 300 Hz 为低频声，300～1 000 Hz 为中频声，大于 1 000 Hz 为高频声。从感官上判断，声音频率高则音尖、音调高；声音频率低则音沉、音调低。

（1）频谱和频谱图

频谱（Frequency Spectrum）是指声音频率由低到高的能量分布，体现了声音的频率特性。频谱图是以（中心）频率为横坐标（以对数标度，人对不同频率声音的主观感受为音调，因此不与频率呈线性关系），以各频率成分对应的强度（声压级或声强级）为纵坐标，作出频率—声强度曲线图。频谱分析是指分析噪声能量在各个频率上的分布特性和各个谐频的组成。

声音的频谱常见的有三种：①线状谱（纯音），是由一些离散频率的声音组成，如乐器声；②连续谱，一定频率范围内含有连续频率成分的谱，是一条连续的曲线，大部分的噪声都是连续谱，也称为无调噪声；③复合谱，由连续频率成分和离散频率成分组成的谱，又称为有调噪声，三种声音频谱如图 1-2 所示。变压器的噪声频谱以低中频为主，主要集中在 125 Hz、250 Hz 以及 500 Hz 这 3 个倍频带上，如图 1-3 所示。

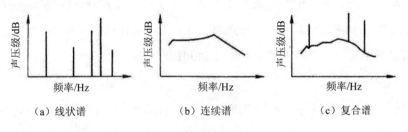

图 1-2 典型的声音频谱

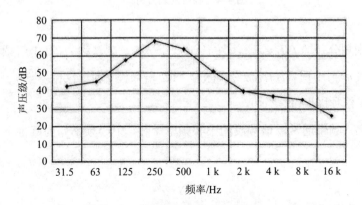

图 1-3 某变压器噪声的频谱分析

（2）频带或频程

人耳听阈范围为 20～20 000 Hz，频率相差 1 000 倍，若按照 1 Hz 来测定频谱，则在整个听阈范围内需要设置并测定 19 981 个整数频率及与其对应的声级，这在实际工作中缺乏操作性。为了方便使用，科学家在听阈范围内将频率分成为若干个有代表性的段带，亦称为频带或者频程，每一频带的带宽 Δf 为

$$\Delta f = f_2 - f_1 \tag{1-16}$$

式中：f_2 —— 该频带的上限频率，Hz；

f_1 —— 该频带的下限频率，Hz。

1）频带的分段方法

符合人耳的听觉特性的分段方法有两种：①等宽（恒定带宽）分段，即带宽 Δf 等于某一常数。这种分法过于细致，一般用于振动的测量。②等比（恒定相对带宽）分段，即相邻两个带宽之比 $\Delta f_2/\Delta f_1$ 为常数，这种分段法相对烦琐，但频段数少，更重要的是它符合人的听觉特性（人对不同频率声音的感觉是音调不同，而音调高低取决于频率的比值——音程）。等比分段是目前最常用的频带分段方法。

例如，C 大调 6（中央 A 音）的基频：高音 6 为 880 Hz，中音 6 为 440 Hz，频率比= 2^1，人耳听到的高音 6 的音调比中音 6 提高了 1 倍（高 1 个八度）。同样，高音 6 为 880 Hz，低音 6 为 220 Hz，频率比= 2^2，人耳听到的高音 6 的音调比低音 6 提高了 1 倍。音乐上，现代标准调音频率是第 4 个八度的 A4 音即 440 Hz。

2）频带划分规则

①频带划分方法。频带划分是以 1 000 Hz 为中心频率 f_0，向左向右两边划分（图 1-4）。

$$\longleftarrow 500\ Hz \longleftarrow 1\ 000\ Hz \longrightarrow 2\ 000\ Hz \longrightarrow$$

图 1-4 频段的划分方向

按等比规则划分，即 $f_2/f_1 = 2^n$。当 $n = 1$ 时，$f_2/f_1 = 2^1$，称为"1/1 倍频程"或"倍频程"（1 oct）；当 $n = 1/2$ 时，$f_2/f_1 = 2^{1/2}$，称为"1/2 倍频程"（1/2 oct）；当 $n = 1/3$ 时，$f_2/f_1 = 2^{1/3}$，称为"1/3 倍频程"（1/3 oct）。

②频带命名。频带通常以该频段的中心频率命名，中心频率 f_0 为其上下限频率的几何平均值，即

$$f_0 = \sqrt{f_2 f_1} \tag{1-17}$$

1.2.4　声品质参数

声品质概念最早可以追溯到 1883 年，德国音乐心理学家卡尔·斯图姆夫（C. Stumpf）在他的著作《乐声心理学》中提出了声特征的概念，用来描述那些具有相同声级但是对人而言又有着不同听觉感受的声音的物理特性。截至目前，学术界公认的声品质定义概念是由德国学者 Blauert 在 1994 年发表的文章中首先提出的，他认为声品质是在特定的技术目标或任务内涵中声音的适宜性，能够反映人们对声音的主观感受。

20 世纪 80 年代中期以来，人们逐渐认识到，当噪声强度降低到一定程度时，声压级的高低已不能继续反映人们对噪声信号的主观感觉和评价。传统以 A 计权声压级和 A 计权声功率级作为噪声评价标准的观念越来越受到质疑和挑战。研究表明，对声音进行 A 计权会使频率为 500 Hz 以下的声音成分衰减较大，从而造成样本的一些声特性缺失；对于两个总值相同的声样本，人耳对其感觉也不尽相同。因此表明 A 声级与人耳的听觉特性有一定的差距。随着对产品声特性的进一步研究分析，声品质成为声特性分析的重要指标。声品质中的"声"不是指声波这一物理事件，而是代表人耳的听觉感知，"品质"也是指人耳对声的听觉感知过程，并对声音作出相应的主观评判，除频率和强度两大因素外，声品质的研究更强调心理声学及非声学等因素的直接影响。声品质研究这一新兴的领域正是为了满足人们日益增长的主观需要而发展起来的。近年来，声品质的研究已经扩展到航空、铁路、交通噪声、人居环境等领域，吸引国际上众多声学工作者的关注，研究在形成和不断发展中进行。

声品质评价可分为客观评价和主观评价。主观评价反映了评价者对声音的主观感受，但是主观评价易受评价者的经验、心理、生理因素及周围环境等的影响，因此国内外研究学者采用心理声学参量从客观上量化声品质。声品质客观评价快速便捷、稳定性好、不受评价者主观因素影响，只需根据评价对象及评价需求选取具有代表性的客观评价参量即可。

常见的心理声学参数有响度、粗糙度、抖动度、尖锐度和音调度等。

（1）响度及其数学模型

能够反映人耳对声音强弱的主观感受程度的参量为响度（Loudness）。这种评价参量介于主观与客观之间，属于声品质评价中较为关键的特征量。通常，声音品质会随着响度值的增大而变得更差，这会激增人们的烦躁情绪，但是却不能将其作为评定噪声声品质的唯一标准。与 A 声级相比，响度可以对人耳感知到的声音强弱作出更加准确的反应，这是因为响度考虑了以下几个方面：①人耳掩蔽效应对声音的作用；②声音的物理特性；③频谱分布。宋（sone）为响度的单位，频率为 1 kHz、声压级为 40 dB 参考纯音的响度则被定义为 1 sone。如果和参考纯音相比，一个声音响亮程度增加了 1 倍，那么便记作 2 sone。响度在确定的过程中只能依赖幅度的估计等方法，无法仅仅依靠声强听阈曲线获得。

响度与声强有关，响度的计算公式如下：

$$N_x = b\left(\frac{I_x}{I_0}\right)^a \tag{1-18}$$

式中：I_0 —— 声强基准量，W/m^2；

I_x —— 对应的声强，W/m^2；

N_x —— 稳态噪声或 1 kHz 纯音（$x = 1$ kHz）的响度；

a、b —— 常数。

以 Zwicker 提出的理论为基础，对于稳态噪声，式（1-18）中 $a = 0.23$，$b = 2/3$，$I_x/I_0 > 10^6$；对于 1 kHz 纯音，式（1-18）中 $a = 0.3$，$b = 1/16$，$I_0/I_x > 10^4$。这一估算响度方法可用于计算平坦频谱的扩散声场，对混响声场以及自由声场并不适用。实际应用中通常采用国际标准 ISO 532B 中规定的响度模型来计算，该模型以 Zwicker 理论为基础。

以 Zwicker 理论为基础的响度模型通过计算每个特征频带的响度之和求得总响度值。特征响度可通过激励 E 计算得到，其计算公式为

$$N' = 0.08\left(\frac{E_{TQ}}{E_0}\right)^{0.23}\left[\left(0.5 + 0.5\frac{E}{E_{TQ}}\right)^{0.23} - 1\right] \tag{1-19}$$

式中：N' —— 特征响度，对响度在频域内的分布进行了客观反映，它是指一个临界频带内噪声的响度，其单位是 $\text{sone}_G/\text{Bark}$（下标 G 表示响度值是由临界频带声级计算得来的），也可称为比响度、响度谱或响度密度谱；

E_{TQ} —— 绝对听阈下的激励；

E_0 —— 基准声强下的激励；

E —— 声音激励。

在对总响度 N 进行计算之前应当先对声音信号的特征响度进行计算，即利用主激励级算出各特征频带的主响度，然后将斜坡响度的影响考虑在内，在总 Bark 域上完成积分，其计算公式为

$$N = \int_0^{24\,\text{Bark}} N'(z)\mathrm{d}z \qquad\qquad (1\text{-}20)$$

式中：z —— 临界频带 Bark 数。

人耳可听频率范围可用 24 个连续的临界频带来覆盖，这一组特征频带可用临界频带尺度来描述，其单位定义为 Bark，24 Bark 表示的频率范围为 12～15.5 kHz。

以上计算模型都是针对稳态声信号响度的，但许多声音随着时间变化呈现非稳态，例如汽车加速时的车内噪声响度是随时间变化的，不能用上述模型计算。计算时变响度时，首先按照 ISO 532 B 中的步骤计算出响度，然后重复计算这一过程便可得出累计的结果。但是此方法不能准确估计随时变化的声音的响度，因为未建立非同时掩蔽效应的响度计算模型，可以利用超过采样时间某一百分比的响度来代替最佳预估时变响度，如用整个采样时间段中超过 5% 的统计响度（N_5）和超过 10% 的统计响度（N_{10}）来计算。

（2）尖锐度

声音中所包含的频率成分对人耳主观感知有很大影响。如果声音信号中含有较多低频成分，那么声音听起来像咆哮声或者隆隆声，十分低沉；如果声音信号中含有较多高频成分，那么听起来就会像鸣鸣声或者嘶嘶声，异常刺耳。描述声音中的高频成分占比的参量称为尖锐度（Sharpness），它能够对声音信号的刺耳程度作出客观反映。频谱包络和中心频率是影响噪声尖锐度的主要因素。声音高频成分在频谱结构中占比越大，尖锐度就越高，声音听起来会越刺耳，人的主观感知就越烦躁。

尖锐度的单位为 acum，定义中心频率为 1 kHz、带宽为 160 Hz 的 60 dB 窄带噪声的尖锐度为 1 acum。以响度模型为基础可以建立尖锐度的数学模型，常用 Zwicker 模型来计算尖锐度，公式如下：

$$S = k\frac{\int_0^{24\,\text{Bark}} N'(z)zg(z)\mathrm{d}z}{N} \qquad\qquad (1\text{-}21)$$

式中：S —— 尖锐度；

$\quad\;\; N'(z)$ —— 临界频带的特征响度；

$\quad\;\; N$ —— 总响度；

$\quad\;\; z$ —— 临界频带 Bark 数；

$\quad\;\; k$ —— 加权系数，一般取 0.11；

$\quad\;\; g(z)$ —— 不同临界频带的加权函数。

$g(z)$ 关于 Bark 域的表达式为

$$g(z) = \begin{cases} 1 & z < 16 \\ 0.062\,5e^{0.173\,3z} & z \geqslant 16 \end{cases} \tag{1-22}$$

（3）音调度

对声音信号频谱中纯音成分所占比例进行度量的参量称为音调度（Tonality），其单位为 tu。定义声压级为 60 dB、频率为 1 kHz 的纯音信号的音调度为 1 tu。式（1-23）可以对音调度值进行计算，并通过一个 4 096 点的快速傅里叶变换和一个汉宁窗来实现，其计算公式如下：

$$T = \sqrt{\sum_{i=1}^{N}\left[W_1(\Delta z_i)W_2(f_i)W_3(\Delta L_i)\right]^2} \tag{1-23}$$

式中：$W_3(\Delta L_i)$ —— 第 i 个单频分量的声级盈余量效应；

$W_2(f_i)$ —— 频率与第 i 个单频分量的关系；

$W_1(\Delta z_i)$ —— 临界频带与第 i 个单频分量的差异关系。

（4）粗糙度

当一个声音信号满足以下条件时便可用其调制频率来表示，即除因非稳态音调而引起响度的变化以外，它以某一周期变化。声音的调制包括幅度上或者是频率上的调制，在心理声学中，粗糙度（Roughness）是指当处理超过 20 Hz 调制频率的声音信号时所采用的调制声学参量。

粗糙度是一种客观心理声学参量，能够对调制幅度大小、调制频率分布和调制程度等特征作出客观反映，它对 200 Hz 调制频率以下的声音都能保证评价的准确性，特别是对 70 Hz 附近的声音，粗糙度能够起到十分显著的评价效果。粗糙度的单位为 asper，若是声压级为 60 dB 且频率为 1 kHz 的纯音，经过 100%幅值调制以及 70 Hz 频率调制时，粗糙度为 1 asper。

Aures 最早提出了粗糙度的计算模型，后来 Zwicker 和 Fastl 对 Aures 提出的模型做了改进和修正，其计算公式为

$$R = 0.3f_{\mathrm{mod}}\int_0^{24\mathrm{Bark}}\Delta L_E(z)\mathrm{d}z \tag{1-24}$$

式中：R —— 粗糙度；

f_{mod} —— 调制频率，Hz；

ΔL_E —— 声音信号激励级的变化量，dB。

ΔL_E 的定义为

$$\Delta L_E(z) = 20\lg\left(\frac{N'_{\max}(z)}{N'_{\min}(z)}\right) \tag{1-25}$$

式中：$N'_{max}(z)$ —— z 号 Bark 域内特征响度的最大值；

　　$N'_{min}(z)$ —— z 号 Bark 域内特征响度的最小值。

（5）抖动度

抖动度（Fluctuation Strength）能够对人耳主观感觉到的声音信号的起伏和强弱作出客观反映，适用于 20 Hz 以下低频调制声音信号的评价，描述人耳对缓慢移动调制声音的感受程度。抖动度大的声音听起来要比粗糙度大的声音烦躁得多。抖动度的单位为 vacil，l vacil 是指 60 dB、1 kHz 的纯音经 4 Hz、100%幅度调制后的声音的起伏程度，对抖动度有影响的因素包括声压级大小、调制频率、信号的时域结构、调制的程度和带宽。

抖动度常用 Zwicker 提出的数学模型计算：

$$F = 0.008 \frac{\int_0^{24\,\text{Bark}} \Delta L_E(z)\,\mathrm{d}z}{(f_{mod}/f_0)+(f_0/f_{mod})} \tag{1-26}$$

式中：F —— 抖动度；

　　f_0 —— 调制基频（$f_0 = 4$ Hz）；

　　f_{mod} —— 调制频率，Hz；

　　ΔL_E —— 声音信号激励级的变化量，dB。

（6）主观烦恼度

在低频噪声给人造成的主观感受中，主观烦恼（Subjective Annoyance）是被提及最多、最受关注和最重要的一个指标（图 1-5）。一般而言，噪声暴露引起的主观烦恼是指人们对所处声环境的负面评价，包括干扰、恼怒、不满、烦恼、不愉悦、折磨感、愤怒、讨厌、

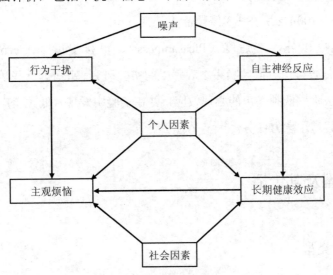

图 1-5　影响主观烦恼的因素

苦恼、恼怒、不适、不安、悲伤、憎恶等多种感受。主观烦恼是一种比较复杂的感受，除了外界刺激，它还由个人因素和社会因素等多种因素决定。有个别研究认为，个体的噪声主观烦恼度主要由声学因素引起，而年龄、经济条件、对噪声源的恐慌、噪声敏感性等非声学因素有非常重要的作用，同样的噪声暴露对于不同的个体，可能引起不一样的主观烦恼，但噪声暴露下群体的主观烦恼结果还是能很好地满足统计规律的。

国内外已有大量关于低频噪声主观烦恼及其预测模型的研究。研究表明，等效连续 A 声级（L_{Aeq}）和响度（N）等指标均在一定程度上低估了低频噪声主观烦恼。除 L_{Aeq} 和响度外，噪声的很多其他声学特性也是影响其主观烦恼的重要因素，L_{Aeq} 相同而其他特性不同的噪声对人的心理影响可能会有显著差异。Alayrac 等对包括变压器噪声在内的若干工业噪声源的主观烦恼进行实验研究，分析了噪声主观烦恼度与 L_{Aeq}、响度级（L_N）、$I_{\text{A,1/3oct,100 Hz}}$（除 100 Hz 所在 1/3 倍频带声能的 A 声级）等参量的关系并建立了线性回归模型，认为 $I_{\text{A,1/3oct,100 Hz}}$ 适于评价以 100 Hz 为主要频率成分的噪声主观烦恼。Zwicker 和 Fastl 则从心理声学角度，建立了基于响度（N）、粗糙度（R）、尖锐度（S）、抖动度（F）等心理声学参量的噪声主观烦恼非线性计算模型，由该模型计算得到的心理声学烦恼度没有上限。此外，也有不少学者利用心理声学参量建立多元线性回归模型，用于声音愉悦度或烦恼度的预测。

$$I_{\text{A,1/3oct,100 Hz}} = 10\lg\left(10^{0.1L_{\text{Aeq}}} - 10^{0.1L_{\text{A,100 Hz}}}\right) \qquad (1\text{-}27)$$

式中：L_{Aeq} —— 等效连续 A 声级，dB；

$L_{\text{A,100 Hz}}$ —— 100 Hz 所在 1/3 倍频带 A 声级，dB。

除主观烦恼度以外，舒适度（Pleasantness）、可接受度（Acceptance）、干扰度（Disturbance）等都曾被用于低频噪声主观感受的实验研究。此外，一些学者也尝试了利用认知心理学的方法研究低频噪声的心理效应，并在实验中发现，低频噪声可对多种认知任务产生影响，尤其是注意力任务。

1.3　声源类型及其传播

1.3.1　声源的类型

按照声源的不同，噪声可以分为机械噪声、空气动力性噪声和电磁性噪声。机械噪声主要是由固体振动产生的，在机械运转中，由于机械撞击、摩擦、交变的机械应力以及运转中动力不平均等原因，使机械的金属板、齿轮、轴承等发生振动，从而辐射机械噪声，如机床、织布机、球磨机等产生的噪声。当气体与气体、气体与其他物体（固体或液体）之间做高速相对运动时，由于黏滞作用引起气体扰动，就产生空气动力性噪声，如各类风机进排气噪声，喷气式飞机的轰鸣声，内燃机排气、储气罐排气所产生的噪声，爆炸引起周围空气急速膨胀亦是一种空气动力性噪声。电磁性噪声是由于磁场脉动、磁致伸缩引起电磁部件振动而产生的噪声，如变压器产生的噪声。

按照噪声的时间变化特性，噪声可分为稳定噪声、周期性变化噪声、无规噪声、脉冲声等。稳定噪声的强度随时间变化不显著；而周期性变化噪声的强度随时间有规律地起伏，周期性地时大时小地出现，如蒸汽机车、织布机的噪声；无规噪声随时间起伏变化没有明显的规律，如街道交通噪声；脉冲声则突然爆发又很快消失，持续时间一般不超过1 s，并且两个连续爆发的声时间间隔大于 1 s，如冲床噪声、枪炮噪声等。

1.3.2 声音的传播

（1）声波的基本类型

声波在三维空间中传播时，为了形象地描述声波的传播情况，常用声射线（声线）和声的波阵面这类几何要素来表达声波的传播。声射线是自声源出发表示声波传播方向和传播途径的带有箭头的线，而不考虑声的波动性质。波阵面是声波在传播过程中，所有相位相同的媒介质点形成的面。波阵面总是与传播方向垂直，即声射线与波阵面垂直（图 1-6）。

1）平面声波

波阵面为平面的声波称为平面声波。各种远离声源的声波往往可以近似地看成平面波（图 1-6）。

2）球面声波

声源的几何尺寸比声波波长小得多，或者测量点离声源相当远时（离声源的距离比声源的尺寸大 5 倍以上），则可将该声源看成一个点，称为点声源。在各向同性的均匀媒质中，从一个表面同步膨胀的点声源发出的声波，其波阵面为一个以点声源为球心的球面称为球面声波（图 1-7）。

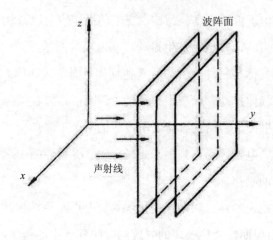

θ —— 球形波阵面某一点与声源的连线与正 z 轴的夹角；
r —— 球形波阵面的半径，m；
φ —— 球形波阵面某一点与声源的连线在 xy 平面的投影线
与正 x 轴的夹角。

图 1-6　平面声波传播示意　　　　　　　　图 1-7　球面声波传播示意

3）柱面声波

同轴圆柱面的声波称为柱面声波，其轴线 z 可视为线声源（图 1-8）。在理想媒质中，声压近似与离声源的距离 r 的平方根成反比。平面波、球面波和柱面波都是理想的声波传播基本模式，实际情况可能有所不同，在具体应用时可根据实际情况进行分析。例如，一列火车常被看作近似于线声源，当声波传播距离小于该线声源长度时，可认为它遵循柱面波的传播规律；当声波传播距离远大于该线声源的长度时，则在某一方向上的传播，可当作球面波的一部分来考虑；如果考虑在远小于传播距离的某个小区域内的传播时，则又可简化为平面波。

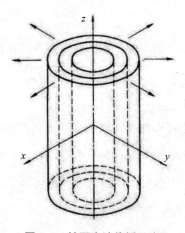

图 1-8　柱面声波传播示意

（2）声波的传播与衰减特性

声波在空间传播时会遇到各种障碍物，或者遇到两种媒质的界面。这时，依据障碍物的形状、大小、属性等，会发生声波的反射、透射、折射、衍射等。声波的这些特性与光波十分相似。

1）声波的反射和折射

当声波从介质1入射至另一种介质2时，入射声波一部分在分界面改变方向后在介质2中继续传播，形成折射波；一部分声波反射回介质1中，形成反射波。前者称为声波的折射现象，而后者称为声波的反射现象（图1-9）。入射波与法线间的夹角称为入射角，以 θ 表示；界面上反射波线与法线间的夹角称为反射角，以 θ_1 表示，$\theta = \theta_1$；透过介质2的折射波线与法线的夹角称为折射角，以 θ_2 表示。入射波、反射波与折射波满足式（1-28）中的关系：

$$\sin\theta/c = \sin\theta_1/c_1 = \sin\theta_2/c_2 \tag{1-28}$$

式中：c 和 c_1 —— 声波在介质1中的传播速度，m/s；

c_2 —— 声波在介质2中的传播速度，m/s。

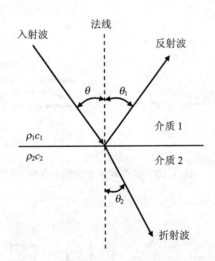

注：ρ_1、ρ_2 分别为介质1、介质2的密度，kg/m³；c_1、c_2 分别为声波在介质1、介质2中的传播速度。

图1-9 声波的入射、反射和折射

图1-9中，当两种介质的声阻抗率接近时，即 $\rho_1 c_1 = \rho_2 c_2$，声波几乎全部由第一种介质进入第二种介质，表现为声波几乎全部穿透过去；当第一种介质声阻抗率远小于第二种介

质声阻抗率时，即 $\rho_1 c_1 \ll \rho_2 c_2$，声波大部分会被反射回去，进入第二种介质的声波能量很少。在噪声控制工程中，经常利用不同材料所具有的不同阻抗特性，使声波在不同材料的界面上产生反射，从而达到控制噪声传播的目的。多层隔声板就是用两种或多种不同材料黏结而成，在各层间形成分界面，各界面形成反射，从而阻止声音的传播。因此，对于相同厚度的隔声板，多层隔声板隔声效果明显优于单层隔声板。

声波除在不同介质的界面上能产生折射现象外，在同种介质中，也会因各点处声速不同而发生声波折射。例如，大气中的温度和风速往往能改变声速，从而使声波产生折射。白天地面吸收太阳的热能，使靠近地面的空气层温度升高，由地面向上温度逐渐降低，声速也逐渐变小，声波传播的声线折向法线，声波的传播方向向上弯曲，如图 1-10（a）所示；反之，夜晚地面温度下降快，地面向上温度逐渐升高，声速也逐渐变快，声线背离法线，声波传播方向向地面弯曲，如图 1-10（b）所示，这就是声音在夜晚比白天传得更远的原因。另外，声波顺风传播时，由于地面对空气运动的摩擦阻力，风速随着离地高度升高而增大，则声速亦随高度升高而增大，所以声线会向下弯曲；反之，逆风传播时，声线向上弯曲，并有声影区，如图 1-11 所示。这就很好地说明了为何顺风时的声音比逆风时传播得远。

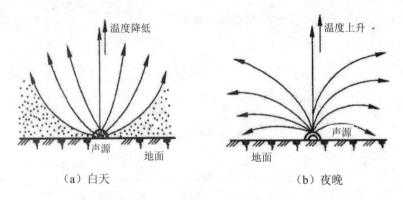

图 1-10　温度对声波传播的影响

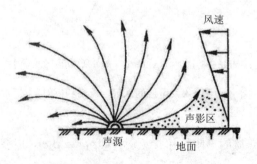

图 1-11　风速对声波传播的影响

2）声波的散射、绕射和干涉

声波在传播过程中，当遇到的障碍物表面较粗糙或者障碍物的大小与波长相近时，声波入射会产生各个方向的反射，这种现象称为声波的散射。

当声波传播过程中由于频率较低、波长较长、障碍物的尺寸比波长小得多时，声音将绕过障碍物继续向前传播，这种现象称为声波的绕射。声波产生绕射现象时，其传播方向会发生变化；绕射现象与声波的频率、波长及障碍物的尺寸有关。图1-12为声波发生绕射的两种状况。

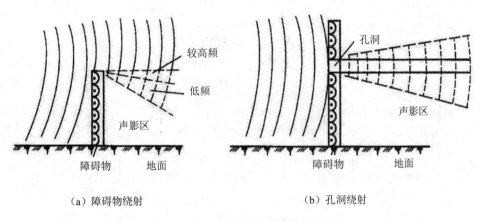

（a）障碍物绕射　　　　　　　　　（b）孔洞绕射

图 1-12　声波的绕射

在工程噪声控制中，尤其要注意低频声的绕射。在设计隔声屏时，高度、宽度要合理，设置隔声间时，一定采用橡胶密封条等保证门窗的密封性，以免发生声音绕射，降低隔音效果。

当几个声源发出的声波在同种介质中传播时，它们可能会在空间某些点上相遇。相遇处质点的振动是各波引起的振动合成。以两个传播方向相同、频率相同的声波为例，当这两个声波在空间某一点处相位相同时，两波便互相加强，其相遇的振幅为两者之和，如图1-13（a）所示；当两声波相位相反，则两声波在传播过程中相互抵消或减弱，其相遇的振幅为两者之差，如图 1-13（b）所示，这些现象称为波的干涉。但实际上多个声源波的振幅和频率以及相位均不相同，在某点叠加时，情况相当复杂。

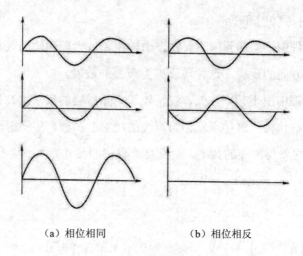

(a) 相位相同　　　　　　　　（b) 相位相反

图 1-13　声波的干涉

第 2 章　噪声污染及其健康影响

2.1　噪声污染

2.1.1　听觉的产生

听觉系统大致分为外耳、中耳、内耳和耳蜗神经 4 部分，如图 2-1 所示。外耳主要功能是收集声音并且将声音传至鼓膜，同时确认声源的方向。中耳主要依靠中耳骨膜室内一组由锤骨、砧骨、镫骨相互衔接而成的听骨链在声音传导至内耳的过程中发挥重要作用。内耳具有感音的功能，主要依靠耳蜗基底膜上的螺旋器上排列的听觉感受细胞发挥作用。耳蜗外毛细胞在声音传导过程中具有调制器的作用，通过它们的主动运动，调谐声频率和提高内耳的敏感性，以此构成耳蜗频率选择的特异性。

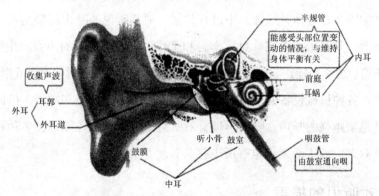

图 2-1　耳的结构和功能

听觉的产生是一个精妙而复杂的过程，其产生可分两个阶段，第一阶段为声音的传导过程。参与声音传导的结构有外耳、中耳和内耳的耳蜗，声音传入内耳可通过两条路径。

一是空气传导，这是声音入耳的主要传导方式，其传导过程：声音经过外耳郭收集到外耳道，引起鼓膜振动，随之带动锤骨运动，传向砧骨、镫骨，镫骨底板振动后将能量透过前庭窗传给内耳的外淋巴，外淋巴流动就像瓶子里的水一样晃来晃去，带动了其内的基底膜波动。在这个过程中，耳郭的作用是收集声音，辨别声音的来源方向。人的耳郭已经退化了，不像有些动物那样大而灵活，所以我们有时候听声音需要将手放在耳郭上或转动头部来协助。但外耳道能对声音进行增压并且保护耳的内部结构免受损伤。声音的空气传导过程中，鼓膜和三块听小骨组成的听骨链作用最大。因为鼓膜是一层薄薄的膜状物，它的振动频率一般与声波一致，最能感应声波的振动，并且能把声波的能量扩大 17 倍。而听小骨以最巧妙的杠杆形式连接成听骨链，又把声音能量提高了 1.3 倍。第二条路径是骨传导，声波能引起颅骨的振动，包括移动式骨导和压缩式骨导两种方式，把声波能量直接传到外淋巴产生听觉。骨导在声音传导过程中不是主要方式。

听觉产生的第二个阶段就是声音的感觉过程，主要由内耳的耳蜗完成。当经空气传导和骨传导的声音振动了外淋巴后，会波动生长于其内的基底膜。基底膜就像一大排并排排列、从长到短的牙刷。声波能量使"牙刷毛"（基底膜上的纤毛细胞）发生弯曲或偏转，这种弯曲和偏转产生电能，并沿着"牙刷柄"传向神经中枢，产生听觉。不同频率的声音总能找到一个长短合适的"牙刷"配对，产生最佳共振。

2.1.2　噪声污染

噪声是指发声体做无规则振动时发出的声音。声音由物体的振动产生，以波的形式在一定的介质（如固体、液体、气体）中进行传播。通常所说的噪声污染是人为造成的。从生理学观点来看，凡是干扰人们休息、学习和工作以及对所要听的声音产生干扰的声音，即不需要的声音，统称为噪声。当噪声对人及周围环境造成不良影响时，就形成噪声污染。工业革命以来，各种机械设备的创造和使用，为人类带来了繁荣和进步，但同时也产生了越来越多而且越来越强的噪声。噪声不但会对听力造成损伤，还能诱发多种致癌甚至危害生命的疾病，对人们的生活工作也有所干扰。

2.2　噪声对听力的损害

2.2.1　噪声对听力损害的类型

生产性噪声是影响作业人员身体健康的主要职业性有害因素之一，可能引起听觉系统特异性损伤和非听觉系统的损伤。噪声对听觉的影响，主要与噪声强度和噪声持续时间有关。人或动物接触一段时间、一定水平的噪声后听阈发生变化，而在脱离噪声环境一段时间后听力可恢复到之前水平，这种现象称为暂时性听阈位移（Temporary Threshold Shift，TTS）。短时间暴露在强烈噪声环境中，感觉声音刺耳、不适，停止接触后，听觉器官敏感性下降，脱离噪声环境后对外界的声音不敏感，听阈可提高 10～15 dB，脱离噪声环境后可在 1 min 内恢复，这种现象称为听觉适应（Auditory Adaptation），听觉适应是一种生理保护现象。较长时间停留在强烈的噪声环境中，引起听力明显下降，听阈可提高 15～30 dB，需要数小时乃至数十小时才能恢复，这种现象称为听觉性疲劳（Auditory Fatigue），一般在十几小时内可完全恢复的属于听觉性疲劳。在实际工作中以 16 小时为限，约为脱离接触后到第二天上班前的时间间隔。随着接触时间延长，如果前一次接触引起的听觉性疲劳未能完全恢复而又再次接触，可使听觉性疲劳逐渐加重，听力不能恢复而造成永久性听阈位移（Permanent Threshold Shift，PTS）。PTS 病理变化的基础，如听毛倒伏、稀疏、脱落，听毛细胞出现肿胀、变性或者消失，可引起听觉器官器质性变化，属于不可逆改变。根据损伤的程度，PTS 可分为听力损失（Hearing Loss）和噪声性耳聋（Noise Induced Deafness）。另外，突然而强烈的声响冲击耳朵（如近距离爆炸、飞机起飞等，其产生的噪声强度可达 140 dB 以上），可以震破耳膜，形成炸震聋。

2.2.2　噪声对听力损害的影响因素

（1）不同噪声类型致听力损伤的差别

非稳态噪声与稳态噪声分别对听觉系统造成不同程度的损伤，但迄今为止非稳态噪声所致的听力损伤是否比稳态噪声严重，国内外尚无定论。研究发现，校正年龄对听力损伤的影响后，接触脉冲噪声后的听阈水平变化与根据 Robinson 模型预测出的听阈水平变化基本一致，而 Robinson 模型是根据稳态噪声与听力损伤人群特征总结获得的剂量—反应关系模型。这提示非稳态噪声与稳态噪声对听觉系统的损伤效应相似。但是，国内研究发现暴露于非稳态噪声的工人高频听力损伤率高于稳态噪声，而非稳态噪声引起的人耳听力损伤率明显高于稳态噪声。随着相关研究的进一步深入，非稳态噪声、稳态噪声与听力关系倾向非稳态噪声可以导致接触者出现严重的听力损害，且多数研究结果支持非稳态噪声对听觉系统的损伤高于稳态噪声。

（2）噪声的强度及频谱特性

一般来说，噪声强度越大、频率越高则危害越大。现场调研表明接触噪声作业工人中耳鸣、耳聋、神经衰弱综合征的检出率随噪声强度增加而增加。不同行业生产性噪声强度与频谱特征存在差异。在同样噪声强度下，噪声频谱特征不同则损害大小不同，一般高频为主的噪声比低频为主的噪声对听力损害大。不同行业作业场所噪声强度和频谱特征往往不同，如变电站以低频噪声为主，而大型器械作业场所往往以中高频为主。通过对接触不同频谱噪声的工人听力损失情况进行研究，发现听力下降的频段与接触噪声的频谱特征有关。因此，分析行业频谱特征，并针对性地采取有效的防护措施对今后预防噪声的危害具有重要意义。

（3）累积噪声暴露量对听力损失的影响

在研究中发现，工作环境噪声强度越大、噪声作业的工龄越长，听力损伤越严重。累积噪声暴露量（Cumulative Noise Exposure，CNE）这个指标可较为客观地反映噪声与听力损失的关系。研究者通过对 512 名稳态噪声作业人员的工作环境噪声强度及听力损失情况进行调查，发现听力损失发生率与 CNE 存在线性关系，随着 CNE 的增大，听力损失发生率也增加。将多个相关因素与听力损失相关的非条件回归进行分析发现 CNE 是各因素中与听力损失相关性最强的指标。高频和低频听力损伤患病率都随着工人接触噪声剂量的增大而升高，呈典型的剂量—反应关系。由图 2-2 可知，累积噪声暴露损伤听力的原理可以理解为当一次噪声暴露的效应尚未完全消除时再次接触噪声，其生物效应可以累积，反复暴露的次数越多，累积效应越明显。

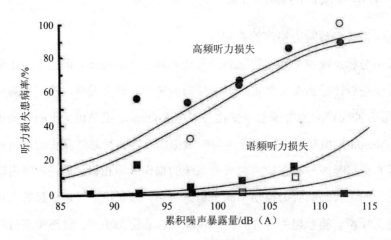

图 2-2 工业脉冲和稳态噪声累积暴露剂量、工人高频及语频 CNE 与听力损伤的剂量—反应关系

（4）药物、有机溶剂和重金属对噪声所致听力损伤的影响

噪声与其他因素对听力损失的交互作用越来越受到重视。研究发现一些药物、有机溶

剂等与噪声联合引起职业人群听力损失的作用比噪声单独作用更明显。如链霉素、庆大霉素、卡那霉素等氨基糖苷类抗生素以及呋塞米（速尿）、阿司匹林等药物可能会损害听力，因此服用这些药物可能进一步加重噪声所致的听力损失；但也有研究认为一些药物对听力有一定的保护作用。动物实验研究发现，在暴露脉冲噪声时，施以苯异丙腺苷的动物耳较对照组动物耳的永久性听阈位移在任何频率上都要低 8～13 dB，而且施药组动物耳的外、内毛细胞缺失率明显较对照组低。其原因可能是苯异丙腺苷可加强实验动物耳内相关抗氧化酶的活性，同时促进听觉器官的微循环，阻止谷氨酸的合成，促进谷胱甘肽的生成从而减轻噪声造成的毛细胞破坏。

国内学者研究发现苯系混合物与噪声联合暴露的人群比单独噪声暴露人群的高频听力损失更明显，而苯系混合物与噪声联合暴露人群与对照人群相比，不仅高频听力明显增加，而且语频听力损失也显著增加，这说明苯系物可加速或加重职业暴露人群噪声性听力损失。有机溶剂具有脂溶性，可与细胞膜的膜蛋白结合，致使毛细胞的细胞膜出现功能紊乱。有机溶剂与神经系统也有较高的亲和性，可使听觉系统的神经细胞和神经纤维中毒、变性。动物实验研究发现有机溶剂暴露可使实验动物耳蜗出现功能障碍及病理损伤。例如，甲苯可干扰耳蜗外毛细胞的缓慢运动及其对声音的敏感性，继而影响毛细胞内 Ca^{2+} 的储存和释放，削弱 Ca^{2+} 回收机制从而引起毛细胞内 Ca^{2+} 超载。另外，某些有机溶剂也可导致内毛细胞损伤。例如，研究发现三氯乙烯可损伤内毛细胞和螺旋神经节细胞功能。

金属毒物如铅、汞、砷等具有耳毒性，耳蜗神经和中枢听力结构对铅（Pb^{2+}）的毒性敏感，过量的 Pb^{2+} 负荷可使听力阈值升高，听性脑干反应（Auditory Brainstem Response，ABR）波潜伏期延长。通过组织学方法可观察到 Pb^{2+} 暴露的实验动物听觉神经纤维出现部分脱髓鞘、耳蜗神经轴索变性。另外，Pb^{2+} 可通过干扰外毛细胞膜 K^+ 电流影响听力，因为 K^+ 电流与外毛细胞的快速运动有关。

（5）噪声性听力损失的个体易感性差异

噪声所致听力损失是基因和环境交互作用的结果，不仅与噪声暴露的水平有关，而且受个体相关基因的表达水平或基因序列差异的影响。随着职业流行病学对噪声性听力损失研究的不断深入，研究者发现不同个体之间、左右耳之间、同一人且同一天的不同时段对噪声的敏感性也存在不同程度的差别，这说明噪声引起职业人群中不同个体的听力损失程度存在差异，而且与个体间遗传因素（如基因多态性）和环境因素密切相关，可能是多基因参与、基因与环境交互作用的复杂过程。

国内外已报道噪声所致听力损失的易感性相关基因主要有以下四种：①线粒体

（mtDNA4977）缺失可使职业性噪声所致听力损伤易感性增加；②参与机体抗氧化系统的超氧化物歧化酶编码基因 *SOD1* 缺失可能增加噪声性听力损失的易感性；③钙黏蛋白 23 定位于毛细胞静纤维上，其编码基因 *CDH23* 序列上 rs1227049 位点 CC 基因型相比 GG 基因型，以及 rs3802721 位点 TT 基因型相比 CT 基因型发生噪声性听力损失的易感性高；④化学物代谢转化相关的基因 *GSTM1* 非缺失型个体比缺失型个体更易产生听觉损失。

此外，年龄、健康状况、生活习惯等个体因素的差异也会影响其对噪声所致听力损失的敏感程度。目前的相关研究尚未发现在不同行业中噪声暴露所致高频、语频听力损失与性别之间存在关联。

（6）其他因素

除上述因素外，可能影响噪声性听力损失的化学因素包括苯乙烯、二硫化碳、一氧化碳等；可显著增加噪声性听力损失的物理因素包括振动、高温和电磁辐射等。

职业性噪声听力损失的发生是一个多因素参与的复杂过程。目前国内外对于噪声性听力损失发生的机制探讨存在多种假说，对其发生规律已有了比较全面的认识，但还需要进一步了解不同企业在不同生产条件下对噪声性听力损失发生规律的影响，从而为建立适合自身类型的"时间—剂量—效应关系"和听力防护计划提供依据，并为卫生标准的制定提供参考。

2.2.3　噪声对听力损伤的机制

（1）机械损伤

高强度噪声可致耳蜗内液体流动加剧，螺旋器剪式运动范围加大，引起不同程度的毛细胞机械损伤及前庭窗破裂、毛细血管出血，甚至螺旋器从基底剥离等，爆震性耳聋对听觉系统的损伤就属此类。爆炸瞬间产生的强大超压冲击波可在外耳道内瞬间达到压力峰值，经鼓膜听骨链的放大作用传至内耳，到达内耳结构的声级超过其结构的生理限度可导致柯蒂氏器（Corti 氏器）的完全断裂和破坏。

一定强度的噪声能够影响外毛细胞的声机械电转换过程，而持续的、一定强度的噪声可导致耳毛细胞发生病理变化，进一步引起内毛细胞传音的灵敏度下降，听神经复合动作电位阈值升高。通过电镜可观察到噪声暴露对豚鼠耳蜗内外毛细胞的影响：不仅外毛细胞出现空泡，内毛细胞谷氨酸免疫金颗粒密度也明显降低，同时内毛细胞下神经末梢有广泛的空泡形成。故推测内毛细胞谷氨酸过度释放可引起耳蜗内毛细胞传入神经递质谷氨酸的过度释放，继而对耳蜗传入神经产生兴奋毒损伤。

另外，噪声暴露使得耳蜗微循环血管收缩，引起耳蜗缺血缺氧，毛细胞和螺旋器继而发生退行性改变。微循环血管收缩可能是由于持续不断的机械性噪声刺激引起的。

（2）代谢损伤

当毛细胞将声波的机械刺激变为神经冲动时，要消耗氧气和葡萄糖、ATP 等能量物质。这些物质由基底膜上和耳蜗内侧壁血管纹中的毛细血管供给。当遇到强刺激时，这些毛细血管收缩，造成缺氧及营养障碍，使毛细胞受损。因此，持续不断的噪声可引起内耳感音细胞代谢增强，耗氧增加使氧张力降低和酶活性下降，从而影响毛细胞的呼吸和代谢，进一步导致细胞的变性坏死并最终引起感音性耳聋。

（3）其他机制

动物实验研究表明，豚鼠暴露在噪声前后，听觉脑干诱发的电位听阈范围有显著性差异，且实验组耳蜗半胱氨酸蛋白酶家族（Caspase-3）反应呈阳性，这表明耳蜗细胞凋亡在噪声性耳聋的发病机制中起着重要作用。噪声暴露可使耳蜗组织产生活性氧自由基，从而破坏耳蜗的抗氧化体系，对耳蜗组织中生物活性大分子产生损伤。例如国内研究人员发现，噪声预暴露诱导的高表达热休克蛋白 70（HSP-70）对毛细胞具有保护作用，因为 HSP-70 参与听觉系统的自身防御机制，具有防止蛋白变构或变性及促进病损组织修复的作用，所以高表达 HSP-70 被认为是噪声预暴露防护高强度噪声所致听力损伤的机制之一。另外，国外学者发现，过度噪声刺激后大鼠耳蜗 c-Fos 基因表达增加，c-Fos 基因过度表达的产物直接或间接地激活了细胞内的限制性核酸内切酶，从而干预细胞核的修复功能。

研究发现，耳蜗内环境改变导致 Ca^{2+}、Na^+ 和 K^+ 电流改变也与噪声造成的听觉损伤机制有关。研究表明，Ca^{2+} 在听觉转换机制中对神经递质释放、离子通道门控和毛细胞慢运动都有十分重要的作用。噪声暴露后，可使内淋巴 Ca^{2+} 浓度升高，使毛细胞 Ca^{2+} 超载而导致噪声性听力损伤。此外，正常听觉时，声波刺激能使螺旋器产生端电势，端电势的高低与引起神经冲动的强弱成正比。而在长期强噪声的刺激下，毛细胞受损使膜对 Na^+、K^+ 通透性增加，造成膜内外 Na^+、K^+ 浓度差减小，因而在同样刺激下，产生的端电势降低。

2.3　噪声对非听力系统的影响

噪声还可引起听觉外系统的损伤，如消化系统、内分泌系统、神经系统、心血管系统以及免疫系统。国外把长期接触高声压、低频率（Large Pressure Amplitude and Low

Frequency，LPALF）噪声（≥90 dB，≤500 Hz）所致的多系统损害病，命名为振动听觉病（Vibration Hearing Disease，VAD），此病的听觉外系统损伤主要包括神经功能紊乱、呼吸系统疾病和心血管系统损害等。

2.3.1　噪声对神经系统的危害

长期在噪声环境下工作，会导致人的中枢神经功能性障碍，表现为植物神经衰弱症候群（头痛、头晕、失眠、多汗、乏力、恶心、心悸、注意力不集中、记忆减退、神经过敏、惊慌、反应迟缓）。持续性噪声会引起人的大脑皮层功能紊乱、抑制和兴奋平衡失调，导致条件反射异常、脑血管受损害、神经细胞边缘出现染色质的溶解，出现头痛、头昏、烦躁、失眠、健忘、耳鸣、心悸等神经衰弱症，严重的还会引起渗出性出血、脑电位改变。通常，噪声在影响人的神经系统健康时，主要对行为功能、心理状态、神经衰弱和抑郁症等方面产生影响。

接触噪声会引起神经衰弱综合征，如果持续接触噪声，神经衰弱综合征的患病率会明显增高，且接触噪声的强度是影响神经衰弱综合征发病的主要因素，与工龄、年龄无明显联系，持续接触噪声者神经衰弱综合征的患病率明显升高。

神经行为功能测试可以作为噪声对机体的早期评价指标，噪声通过听觉器官可作用于大脑皮层和植物神经中枢，影响人的正常心理功能和生理功能，导致神经行为功能改变。有研究表明，随着噪声水平的增强，作业工人的神经行为不良效应明显增多，其中在80～85 dB（A）时，噪声即可对工人的神经行为产生较大影响，并可能存在剂量—效应关系。

2.3.2　噪声对精神行为的影响

暴露于高噪声的工人主诉的不适症状包括头痛、恶心、好争辩、情绪多变和焦虑。在飞机噪声和道路交通噪声的研究中均发现，噪声和烦恼情绪发生率之间存在剂量—反应关系。研究发现，居住在高噪声环境的居民常常抱怨头痛、夜不安宁、紧张和急躁等，但是这些研究中可能存在过度报告症状的情况；而另一项研究在校正了年龄、性别、收入和居住时间等因素后，发现道路交通噪声与路边居民精神症状之间存在弱相关。夜晚睡觉时暴露于噪声会使人血压升高、心跳和脉搏次数增加，而且第二天出现后遗效应（包括主观感觉睡眠质量下降、情绪不稳定、反应时间延长等）。但是也有研究并没有发现类似的相关性，如机场附近的研究没有发现飞机噪声和上述心理症状之间存在关联。

噪声还可影响学习记忆功能，其可能的机制有两种：一是通过上行性网状结构激动系统干扰大脑皮质的正常功能,使皮质的整合功能不能发挥作用;二是通过影响边缘系统(特别是海马体)的活动而影响学习功能,海马体在学习记忆活动中发挥重要作用,而噪声能降低海马区神经元活性,导致一氧化氮合酶(NOS)的合成减少,从而抑制海马体习得性长时程突触增强和影像记忆的获得与保持,进而延迟短时记忆向长时记忆的转化。动物实验证实,噪声能影响大鼠的空间学习和记忆能力,使大鼠空间学习能力减弱,学习达标时间延长。研究发现,噪声只影响学习记忆过程而对学会后记忆保持没影响,只干扰瞬时和短时记忆而对长时记忆没有影响,影响人的思维能力,但推理能力基本不受影响。但是某些研究得到了不同的结果,在 85 dB(A)、90 dB(A)两种强度的噪声条件下暴露 2 h,对人的思维作业任务的绩效有影响,而且该影响与被试者的性格特性有关,噪声可使性格内向者的正确率绩效降低。此外,研究还发现噪声可以使人加减计算时的最慢反应时间及记忆扫描的错误数增加,而准确数减少;立体视觉的最短时间延长,准确数减少;曲线吻合的平均偏移延长,准确数减少;听简单反应以及视复杂反应的平均耗时和最短时间延长。

2.3.3　噪声对心血管系统的影响

噪声对心血管的影响是近年来除噪声性听力损伤外的又一研究热点。噪声对心血管系统功能的影响表现为心动过速、心律不齐、心电图改变、高血压以及末梢血管收缩、供血减少等。噪声对心血管系统的慢性损伤作用,发生在 80～90 dB(A)噪声环境下。目前研究较多的方向是噪声对血压、血脂、心电图的影响。

高血压是一种复杂疾病,致病因素众多,如果不能有效地控制和修正混杂因素的影响,研究结果往往不精准。噪声与高血压的关系呈不稳定规律,长期接触噪声可以引起血压升高。噪声对高血压的作用机制主要有两点:一是噪声刺激中枢神经系统,使大脑皮层兴奋与抑制平衡失调,皮层下血管运动中枢失衡,肾上腺素活性增加,使节后交感神经释放去甲肾上腺素(NE),引起外周血中 NE 含量升高,通过 NE 引起周围小血管收缩,从而使血压升高;二是噪声引起血浆中血管紧张素 II 含量升高,血管紧张素 II 能直接作用于血管平滑肌和中枢神经系统的某些靶细胞引起强烈的升压效应。总体来讲,长期接触噪声对高血压具有一定程度的影响,但是因个体的易感性不同,而高血压的影响因素又过多,因此研究结果在一定程度上难以进行区分和分析。

血脂异常是指脂肪代谢或运转异常,表现为总胆固醇(TC)、甘油三酯(TG)以及低密度脂蛋白(LDL)的升高和(或)高密度脂蛋白(HDL)的下降。长期的噪声接触可使工人 TC、TG 等指标的水平升高,并随接触噪声强度和接触工龄而增高,存在剂量—反应关系，使内脏神经调节功能发生变化，血管运动中枢调节发生障碍，造成脂代谢的紊乱，但其具体机制需进一步研究。

长期职业性噪声接触引起心电图的改变，主要与其强度、频谱特点、稳定程度及接触时间有关。噪声对人体的影响可以通过心电图反映出来，但其影响机制尚不明晰。

2.3.4 噪声对内分泌系统的影响

噪声对内分泌系统也有影响，噪声可能使肾上腺机能亢进，影响新陈代谢，容易出现疲劳。噪声刺激可通过听觉系统传入大脑皮层和丘脑下部，影响内分泌的调节。

中强度［70～80 dB（A）］噪声使肾上腺皮质功能增强，这是噪声通过下丘脑—垂体—肾上腺引起的一种机体对环境的应激反应。高强度［100 dB（A）］噪声使肾上腺皮质功能减弱，这说明刺激强度已经超过机体的承受能力。在噪声刺激下，甲状腺分泌也有变化。双耳长时间受到不平衡的噪声刺激时，会引起前庭反应、嗳气、呕吐等。

2.3.5 噪声对消化系统的影响

长期处在噪声环境中，会抑制胃的正常活动，导致溃疡和胃肠炎发病率增高。研究表明，胃肠功能的损伤程度随噪声强度升高及噪声暴露年限增长而加重，噪声大的行业溃疡病发病率比安静环境下的发病率高 5 倍。国内学者研究表明，噪声接触组中有胃烧灼感、上腹疼痛、上腹饱胀感的症状和消化道疾患者检出率显著高于对照组，且噪声接触组中尿胃蛋白酶浓度较对照组显著增高，以上说明噪声接触可导致工人的胃酸分泌增多，这可能是接触高强度噪声工人中十二指肠溃疡发病率较高的原因之一。同时，噪声接触组中胃电图频率和振幅显著高于对照组，但频率基本上在正常范围内，表明噪声对胃肌电节律有一定影响，可能会引起胃排空障碍。噪声长期作用于机体，可使大脑和丘脑下部交感神经兴奋。导致消化腺分泌减少、胃肠道蠕动减弱、括约肌收缩、减缓胃肠道内容物的推进速度，使胃排空延迟，而任何原因的胃排空延迟，均可使胃部因食物滞留而膨胀，同时胃泌素增加、壁细胞兴奋、胃酸分泌增加，引起胃溃疡，以上反应可能会造成食欲不振、恶心、反酸、胃部疼痛等。

2.3.6 噪声对生殖系统的影响

作为一种职业性危险因素，噪声对女性生殖健康的影响已经引起许多学者的关注。研究发现，长期接触噪声可导致月经周期紊乱、经期异常和经量异常等，且接触噪声已婚者月经紊乱和闭经发生率高于对照组（$P<0.05$），接触噪声未婚者月经紊乱、痛经和前期紧张发生率高于对照组（$P<0.05$），说明长期接触噪声可影响女性月经；且孕妇长期接触噪声强度＞85 dB（A）可显著增加低体重儿和极低体重儿出生的风险，同时，接触噪声还会影响妊娠过程，导致自然流产率、先兆流产发生率和早产儿出生率增加。噪声所致的女性生殖功能异常的机制，可能是通过促使血浆中儿茶酚胺（去甲肾上腺素和肾上腺素）水平增加，从而导致妊娠过程障碍。有调查指出，孕期暴露于 100 dB（A）左右强烈噪声的女工，其妊娠高血压综合征的发生率显著高于对照组，且其早期妊娠反应、妊娠呕吐和妊娠后期浮肿的发生率也较对照组显著增高（$P<0.01$）。另外，外界刺激也可通过影响交感神经系统，释放神经生长因子和神经肽 P 物质，并启动局部的炎症反应和免疫系统反应，导致多种激素分泌释放紊乱，进而影响妊娠过程。

目前，有关噪声对男性生殖功能的影响报道较少。研究表明，噪声导致男性工人遗精的发生率升高，但噪声对男性工人其他性功能指标（如性欲下降、早泄和精子数量减少等）未见明显影响。

第 3 章　噪声检测及评价方法

3.1　噪声标准

噪声级为 30～40 dB 是比较安静的环境；超过 50 dB 就会影响睡眠和休息，休息不足时疲劳不能消除，正常生理功能会受到一定的影响；70 dB 以上干扰谈话，使人心烦意乱，精神不集中，影响工作效率，甚至发生事故；长期工作或生活在 90 dB 以上的噪声环境中，会严重影响听力并导致其他疾病的产生。为保证居民的身心健康并为其提供安静的工作、生活环境，我们必须对环境噪声加以控制，制定噪声限制标准，形成环境噪声标准和法规。目前我国的环境噪声标准可以分为产品噪声标准、噪声排放标准和环境质量标准几大类。

3.1.1　环境噪声污染防治法

《中华人民共和国环境噪声污染防治法》（以下简称《环境噪声污染防治法》）于 1996 年 10 月 29 日第八届全国人民代表大会常务委员会第二十二次会议通过，自 1997 年 3 月 1 日起施行。2018 年 12 月 29 日，第十三届全国人民代表大会常务委员会第七次会议对《环境噪声污染防治法》作出修改，目的是防治环境噪声污染、保护和改善生活环境、保障人体健康、促进经济和社会发展。《环境噪声污染防治法》在环境噪声污染防治的监督管理、工业噪声污染防治、建筑施工噪声污染防治、交通运输噪声污染防治、社会生活噪声污染防治这几方面作出了具体规定，并对违反其中各条规定所应受的处罚及所应承担的法律责任进行了明确说明，该法是制定各种噪声标准的基础。

《环境噪声污染防治法》中明确提到国务院生态环境主管部门对全国环境噪声污染防治实施统一监督管理。县级以上地方人民政府生态环境主管部门对本行政区域内的环境噪声污染防治实施统一监督管理。各级公安、交通、铁路、民航等主管部门和港务监督机构，根据各自的职责，对交通运输和社会生活噪声污染防治实施监督管理。任何单位和个人都有保护声环境的义务，并有权对造成环境噪声污染的单位和个人进行检举和控告。同时国家鼓励、支持环境噪声污染防治的科学研究、技术开发，推广先进的防治技术和普及防治环境噪声污染的科学知识。

《环境噪声污染防治法》规定产生环境噪声污染的工业企业，应当采取有效措施减轻噪声对周围生活环境的影响。对于建筑施工噪声，在建筑施工过程中使用机械设备可能产生环境噪声污染的，施工单位必须在工程开工 15 日前向工程所在地县级以上地方人民政府生态环境主管部门申报该工程的项目名称、施工场所和期限、可能产生的环境噪声值以及所采取的环境噪声污染防治措施的情况。交通运输噪声的防治对交通运输工具的辐射噪声、经过噪声敏感建筑物集中区域的高速公路、城市高架、轻轨道路以及航空器的起飞降落均作了相关规定。社会生活噪声是指人为活动所产生的除工业噪声、建筑施工噪声和交通运输噪声之外的干扰周围生活环境的声音，对此，该法也作出了相关规定。

3.1.2　噪声排放标准

（1）《工业企业厂界环境噪声排放标准》

《工业企业厂界环境噪声排放标准》（GB 12348—2008）是行业行政法规，是为防治环境噪声污染、保护和改善生活环境、保障人体健康、促进经济和社会可持续发展而制定的环境噪声排放标准，是由环境保护部与国家质量监督检验检疫总局联合发布的。表 3-1 为工业企业厂界环境噪声排放限值。

0 类标准适用于康复疗养区等特别需要安静的区域。

1 类标准适用于以居住、文教机关为主的区域。

2 类标准适用于居住、商业、工业混杂区及商业中心。

3 类标准适用于工业区。

4 类标准适用于交通干线道路两侧区域。

表 3-1　工业企业厂界环境噪声排放限值　　　　　单位：dB（A）

边界处声环境功能区类型	时段	
	昼间	夜间
0	50	40
1	55	45
2	60	50
3	65	55
4	70	55

夜间频发噪声的最大声级超过限值的幅度不得高于 10 dB（A）。夜间偶发噪声的最大声级超过限值的幅度不得高于 15 dB（A）。工业企业若位于未划分声环境功能区的区域，当厂界外有噪声敏感建筑物时，由当地县级以上人民政府参照《声环境质量标准》（GB 3096—2008）和《声环境功能区划分技术规范》（GB/T 15190—2014）的规定确定厂界外区域的声环境质量要求，并执行相应的厂界环境噪声排放限值。当厂界与噪声敏感建筑物距离小于 1 m 时，厂界环境噪声应在噪声敏感建筑物的室内测量，并将表 3-1 中相应的限值减 10 dB（A）作为评价依据。

（2）《建筑施工场界环境噪声排放标准》

建筑施工往往带来很大的噪声，对于城市建筑施工期间施工场地产生的噪声，《建筑施工场界环境噪声排放标准》（GB 12523—2011）规定了其排放限值昼间不得超过 70 dB（A），夜间不得超过 55 dB（A），同时还规定了不同施工阶段作业的厂界噪声限值（表 3-2）。

表 3-2　不同施工阶段作业的厂界噪声限值　　　　　　　单位：dB（A）

施工阶段	主要噪声源	噪声限值（昼间）	噪声限值（夜间）
土石方	推土机、挖掘机等	75	55
打桩	各种打桩机等	85	禁止施工
结构	振捣棒、电锯等	70	55
装修	吊车、升降机等	65	55

建筑施工有时出现几个施工阶段同时进行的情形，标准中规定这种情况下以高噪声阶段的限值为准。

（3）铁路及机场周围环境噪声标准

《铁路边界噪声限值及测量方法》（GB 12525—90）规定在距铁路外侧轨道中心线 30 m（即铁路边界）的等效 A 声级昼间夜间均不得超过 70 dB（A）。《机场周围飞机噪声环境标准》（GB 9660—88）规定了适用于机场周围飞机通过产生噪声影响区域的噪声标准值，采用一昼夜的计权等效连续感觉噪声级作为评价量，用 L_{wecpn} 表示，单位为 dB（A）。各适用区域的标准值为一类区域：特殊住宅区，居住、文教区，≤70 dB（A）；除一类区域以外的生活区，≤75 dB（A）。

3.2　噪声检测仪器及设备

大规模的信号处理技术和集成电路快速发展使声学仪器日新月异、种类繁多。本节选取若干典型仪器介绍其特征和使用方法。

3.2.1　声级计

声级计是最基本的噪声测量电子仪器，其将声信号转换成电信号时，可以模拟人耳对声波反应速度的时间特性，有不同灵敏度或不同响度时会改变其强度特性。按照《电声学　声级计　第 1 部分：规范》（GB/T 3785.1—2010）的规定，声级计按照精度分为 1 级声级计和 2 级声级计，1 级声级计和 2 级声级计的技术指标有相同的设计目标，主要是最大允许误差、工作温度范围和频率范围不同，2 级声级计要求的最大允许误差大于 1 级。2 级声级计的工作温度范围为 0～40℃，1 级声级计的工作温度范围为-10～50 ℃。2 级声级计的频率范围一般为 20 Hz～8 kHz，1 级声级计的频率范围为 10 Hz～20 kHz。

声级计一般由传声器、放大器、衰减器、计权网络、检波器和指示器组成，图 3-1 为声级计的典型结构框图。

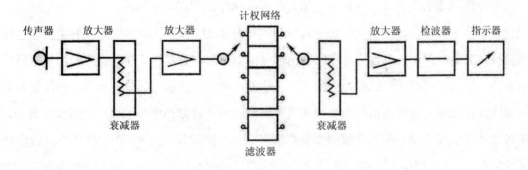

图 3-1　声级计典型结构

（1）传声器

传声器是一种将声压转换成电压的声电换能器。传声器种类繁多、结构不一，原理也不相同。测试用的传声器要求在测量频率范围内有平直的频率响应、动态范围大、无指向性、本底噪声低、稳定性好。在声级计中，大多选用空气电容传声器和驻极体电容传声器。

电容传声器是一种依靠电容量变化而起换能作用的传声器，也是目前运用最广、性能较好的传声器之一，主要由极头、前置放大器、极化电源和电缆等部分组成。电容器的两个电极，其中一个固定，另一个可动，通常两电极相隔很近（一般只有几十微米）。可动电极实际上是一片极薄的振膜（25～30 μm）。固定电极是一片具有一定厚度的极板，板上开孔，控制孔或槽的开口大小以及极板与振膜的间距，以改变共振时的阻尼而获得均匀的频率响应。图 3-2 是电容传声器的结构原理和等效电路图。

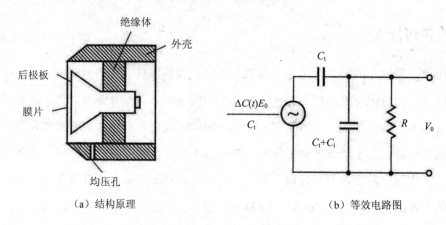

（a）结构原理　　　　　　　　　　　　　（b）等效电路图

注：E_0——恒定直流极化电压；R——负载电阻；V_0——输出电压；C_t——传声器电容；C_i——前置放大器输入电容。

图 3-2　电容传声器

电容传声器的主要技术指标有灵敏度、频率响应范围和动态范围。

驻极体电容传声器按极化结构分为振膜式和背极式。振膜式电容传声器的极化带电体是驻极体振膜；背极式电容传声器的极化带电体是涂敷在背极板上的驻极体膜层。振膜式电容传声器的材料成本比较低，易加工，灵敏度比较高。普通电话机、玩具、声控器多采用振膜式驻极体电容传声器，而背极式电容传声器由于将储存电荷的膜层与振膜分离开，使各自具备优异力学和储电性能的聚酯和聚全氟乙丙烯薄膜（FEP）在驻极体电容传声器结构中充分发挥作用，比振膜式电容传声器的物理和电性能优势强，如物理性能稳定、防潮性能更好、振动灵敏度更低、更好的瞬态响应及动态范围。

（2）放大器

高频功率放大器用于发射机的末级，作用是将高频已调波信号的功率放大，以满足发送功率的要求，然后经过天线将信号辐射到空间，保证一定区域内的接收机可以接收到满意的信号电平，并且不干扰相邻信道的通信。

（3）衰减器

衰减器是在特定的频率范围内，用于引入某预定衰减的电路，一般以所引入衰减的分贝数及其特性阻抗的欧姆数来标明。在有线电视系统里广泛使用衰减器以满足多端口对电平的要求。如放大器的输入端、输出端电平的控制,分支衰减量的控制。衰减器分无源衰减器和有源衰减器两种。有源衰减器与其他热敏元件组成可变衰减器,放置在放大器内用于自动增益或斜率控制电路。无源衰减器包括固定衰减器和可调衰减器,是一种提供衰减的电子元器件,广泛地应用于电子设备中,它的主要用途包括:①调整电路中信号的大小;②在比较法测量电路中,可用来直读被测网络的衰减值;③改善阻抗匹配,若某些电路要求有一个比较稳定的负载阻抗时,可在此电路与实际负载阻抗之间插入一个衰减器,缓冲阻抗的变换。

(4)滤波器

滤波器是对波进行过滤的器件。"波"是一个广泛的物理概念,在电子技术领域,"波"被局限于特指各种物理量的取值随时间起伏变化的过程,该过程通过各类传感器的作用,被转换为电压或电流的时间函数,即为各种物理量的时间波形,或者称为信号,因为自变量时间是连续的,所以称为连续时间信号,又称模拟信号。

①防风罩:为避免风噪声对室外测量结果的影响,可在传声器上装一个防风罩,通常能将风噪声降低 10~12 dB,但风速超过 20 km/h 时,对测量结果仍有影响。

②鼻形锥:若要在稳定的高速气流中测量噪声,应在传声器上装配鼻形锥,使锥的尖端朝向来流,从而减少气流扰动的影响。

③延长电缆:当测量精度要求较高或在某些特殊情况下,测量仪器与测试人员相距较远时,可用一种屏蔽电缆连接电容传声器(随接前置放大器)和声级计。屏蔽电缆长度为几米至几十米,电缆的衰减很小,通常可以忽略,但是如果插头与插座接触不良,将会带来较大的衰减,因此,需要对连接电缆后的整个系统用校准器再次校准。

(5)声级计的校准

声级校准器是一种简易校准器,当耦合到规定型号和结构(如是否有保护栅罩)的传声器上时,能在一个或多个规定频率上产生一个或多个已知声压级。声级校准器产生的声压级与环境条件(如气压、空气、温度和相对湿度)有关。校准器应定期送计量部门鉴定。

3.2.2 频谱分析仪和滤波器

在实际测量中很少遇到单频声,一般都是由许多频率组合而成的复合声,因此,常常需要对声音进行频谱分析。若以频率为横坐标,以反映响应频率处声信号强弱的量(如声压、声强、声压级等）为纵坐标，即可绘制出声音的频谱图，如图 3-3 所示的几种典型的噪声频谱，反映了声能量在各个频率处的分布特性。

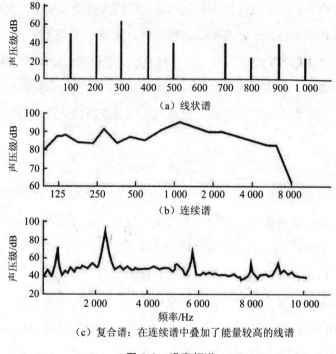

（a）线状谱

（b）连续谱

（c）复合谱：在连续谱中叠加了能量较高的线谱

图 3-3　噪声频谱

　　滤波器是对波进行过滤的器件，随着数字式电子计算机（一般简称计算机）技术的产生和飞速发展，为了便于计算机对信号进行处理，产生了在抽样定理指导下将连续时间信号变换成离散时间信号的完整理论和方法。也就是说，可以只用原模拟信号在一系列离散时间坐标点上的样本值表达原始信号而不丢失任何信息，波、波形、信号这些概念既然表达的是客观世界中各种物理量的变化，自然就是现代社会赖以生存的各种信息的载体。信息的传播需要波形信号的传递。信号在其产生、转换、传输的每一个环节都可能由于环境变化和干扰的存在而畸变，很多时候因为畸变严重，会导致信号及其所携带的信息被埋没在噪声当中。

　　频谱分析仪的核心是滤波器。图 3-4 是一个典型的带通滤波器的频率响应，带宽 $\Delta f = f_2 - f_1$。滤波器的作用是让频率在 f_1 和 f_2 间的所有信号通过，且不影响信号的幅值和相位，同时，阻止频率在 f_1 以下和 f_2 以上的任何信号通过。

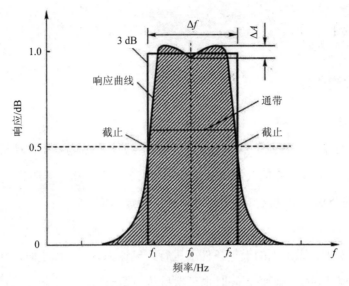

图 3-4　滤波器的频率响应

3.2.3　磁带记录仪

磁带记录仪是利用磁性材料的剩磁效应将被测量信号记录在磁带上的记录仪表，用于记录交变电量信号或电量的瞬态变化过程，具有便于携带、直流供电等优点，可将现场信号连续不断地记录在磁带上，带回实验室重放进行分析。

3.2.4　读出设备

噪声或振动测量的读出设备是相同的，读出设备的作用是让观察者得到测量结果。读出设备的形式很多，最常用的一种是将输出的数据以指针指示或数字显示的方式直接读出，目前，以数字显示居多，如声级计面板上的显示窗；另一种是将输出以几何图形的形式描绘出来，如声级记录仪和 X-Y 记录仪。

3.2.5　实时分析仪

声级计等分析装置是通过开关切换逐次接入不同的滤波器来对信号进行频谱分析的，这种方法只适用于分析稳态信号，需要较长的分析时间。对于瞬态信号则先由磁带记录，再多次重放进行频谱分析，显然，这种分析方式很不方便，迫切需要一种分析仪器能快速（实时）分析连续或瞬态的信号。

3.3 噪声检测

3.3.1 噪声检测程序

（1）测量仪器

测量仪器应为精度 2 级及 2 级以上的积分式声级计及环境噪声自动检测仪器，其性能应符合《声级计的电、声性能及测试方法》（GB 3785—83）和《积分平均声级计》（GB/T 17181—1997）的要求。测量仪器和声校准器应按规定定期检定。

（2）气象条件

测量应在无雨雪、无雷电的天气条件下进行，风速为 5 m/s 以上时停止测量。测量时传声器加风罩以避免风噪声干扰，同时也可保持传声器清洁。铁路两侧区域环境噪声的测量应避开列车通过的时段。

（3）测量时段

测量时段分为昼间（6：00—22：00）和夜间（22：00—次日 6：00）两部分。随着地区和季节不同，上述时间可由县级以上人民政府按当地习惯和季节变化划定。

在昼间和夜间的规定时间内测得的等效声级分别称为昼间等效声级 L 和夜间等效声级 L_n。

（4）测点布置

按环境噪声污染的时间与空间分布规律进行测量，基本方法有网格测量法和定点测量法两种。

（5）城市区域环境噪声监测

1）网格测量法

将要普查测量的城市某一区域或整个城市划分成多个等大的正方形网格，网格要完全覆盖被普查的区域或城市。每个网格中的工厂、道路及非建成区的面积之和不得大于网格面积的 50%，否则视为无效网格。有效网格总数应大于 100。测点布在每个网格的中心。若网格中心点不易测量（如网格中心点为建筑物、厂区内等），应将测点移动到距离中心点最近的可测量位置上进行测量。

分别在昼间和夜间进行测量。在规定的测量时间内，每次每个测点测量 10 min 的等效声级（L_{eq}）。将全部网格中心测点测得的 L_{eq} 计算平均值，所得平均值代表某一区域或全市的噪声水平。

将测量到的等效声级按 5 dB 一档分级（如 61～65 dB，66～70 dB，71～75 dB），用不同颜色或阴影线表示每档的等效声级，绘制在覆盖监测区域或城市的网格上，表示区域或城市的噪声污染分布情况。

2）定点测量法

在标准规定的城市建成区中，优化选取一个或多个能代表某一区域或整个城市建成区环境噪声平均水平的测点，进行 24 h 连续监测。测量每小时的 L_{eq}、L_d 和 L_n，可按网格测量法进行测量。将每小时测得的等效声级按时间排列，得到 24 h 的声级变化图，表示某一区域或城市环境噪声的时间分布规律。

3）城市交通噪声监测

测点应选在两个路口之间、道路边人行道上、离车行道的路沿 20 cm 处，此处距离路口应大于 50 m，该测点的噪声可以代表两路口间该段道路交通噪声。

为调查道路两侧交通噪声分布，垂直道路按噪声传播由近到远的方向设测点测量，直到噪声级降到临近道路功能区（如混合区）允许的标准值为止。

在规定测量时段内，各测点每隔 5 s 记一个瞬时 A 声级（慢档），连续记录 200 个数据，同时记录车流量（辆/h）。

将 200 个数据从大到小排列，第 20 个数为 L_{10}，第 100 个数为 L_{50}，第 180 个数为 L_{90}，以此类推，并计算 L_{eq}，交通噪声基本符合正态分布，可用式（3-1）计算

$$L_{eq} \approx L_{50} + d^2/60, \quad d = L_{10} - L_{90} \tag{3-1}$$

式中：L_{eq} —— 平均瞬时声级，dB；

　　　L_{50} —— 第 100 辆车的瞬时声级，dB。

目前使用的积分式声级计大多带有计算 L_{eq} 的功能，可自动将所测数据从大到小排列后显示 L_{eq} 的值。

评价量为 L_{eq} 或 L_{10}，将每个测点 L_0 按 5 dB 一档分级（方法同网格测量法），以不同颜色或不同阴影线画出每段道路的噪声值，即得到城市交通噪声污染分布图。

根据全市测量结果可知全市交通干线 L_{eq}、L_{10}、L_{50}、L_{90} 的平均值（L）和最大值，以及标准偏差，以用作城市间比较。噪声全市测量计算式为

$$l = \frac{1}{l}\sum_{k=1}^{n} L_k l_k \tag{3-2}$$

式中：l —— 全市交通干线总长度，km；

　　　L_k —— 所测第 k 段交通干线的 L_{eq}（或 L_{10}），dB；

l_k —— 所测第 k 段交通干线的长度，km。

4）工业企业噪声监测方法

测量工业企业噪声时，传声器的位置应在操作人员的耳朵高度，但人需离开。

测点选择的原则：若车间内各处 A 声级波动小于 3 dB，则只需在车间内选择 1~3 个测点；若车间内各处 A 声级波动大于 3 dB，则应按 A 声级大小，将车间划分成若干区域，任意两区域的 A 声级应大于或等于 3 dB，而每个区域内的 A 声级波动必须小于 3 dB，每个区域取 1~3 个测点。这些区域必须包括所有工人因观察或管理生产过程而经常工作、活动的地点和范围。

如为稳态噪声则测量 A 声级，记为 dB（A），如为非稳态噪声则测量等效声级或测量不同 A 声级下的暴露时间，计算等效声级。测量时使用慢档，取平均读数。

测量时注意减少环境因素对测量结果的影响，如避免或减少气流、电磁场、温度和湿度等因素对测量结果的影响。

测量结果记录于表 3-3 和表 3-4 中。在表 3-4 中，测量 A 声级的暴露时间必须填入对应的中心声级下，以便计算。如 78~82 dB（A）的暴露时间填在表 3-4 中中心声级 80 dB（A）之下，83~87 dB（A）的暴露时间填在表 3-4 中中心声级 85 dB（A）之下。

表 3-3　工业企业噪声测量记录表

厂车间＿＿＿＿＿＿＿＿＿　厂址＿＿＿＿＿＿＿＿＿＿＿　＿＿＿年＿＿＿月＿＿＿日

测量仪器	名称		型号		校准方法				备注	

车间设备状况	设备型号		型号		功率/kW		运转状态		备注	
							开/台	停/台		

设备分布示意图										

倍频程频带声压级/dB（A）	声级/dB（A）		倍频程频带中心频率/Hz								
	测点 A	测点 B	31.5	63	125	250	500	1 000	2 000	4 000	8 000	16 000

表 3-4　等效声级记录表

	测点	中心声级/dB（A）										等效声级/dB（A）
		80	85	90	95	100	105	110	115	120	125	
暴露时间/min												
备注												

3.3.2　噪声检测方法

《城市区域环境噪声测量方法》（GB/T 14623—93）中测量城市区域环境噪声污染有两种方法可供使用。噪声普查采取网格测量法，常规检测采用定点测量法［具体见 3.3.1（5）］。

某一区域或城市昼间（或夜间）的环境噪声平均水平由式（3-3）计算。

$$L = \sum_{i=1}^{n} L_i \frac{S_i}{S} \tag{3-3}$$

式中：L_i —— 第 i 个测得的昼间或夜间的连续等效 A 声级，dB；

　　　S_i —— 第 i 个测点的区域面积，m^2；

　　　S —— 整个区域或城市的总面积，m^2。

将每小时测得的连续等效 A 声级按时间排列，得到 24 h 时间变化图，表示某一区域或城市环境噪声的时间分布规律。

3.4　噪声评价

在噪声测量中，一般通过声学仪器反映噪声客观规律，如采用声压、声压级或频带声压级等作为噪声测量的物理参数，声压级越高，噪声强度越强。但是涉及人耳听觉时，只用声压、声压级、频带声压级等参数就不能说明问题了，如可听声频率范围以外的次声和超声，尽管声压级很高，但人耳听不见。又如，空气压缩机工作时的声级与汽车中速行驶时的声级一样，约为 90 dB（A），但人耳听觉却不同，前者感到刺耳，后者无感，这是频率参数不同所致，前者多为高频噪声，后者多为低频噪声。

噪声对人的心理和生理影响是多方面的，如令人烦恼、产生语音干扰、造成行为妨害等，因此噪声的客观量度并不能反映人对噪声的感受程度。例如声音很响、很烦人，然而究竟烦到什么程度、响到什么程度则因人而异。为了正确反映各种噪声对人的心理和生理的影响，可以建立噪声的主观评价方法，并把主观评价量同噪声的客观评价物理量联系起来。

噪声评价的目的是有效地提出适合人们对噪声反应的主观评价量。噪声变化特性的差异以及人们对噪声主观反应的复杂性，使得噪声的评价较为复杂。

噪声评价是对不同强度、不同频谱特性的噪声以及时间特性等产生的危害与干扰程度所进行的研究，基本方法有两种。

①在实验室测量。在实验室播放已经记录的声音或产生一定频率的声音，以此测量它对不同人的影响，这种影响可能是噪声引起的暂时性听阈改变，也可能是噪声的响度和吵闹度。

②社会调查或现场实验。如测量一个车间的噪声后，检查该车间工人的听力和身体健康状况，调查访问人群对某些噪声影响的反应，组织一些人到现场实地评价某些噪声的干扰。

这两种方法各有其优点，可以互相补充。实验室测量虽然条件容易控制，但与实际环境有差异；现场实验有很多复杂因素和制约条件，不易掌握。

3.4.1 L_A 评价方法

相同声压级的声音，如果频率不同，人耳感受的响度不同，那么就无法准确用声学仪器测得的数据表示人耳感受的响度。

为了使仪器测得的数据与人耳主观响度感受有一定的相关性，需要在仪器上安装一个频率计权网络。例如，具有连续谱的噪声，人耳对其中的低频声感觉不灵敏，对其中的中高频声比较敏感，附加电路可对噪声中的中高频成分适当提升，使其对中高频声音的感受也变得像人耳一样灵敏，这样的仪器测得的分贝值与人耳的主观响度感觉十分接近，这个附加的电路就叫频率计权网络。频率计权网络按对不同频率的提升与衰减要求设计，由电容器和电阻器等电子元件组装而成，针对不同的场合，常见的频率计权网络有 4 种，分别为 A、B、C、D 计权网络，它们测得的声级分别为 A 声级、B 声级、C 声级、D 声级。A、B、C、D 计权曲线频率响应特性的修正值如表 3-5 所示。

表3-5 A、B、C、D计权曲线频率响应特性的修正值

修正值 频率/Hz	响应/dB（A）			
	A 计权	B 计权	C 计权	D 计权
12.5	−63.4	−33.2	−11.2	−24.6
16	−56.7	−28.5	−8.5	−22.6
20	−50.5	−24.2	−6.2	−20.6
25	−44.7	−20.4	−4.4	−18.7
31.5	−39.4	−17.1	−3.0	−16.7
40	−34.6	−14.2	−2.0	−14.7
50	−30.5	−11.6	−1.3	−12.8
63	−26.5	−9.3	−0.8	−10.9
80	−22.5	−7.4	−0.5	−9.0
100	−19.9	−5.6	−0.3	−7.2
125	−16.2	−4.2	−0.2	−5.5
160	−13.4	−3.0	−0.1	−4.0
200	−10.9	−2.0	0	−2.6
250	−8.6	−1.3	0	−1.6
315	−6.6	−0.8	0	−0.8
400	−4.8	−0.5	0	−0.4
500	−3.2	−0.3	0	−0.3
630	−1.9	−0.1	0	−0.5
800	−0.8	0	0	−0.6
1 000	0	0	0	0
1 250	0.6	0	0	2.0
1 600	1.0	0	−0.1	4.9
2 000	1.2	−0.1	−0.2	7.9
2 500	1.3	−0.2	−0.3	10.4
3 150	1.2	−0.4	−0.5	11.6
4 000	1.0	−0.7	−0.8	11.1
5 000	0.5	−1.2	−1.3	9.6
6 300	−0.1	−1.9	−2.0	7.6
8 000	−1.1	−2.9	−3.0	5.5
10 000	−2.5	−4.3	−4.4	3.4
12 500	−4.3	−6.1	−6.2	1.4
16 000	−6.6	−8.4	−8.5	−0.5
20 000	−9.3	−11.1	−11.2	−2.5

A 计权声级（又称 A 声计）L_{pA}（或 L_A）。是对频率进行计权后求得的总声压级，这种计权是按倒置的 40 phon 等响曲线得出的，它能很好地反映人耳对噪声轻度与频率的主观感受，因此，对于一个连续的稳态噪声来说，A 计权声级是一种很好的评价方法。

大量的实践结果表明，A 计权声级几乎和许多复杂的评价量和评价方法保持良好的相关性，至今还没有其他评价量能做到这一点。因此 A 计权声级被各国广泛用于各种噪声源的噪声评价，并作为人耳对各种频率声音的灵敏度进行修正的一种切实可行的方法。

一般噪声测试仪器都具有 A 计权的档位，可以直接测得 A 计权声级，也可由测得的频谱声压级计算出 A 计权声级，计算如式（3-4）所示：

$$L_{pA} = 10\lg \left[\sum_{i=1}^{n} 10^{0.1\left(L_{pi}+\Delta L_{Ai}\right)} \right] \tag{3-4}$$

式中：L_{pi} —— 第 i 个频带的声压级，dB；

ΔL_{Ai} —— 相应频带的 A 计权修正值，dB。

3.4.2　噪声评价数 NR 及噪声评价曲线

A 声级是对噪声所有频率的综合反映，很容易测量，所以国内外普遍使用 A 声级作为噪声的评价标准。但是，A 声级不能代替频带声压级来评价噪声。对于评价办公室、建筑物内其他稳态噪声的场所，国际标准化组织（ISO）推荐使用一簇噪声评价曲线，即 NR 曲线（图 3-5），亦称噪声评价数（NR）。NR 为噪声评价曲线的函数，等于中心频率为 1 000 Hz 的倍频程声压级的分贝数，它的噪声级范围为 0～130 dB，适用中心频率为 31.5 Hz 到 8 kHz 的 9 个频程。

将测得的倍频程声级绘成频谱图与 NR 曲线簇放在一起，噪声各频带声压级的频谱折线最高点接触到的一条 NR 曲线，即为该噪声的评价数。ISO 建议使用 NR 曲线进行室内噪声评价，亦可进行外界噪声评价。

如图 3-5 所示，在每一条曲线上，1 000 Hz 倍频程的声压级值为噪声评价数 NR，其他 63～8 000 Hz 倍频带的声压级和 NR 的关系也可由式（3-5）算出：

$$NR_i = a + bL_{pi} \tag{3-5}$$

式中：L_{pi} —— 第 i 个频带声压级，dB；

a，b —— 不同中心频率倍频带的系数（表 3-6），dB。

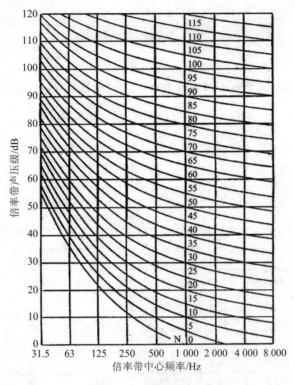

图 3-5　噪声评价曲线

表 3-6　不同中心频率倍频带的系数 *a* 和 *b*

系数	中心频率/Hz							
	63	125	250	500	1 000	2 000	4 000	8 000
a/dB	35.5	22.0	12.0	4.8	0	−3.5	−6.1	−8.0
b/dB	0.790	0.870	0.930	0.974	1.000	1.015	1.025	1.030

NR 的计算方法有 3 种：①将测得的噪声各个倍频带的声压级与图 3-5 上的曲线进行比较，得出其 NR_i 值；②取其中最大的 NR_m 值（取整数）；③将最大值 NR_m 加 1 即为此环境的 NR 值。

NR 值与 A 声级有很好的相关性，它们之间的关系可近似表示为

$$L_A \approx N + 5 \qquad\qquad (3\text{-}6)$$

式中：N——NR 值。

近年来，各国规定的噪声标准都以 A 声级或其等效值作为评价标准，如生产车间噪声

评价标准定为 90 dB（A），由式（3-6）可知相当于 NR-85。由此可知，NR-85 上各倍频声压级的数值即为标准值。NR 曲线对应的倍频程声压级如表 3-7 所示。

表 3-7　噪声评价数 NR 的倍频程声压级数值（NR≤50.0）

NR	中心频率下的倍频程声压级/dB（A）							
	63 Hz	125 Hz	250 Hz	500 Hz	1 000 Hz	2 000 Hz	4 000 Hz	8 000 Hz
10	43.4	30.7	21.3	14.5	10	6.7	4.2	2.2
15	47.4	35.1	26.0	19.4	15	11.7	9.3	7.4
16	48.1	35.9	26.9	20.4	16	12.7	10.3	8.4
17	48.9	36.8	27.8	21.4	17	13.8	11.3	9.4
18	49.7	37.7	28.7	22.3	18	14.8	12.4	10.4
19	50.5	38.5	29.7	23.3	19	15.8	13.4	11.5
20	51.3	39.4	30.6	24.3	20	16.8	14.4	12.5
21	52.1	40.3	31.5	25.3	21	17.8	15.4	13.5
22	52.9	41.1	32.5	26.2	22	18.8	16.5	14.6
23	53.7	42.0	33.4	27.2	23	19.8	17.5	15.6
24	54.5	42.9	34.3	28.2	24	20.9	18.5	16.6
25	55.3	43.8	35.3	29.2	25	21.9	19.5	17.7
26	56.0	44.6	36.2	30.1	26	22.9	20.6	18.7
27	56.8	45.5	37.1	31.1	27	23.9	21.6	19.7
28	57.6	46.4	38.0	32.1	28	24.9	22.6	20.7
29	58.4	47.2	39.0	33.0	29	25.9	23.6	21.8
30	59.2	48.1	39.9	34.0	30	27.0	24.7	22.8
31	60.0	49.0	41.0	35.0	31	28.0	25.7	23.8
32	60.8	49.8	41.8	36.0	32	29.0	26.7	24.9
33	61.6	50.7	42.7	36.9	33	30.0	27.7	25.9
34	62.4	51.6	43.6	37.9	34	31.0	28.8	26.9
35	63.2	52.5	44.6	38.9	35	32.0	29.8	28.0
36	63.9	53.3	45.5	39.9	36	33.0	30.8	29.0
37	64.7	54.2	46.4	40.8	37	34.1	31.8	30.0
38	65.5	55.1	47.3	41.8	38	35.1	32.9	31.0
39	66.3	55.9	48.3	42.8	39	36.1	33.9	32.1
40	67.1	56.8	49.2	43.8	40	37.1	34.9	33.1
41	67.9	57.7	50.1	44.7	41	38.1	35.9	34.1
42	68.7	58.5	51.1	45.7	42	39.1	37.0	35.2
43	69.5	59.4	52.0	46.7	43	40.1	38.0	36.2
44	70.3	60.3	52.9	47.7	44	41.2	39.0	37.2

NR	中心频率下的倍频程声压级/dB（A）							
	63 Hz	125 Hz	250 Hz	500 Hz	1 000 Hz	2 000 Hz	4 000 Hz	8 000 Hz
45	71.1	61.2	53.9	48.6	45	42.2	40.0	38.3
46	71.8	62.0	54.8	49.6	46	43.2	41.1	39.3
47	72.6	62.9	55.7	50.6	47	44.2	42.1	40.3
48	73.4	63.8	56.6	51.6	48	45.2	43.1	41.3
49	74.2	64.6	57.6	52.5	49	46.2	44.1	42.4
50	75.0	65.5	58.5	53.5	50	47.3	45.2	43.4

3.4.3　声品质评价方法

（1）声品质客观评价

对声品质进行主观评价的由于评价主体的年龄、性别、经济状态、生理及心理状态不同，造成不同评价主体之间的评价结果差异较大以及同一主体不同状态时评价结果不一致。部分主观评价试验需要大量的评价主体，试验过程耗时耗力。此外，部分声品质主观评价试验需要评价主体具有足够的专业背景以及对评价对象有深入的了解，对评价主体要求较高。客观心理声学参量能够对不同声音给人带来不同的主观感受进行系统地描述，它对人耳的听觉特性与声音的物理特性进行了综合考量，因此声品质客观评价首先需要对这些客观参量进行分析，然后得到不同声音特性的描述。声品质客观评价以物理声学和心理声学为切入点将二者与声品质的主观感知进行有机结合。因此，声品质的客观评价是声品质技术中不可或缺的一环。客观评价法的主要研究内容包括声品质评价参数研究和声品质预测方法研究。

（2）声品质主观评价

尽管声品质客观心理声学参量评价方法实现了长足的发展，使声品质评价成本大大降低，效率也有很大的提高，但是客观心理声学参量评价不能成为主观评价的完全替代品。主观评价与客观心理声学参量评价相比，人耳对声音的主观感知特性能够在主观评价中得到更加准确的反映，另外，声品质客观评价参量并不能完全描述声音品质，主观评价是客观评价的基础。但主观评价也有一些缺点：主观评价受人的经验、情绪等影响，重复性比较差，实验周期长，准备工作烦琐，成本较大；评价指标没有统一的国际标准，使用时需要视具体行业和事件而定；主观评价数据对于产品故障诊断和解决没有直接的意义。

声品质主观评价方法的种类有许多，并且正在改进。常用的主观评价方法有简单排序法、数值估计法、语义细分法、成对比较法和等级评分法。每种方法评价流程和适用范围都不相同，每种方法都有其优缺点。在选择方法时，为保证评价结果的准确性，应当选择切实可行的方法，这就要求综合各个指标，包括评价主体、样本数量和评价指标等。常用的评价方法有以下 5 种：

1）简单排序法

简单排序法（Ranking）在所有评价方法中是最简单和最直观的。评价者遵循相关试验要求和标准听完所有声音样本，并对所有样本进行排序。评价的样本数量一般不超过 6 个，否则会导致排序难度增大，样本较多不易比较，评价结果准确率低。该方法的主要缺点是只对样本进行简单排序，不能详细评价各样本之间的实际差异。因此想要快速得到几个声音样本的简单比较结果时宜采用简单排序法。

2）数值估计法

数值估计法（Numerical Estimation）在对声音样本评分的过程中主要采用数值形式表现。该方法能够实现对声音样本的简单评价，评价值不做严格要求，并且评价过程方便简洁，操作步骤简单易懂。但是评价者如果不能很好地把握评价尺度，会导致评价结果离散程度大，失去可信度，不能给出有参考价值的评价结果，所以此方法适用于有足够经验的评价者。

3）语义细分法

语义细分法（Semantic Differential）可以同时评价声音的多种属性，评价者在评价声音样本时使用一些形容词来评定，这些词通常为语义相反的词语，这些词可以是主观感受类的词（喜欢的—讨厌的、愉悦的—烦躁的），也可以是描述声音属性的词（平滑的—粗糙的、低沉的—尖锐的）。在评价时，把选定的词语放在两侧，用特定的量度词来分级，一般分为 5 级或 7 级或者更多，图 3-6 是一个典型的 7 级语义细分评分标准。评价词汇的选择在语义细分法中是关键因素，要求评价词汇能反映不同声音的特征，保持较高的灵敏度，并与评价内容的相关性较高。国内在声品质主观评价方面的研究落后于国外，没有建立起我国汉语环境下完善的语义词汇评价体系，因此必须先确定评价词汇的有效性，才能运用语义细分法进行主观评价试验。

图 3-6　7 级语义细分评分标准

4）成对比较法

成对比较法（Paired Comparison）通过排列组合的方式将每两个声音样本分成一组，

使评价者能够评价并比较两个样本的相同属性，也称为 A/B 比较法。由于评判是相对的，不是绝对的，因此评价者可以不用顾虑便作出评价，该法能够快速分辨两个评价对象之间微小的差距，所以非常适用于经验不足的评价者。

5）等级评分法

等级评分法（Rating Scale）是声品质主观评价中一种常用的评价方法。首先应当采用若干个等级来划分声音的某一属性，不同的分值与每个等级一一对应。为了使评价者给出准确的评价分值，声音样本应当按顺序播放且非重复播放，这样有利于评价者以自身主观感知程度为基准投入评价试验，样本声品质等级为每个声音样本全部评分的均值。等级评分法容易掌握，操作既简单又方便，评价结果以数值形式展现，可直接用于客观分析。

第4章 噪声污染控制技术

4.1 吸声降噪控制技术

4.1.1 吸声降噪原理

在房间中，声波传播受到壁面的多次反射会形成混响声，混响声的强弱和房间壁面与声音的反射性能密切相关。壁面材料的吸声系数越小，对声音的反射能力越大，混响声相应越强，噪声源产生的噪声级就提高得越多。一般的工厂车间，壁面往往是坚硬的，对声音的反射作用很强，如混凝土壁面、抹灰的砖墙、背面贴实的硬木板等。由于混响作用，噪声源在车间内产生的噪声比在露天广场产生的噪声要高 10 dB。

为了降低混响声，通常将吸声材料装饰在房间壁面上，或在房间中挂一些空间吸声体。当从噪声源发出的噪声碰到这些材料时会被吸收一部分，从而使总噪声级降低。目前，在一般建筑和工业建筑中，广泛应用这种吸声处理方法，图 4-1 是车间做吸声处理以减弱噪声的示意图。需要强调的是，吸声处理只能减弱从吸声面（或吸声体）上反射的声音，即只能降低车间内的混响声，对于直达声的减弱却没有什么效果。因此，吸声处理只有当混响声占主要地位时才有明显的降噪效果，而当直达声占主要地位时，吸声处理的作用较小。在直达声影响较大的噪声源附近，吸声处理的减弱效果就不如远离噪声源的地方。

房间内墙面和天花板装饰合适的吸声材料或吸声结构，可以有效降低室内噪声。最理想的消声效果是消声室，对其表面采用尖劈吸声结构处理，每个墙面对噪声的吸收率都可达到99%以上。消声室造价昂贵，只有特殊实验室会使用，一般厂房内不会采用尖劈吸声结构进行处理。

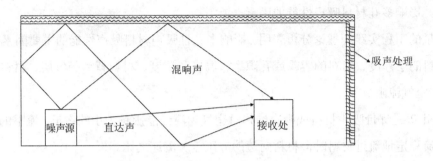

图 4-1　吸声处理减弱噪声示意

4.1.2　多孔吸声材料

多孔吸声材料是目前应用最广泛的吸声材料。最初的多孔吸声材料以麻、棉、棕丝、毛发、甘蔗渣等天然动植物纤维为主，目前以玻璃棉、矿渣棉等无机纤维替代。这些材料可以是松散的，也可以加工成棉絮状或采用适当的黏结剂加工成毡状、板状。

（1）吸声机理及吸声频率特性

多孔材料具有大量内外连通的微小空隙，空隙间彼此贯通，将表面与外界相连，当声波入射到材料表面时，一部分在材料表面反射，另一部分则透入材料内部向前传播。在传播过程中，声波引起空隙中的空气振动，与形成孔壁的固体筋络发生摩擦，由于空气的黏滞阻力，空气与孔壁会摩擦和发生热传导作用，声能转化为热能从而损耗掉。声波在刚性壁面反射后，经过材料回到其表面时，一部分声波透射回空气中，一部分又反射回材料内部，声波通过这种反复传播，能量不断转换和耗散，如此反复，直到平衡，最终材料"吸收"了部分声能。

可见，只有材料的空隙在表面开口，孔孔相连，且空隙深入材料内部，才能有效地吸收声能。有些材料内部虽然也有许多微小气孔，但气孔密闭，彼此不互相连通，当声波入射到材料表面时，很难进入材料内部，只是使材料做整体振动，其吸声机理和吸声特性与多孔材料不同。如聚苯和部分聚氯乙烯泡沫塑料以及加气混凝土等，内部虽有大量气孔，但多数气孔单个闭合，互不相通，只能作为隔热保温材料，不能用作吸声材料。

在实际工作中，为防止松散的多孔材料飞散，常用透声织物缝制成袋，内充吸声材料，为保持几何形状并防止对材料的机械损伤，可在材料间加筋条（龙骨），材料外表面加穿孔护面板，制成多孔材料吸声结构。

吸声频率：多孔吸声材料一般对中、高频声波具有良好的吸声能力。

（2）影响多孔材料吸声性能的因素

大量的工程实践和理论分析表明，影响多孔性吸声材料吸声性能的主要因素有空气流阻、材料的层厚度、材料的容重或孔隙率、温度和湿度、材料背后空气层、材料饰面等。

1）空气流阻

流阻 R_f 是评价吸声材料或吸声结构对空气黏滞性能影响大小的参量。流阻的定义：微量空气流稳定地流过材料时，材料两边的静压差和流速之比。

$$R_f = \frac{\Delta p}{v} \tag{4-1}$$

式中：R_f —— 流阻，$Pa \cdot s \cdot m^{-3}$；

Δp —— 材料两边静压差，Pa；

v —— 流速，m/s。

流阻与空气的黏滞性、材料或结构的厚度、密度等都有关系。通常将吸声材料或吸声结构的流阻控制在一个适当的范围内，吸声系数大的材料或结构，其流阻也相对较大，而过大的流阻将影响通风系统等结构的正常工作，因此在吸声设计中必须兼顾流阻特性。

2）材料层厚度

大量试验表明，吸声材料的厚度决定了吸声系数的大小和频率范围。增大厚度可以增大吸声系数，尤其是中低频吸声系数。同一种材料，厚度不同，吸声系数和吸声频率特性不同；不同的材料，吸声系数和吸声频率特性差别也很大，选用时可以查阅相关声学手册。

3）材料的容重式孔隙率

材料的容重是指吸声材料加工成型后单位体积的质量，也可用孔隙率来描述。孔隙率是指多孔性吸声材料中连通的空气体积与材料总体积的比值。

$$q = \frac{V_0}{V} = 1 - \frac{\rho_0}{\rho} \tag{4-2}$$

式中：V_0 —— 吸声材料体积，m^3；

V —— 制造吸声材料物质的体积，m^3；

ρ_0 —— 吸声材料的容重，kg/m^3；

ρ —— 制造吸声材料物质的密度，kg/m^3。

通常，多孔吸声材料的孔隙率可以达到50%～90%，如采用超细玻璃棉，孔隙率可达到更高。

材料的容重和孔隙率不同，对吸声材料的吸声系数和频率特性影响不同。一般情况下，密实、容重大的材料低频吸声性能好，高频吸声性能较差；相反，松软、容重小的材料低频吸声性能差，高频吸声性能好。因此，在设计和选用材料时，应该结合待处理空间的声学特性，合理选用材料的容重。

4）温度和湿度

湿度对多孔性材料的吸声性能有十分明显的影响。随着孔隙内含水量的增加，孔隙被堵塞，吸声材料中的空气不再连通，孔隙率下降，吸声性能下降，吸声频率特性也将改变。因此，在一些含水量较大的区域，应合理选用具有防潮作用的超细玻璃棉毡等，以满足南方潮湿气候和地下工程的需求。

温度对多孔性吸声材料也有一定的影响。温度下降时，低频吸声性能增加；温度上升时，低频吸声性能下降，因此在工程中，温度对多孔性吸声材料的影响也应该引起注意。

5）材料背后空气层

在实际工程结构中，为了改善吸声材料的低频吸声性能，通常在吸声材料背后预留一定厚度的空气层，空气层的存在，相当于吸声材料背后的另一层吸声结构。

6）材料饰面

实际工程中，为了保护多孔性吸声材料不致变形或污染环境，通常采用金属网、玻璃丝布及较大穿孔率的穿孔板作为包装护面；此外，有些环境中还需要对表面进行喷漆，这些都会不同程度地影响吸声材料的吸声性能。但当护面材料的穿孔率（穿孔面积与护面总面积的比值）超过 20% 时，影响可忽略不计。

4.1.3　共振吸声结构

多孔材料的低频吸声性能很差，若用加厚材料或增加空气层等措施既不经济又占用较多的空间。利用共振吸声原理将吸声材料设计成单个空腔共振吸声体、薄板共振吸声结构、穿孔薄板等构造，可改善低频吸声性能。

（1）共振吸声原理

在室内声源发出的声波激励下，房间的壁、顶、地面等围栏结构以及房间中的其他物体都将发生振动，振动着的结构或物体由于自身的内摩擦和与空气的摩擦，要把一部分振动能量转化为热能而消耗掉，根据能量守恒定律，这些消耗掉的能量必然来自激励他们振动的声能量。因此，振动结构或物体都要消耗声能，从而降低噪声，结构或物体有各自的固有频率，当声频率与它们的固有频率相同时，就会发生共振。这时，结构或物体的振动最强烈，振幅和振动速度都达到最大值，从而引起的能量消耗也最多，因此，吸声系数在共振频率处最大，利用这一特点，可以设计出各种共振吸声结构，更多地吸收噪声能量，降低噪声。

吸声结构的吸声原理是亥姆霍兹共振原理。最简单的空腔振吸声结构是亥姆霍兹共振器（图4-2）。

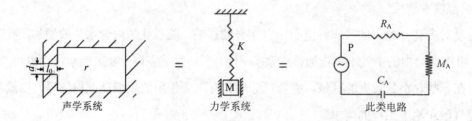

图4-2 亥姆霍兹共振器示意及等效线路

在容积为 V 的空腔侧壁有直径为 d 的小孔，孔颈长为 l_0。当声波入射到亥姆霍兹共振器的入口时，容器内口的空气受到激励将产生振动，容器内的介质发生压缩或膨胀变形。运动的介质具有一定的能量，可以抵抗声波作用引起的运动速度的变化，同时，声波进入小孔时，由于孔颈的摩擦和阻尼作用，一部分声能转化为热能被消耗掉。

当外来声波频率和共振器固有频率相同时，系统发生共振，此时，介质在孔颈中的往返运动和摩擦会使声能消耗，从而达到吸声降噪的目的，这种吸声结构称为共振吸声器。

亥姆霍兹共振器只适用于降低低频噪声。因为只有入射声波的波长大于空腔的尺寸，而且空腔侧壁上小孔的尺寸比空腔尺寸小很多时，空腔才能达到消耗声能的目的，这种条件只有低频噪声才符合。根据亥姆霍兹共振器的等效线路图分析，该结构的等效声阻抗可由式（4-3）计算所得。

$$Z_a = R_a + j\left(M_a\omega - \frac{1}{C_a\omega} \right) \tag{4-3}$$

式中：Z_a——声阻抗；

R_a——声阻；

M_a——共振器的声质量，$M_a = \rho_0 l_0 / S$（ρ_0 为空气的密度，S 为孔颈的截面积）；

C_a——共振器的声顺，$C_a = V / \rho_0 c_0^2$。

当 $M_a\omega = 1/(\omega C_a)$ 时，系统产生共振，其共振频率如式（4-4）所示。

$$f_0 = \frac{c_0}{2\pi}\sqrt{\frac{S}{Vl_e}} \tag{4-4}$$

式中：l_e —— 孔颈的有效长度，$l_e = l_0 + \dfrac{\pi}{4}d$。

亥姆霍兹共振器产生共振时，其声抗最小，振动速度最大，对声的吸收最大，但其选择性很强，所以，吸声频带很窄，只能吸收频率非常单调的声音。

（2）常用吸声结构

工程中常用的吸声结构有空气层吸声结构、薄膜共振吸声结构、板共振吸声结构、穿孔板吸声结构、微穿孔板吸声结构、吸声尖劈等，其中，最简单的是吸声材料后留空气层的吸声结构。

1）空气层吸声结构

在多孔材料背后留有一定厚度的空气层，与材料后面的刚性安装壁保持一定距离，形成空气层或空腔，吸声系数有所提高，特别是低频吸声性能会得到很大改善，此法可以在不增加材料厚度的条件下，提高低频的吸声性能，从而节省吸声材料的使用，降低单位面积的重量和成本。通常推荐使用的空气层厚度为 50～300 mm，若空腔厚度太小，无会达到预期效果，空气层尺度太大，施工会有一定难度。对于不同的吸声频率，空气层厚度有不同的最佳值，对于中频噪声，一般推荐多孔材料离开刚性壁面 70～100 mm；对于低频噪声，其预留距离可以增大到 200～300 mm，空气层厚度对常见吸声材料的影响见表4-1。

表 4-1　空气层对常见吸声材料的影响

吸声材料	穿孔板孔径（φ）及板厚度，玻璃棉厚度/mm	空气层厚度/mm	各倍频带中心频率的吸声系数					
			125 Hz	250 Hz	500 Hz	1 kHz	2 kHz	4 kHz
玻璃棉	50，25	300	0.8	0.85	0.9	0.85	0.8	0.85
	25	300	0.75	0.8	0.75	0.75	0.8	0.9
穿孔板+25 mm玻璃棉	φ=6～15，4～6	300	0.5	0.7	0.5	0.65	0.7	0.6
		500	0.85	0.7	0.75	0.8	0.7	0.5
	φ=8～16，4～6	300	0.75	0.85	0.75	0.7	0.65	0.65
	φ=9～16，5～6	300	0.55	0.85	0.65	0.7	0.85	0.75
		500	0.85	0.7	0.8	0.9	0.8	0.7
	φ=0.8～1.5，0.5～1	300	0.65	0.65	0.75	0.7	0.75	0.9
		500	0.65	0.65	0.75	0.7	0.75	0.9
	φ=5～11，0.5～1	300～500	0.55	0.75	0.7	0.75	0.75	0.75
	φ=5～14，5～1	300～500	0.5	0.55	0.6	0.65	0.7	0.4

2）薄膜与薄板共振吸声结构

在噪声控制工程及声学系统音质设计中，为了改善系统的低频特性，常采用薄膜或薄板结构，板后预留一定空间，形成共振声学空腔；有时为了改进系统的吸声性能，会在空腔中填充纤维状多孔吸声材料。这一类结构统称为薄膜（薄板）共振吸声结构。

图 4-3 为薄膜（薄板）共振吸声结构示意图。在该共振吸声结构中，薄膜的弹性和薄膜后空气层弹性共同构成了共振结构的弹性，而质量则由薄膜的质量决定，在低频时，可以将这种共振结构理解为单自由度的振动系统，当膜受到声波激励且激励频率与薄膜结构的共振频率一致时，系统发生共振，薄膜产生较大变形，在变形的过程中会消耗能量，起到吸收声波能量的作用。由于薄膜的劲度较小，因而由此构成的共振吸声结构的主要作用在于低频吸声性能。

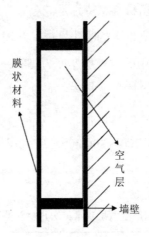

图 4-3　薄膜（薄板）共振吸声结构示意

工程上常用式（4-5）预测系统的共振吸声频率

$$f_0 \approx \frac{60}{\sqrt{M_0 L}}$$

（4-5）

式中：f_0 —— 系统的共振频率，Hz；

M_0 —— 薄膜的单位面积质量，kg/m²；

L —— 空气层的厚度，m。

通常，只用薄膜空气层构成的共振吸声结构的吸声频率较低，在 200～1 000 Hz 之间，吸声系数为 0.3～0.4，一般把它作为中频范围的吸声材料，吸声频带也很窄。常在空气层中填充吸声材料以提高吸声带宽和吸声系数，填充多孔吸声材料后系统吸声特性可以通过试验进行测试。

薄板共振吸声结构的原理与薄膜吸声原理基本相同，区别在于薄膜共振系统的弹性来自薄膜的张力，而板结构的弹性恢复力来自其自身的刚性。

薄膜共振吸声结构的共振频率计算公式为

$$f_0 \approx \frac{1}{2\pi}\sqrt{\frac{\rho_0 c^2}{M_0 L}}$$ （4-6）

式中：f_0 —— 系统的共振频率，Hz；

M_0 —— 薄膜的单位面积质量，kg/m^2；

L —— 空气层的厚度，m；

c —— 空气中声速，m/s；

ρ_0 —— 空气密度，kg/m^3。

薄膜和薄板共振吸声结构的共振频率主要取决于板的面密度和背后空气层的厚度，增大 M_0 和 L 可以降低 f_0，薄板厚度常取 3～6 mm，空气层厚度一般取 3～10 cm，设计吸声频率为 80～300 Hz，共振吸声系数为 0.2～0.5。在板后填充多孔吸声材料后，系统的吸声系数和吸声频带都会提高。

皮革、人造革、塑料薄膜等材料具有不透气、柔软、拉动时有弹性等特性。这些薄膜材料可与其背后封闭的空气层形成共振系统，用以吸收共振频率附近的入射声能。共振频率由单位面积膜的质量、膜后空气层的厚度及膜的张力大小决定。实际应用中，膜的张力很难控制，而且长时间使用后膜会松弛，张力会变化。

3）穿孔板吸声结构

由穿孔板构成的共振吸声结构被称作穿孔板共振吸声结构，是工程中常用的共振吸声结构，其构造如图 4-4 所示。工程中有时也按照板穿孔的多少将其分为单孔共振吸声结构和多孔共振吸声结构。单孔共振吸声结构是最简单的亥姆霍兹共振吸声结构，其共振频率可由式（4-4）求得。同样，可以通过在小孔颈口部位加薄膜透声材料或多孔性吸声材料来改善穿孔板吸声结构的吸声特性，也可以通过加长小孔的有效颈长（l）来改变其吸声特性。多孔共振吸声结构可以看成单孔共振吸声结构的并联结构，因此，多孔共振吸声结构的吸声性能要比单孔共振吸声结构的吸声性能好，通过优化孔参数等数据可以有效改善其吸声频带的性能。

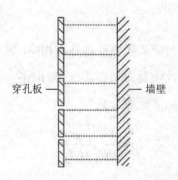

图 4-4 穿孔板吸声结构示意

对于多孔共振吸声结构，通常设计板上的孔均匀分布且具有相同的大小，因此其共振频率同样可以用式（4-4）进行计算，当孔的尺寸不同时，可以用式（4-4）分别计算各自的共振频率，需要注意的是，式中的体积应该用每个孔单元的实际体积，如果用穿孔板的穿孔率表示，则可以改写成式（4-7）。

$$f_0 = \frac{c_0}{2\pi} \sqrt{\frac{q}{hl}} \qquad (4\text{-}7)$$

式中：q——穿孔板的穿孔率，$q = S / S_0$，S 为穿孔板中孔的总面积，m^2；S_0 为穿孔板的总面积，m^2；

c_0——系统内空气声速，m/s；

l——空腔高度，m；

h——空腔的厚度，m。

从式（4-7）可以发现，多穿孔板的共振频率与穿孔板的穿孔率、空腔深度都有关系，与穿孔板孔的直径和板厚度也有关系。穿孔板的穿孔面积越大，吸声频率就越高，空腔或板的厚度越大，吸声频率就越低。为了改善穿孔板的吸声特性，可以通过改变上述参数以满足声学设计上的需要。在确定穿孔板共振吸声结构的主要尺寸后，可制作模型在实验室测定其吸声系数或根据主要尺寸查阅相关手册，选择近似或相似结构的吸声系数，再按实际需要的减噪量，计算应铺设吸声结构的面积。

通常，穿孔板主要用于吸收中、低频率的噪声，穿孔板的吸声系数在 0.6 左右，多穿孔板的吸声带宽定义为吸声系数下降到共振吸声系数一半时的频带宽度，由于穿孔板自身的声阻很小，这种结构的吸声带宽较窄，只有几十赫兹到几百赫兹，为了提高多穿孔板的吸声性能与吸声带宽，可以采用如下方法：①空腔内填充纤维状吸声材料；②降低穿孔板孔径，提高孔口的振动速度和摩擦阻尼；③在孔口覆盖透声薄膜，增加孔口的阻尼；④组合不同孔径和不同板厚度、不同腔体深度的穿孔板结构。如在穿孔板背后填充吸声材料时，可以把空腔填满，也可以只填一部分，关键是要控制合适的声阻率。为拓展吸声频带，可以采用不同穿孔率、不同腔深的多层穿孔板吸声结构组合的方式。

工程中常用板厚度为 2～5 mm、孔径为 2～10 mm、穿孔率为 0.1%～10%、空腔厚度为 100～250 mm 的穿孔板结构，尺寸超出以上范围，多有不良影响，例如穿孔率在 20% 以上时，几乎没有共振吸声作用，只能作为护面板。

4）微穿孔板吸声结构

微穿孔板吸声结构是一种板厚度和孔径都小的穿孔板结构。由于穿孔板的声阻很小，因此，吸声频带很窄。为使穿孔板在较宽的范围内有效地吸声，必须在穿孔板背后填充大量的多孔材料或敷上声阻较高的纺织物。但是，如果把穿孔直径减小到 1 mm 以下，那么不需要加多孔材料也可以增大声阻，这就是微穿孔板。

在板厚度小于 1 mm 薄板上穿小于 1 mm 孔径的微孔，穿孔率为 1%～5%，背部留一定厚度（5～20 mm）的空气层，空气层内不填充任何吸声材料，这就构成了微穿孔板吸声结构。单层或双层微穿孔板结构，是一种低声质量、高声阻的共振吸声结构，其性能介于多孔吸声结构和共振吸声结构之间，其吸声频带宽度优于常规的穿孔板共振吸声结构。

微穿孔板可用铝板、钢板、镀锌板、不锈钢板、塑料板等材料来制作。由于微穿孔板的空气层无需填装多孔吸声材料，因此，微穿板具有不怕水和潮气、不霉、不蛀、防火、耐高温、防腐蚀、清洁无污染、能承受高速气流的冲击等特点，微穿孔板吸声结构在噪声控制方面的应用非常广泛。但是，微穿孔板吸声结构有加工困难、成本高的缺点。

5）塑料盒式吸声结构

薄膜盒式吸声体系是用一种特殊塑料薄片制成的新型吸声元件，由若干个小盒固定在塑料基板上，每个小盒均为封闭腔体，其截面形状如图 4-5 所示。当声波射至盒面时，薄片将产生弯曲振动，腔内密闭的空气体积随之发生变化，四翼薄片也发生弯曲振动，因塑料阻尼较大，可使声能转化为机械振动能。吸声体的固有振动由薄片的劲度和空腔体积等边界条件确定。

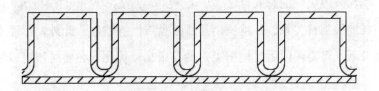

图 4-5　薄膜盒式吸声体剖面

材料厚度、内腔变化、断面形状及结构背面的空气层厚度等因素直接影响该结构的吸声性能。在保证强度的条件下，面层薄片以薄为宜，有利于高频吸收，而适当增加基片的厚度，可以改善低频吸声效果。为使盒体的共振频率相互错开，每个小盒可由多个体积不等的空腔组成。断面可采用单腔、双腔和多腔结构，使之适应不同的吸声频率特性，适当的组合内腔可以有效地拓宽结构的吸声频率范围，增大结构内腔的容积，稳定结构在高频率范围内的吸声性能。结构背后留有的空气层，有利于提高低频段的声吸收。由于薄片有较大的阻尼，因而吸声体在较宽的频带范围内有较好的吸声性能。

6）聚合珍珠岩吸声板

以膨胀珍珠岩为骨料，加入少量聚合物黏结剂，可以制成多孔复合型珍珠岩吸声板。复合板共有两层，面层板穿孔率约为 11%，1.5 cm 厚的膨胀珍珠岩板粘贴于 2 cm 厚的膨胀珍珠岩基板上，板面为 50 cm×50 cm。安装时，可以直接粘贴于墙面或钉在墙筋上，也可与轻钢龙骨吊顶配套安装。材料的多孔性可以吸收中、高频噪声，如果材料留有厚腔，也可以改善低频特性。

7）吸声尖劈

工程中，也经常采用吸声尖劈作为吸声结构，其结构如图 4-6 所示。

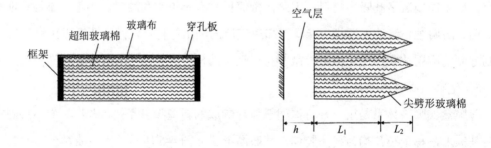

图 4-6 空间吸声体和吸声尖劈示意

吸声尖劈具有很高的吸声系数，可以达到 0.99，常用于特殊用途的声学结构中。吸声尖劈的吸声性能和吸声尖劈的总长度 L（$L=L_1+L_2$）、L_1/L_2、空腔的深度 h，以及填充的吸声材料的吸声特性等都有关系。L 越长，其低频吸声性能越好。此外，上述参数之间存在一个最佳协调关系，需要在使用时根据吸声的要求加以优化，必要时还可以通过实验进行修正。

4.1.4　吸声技术的应用

【实例 4-1】某禽蛋厂冷冻压缩机房的吸声降噪

该冷冻压缩机房的尺寸为 10.6 m×9.8 m×5.5 m，屋顶为钢筋混凝土预制板，壁面为砖墙水泥粉刷，两侧墙有大片玻璃窗，共计 52 m²，约占整个墙面的 44%。机房内有 6 台压缩机组，其中，两台 8ASJ17 型机组，每台制冷量为 163 kW，转速为 720 r/min，三台 S8-12.5 型机组和一台 4AV-12.5 型机组，每台制冷量为 81 kW，转速为 960 r/min。压缩机组位置和噪声测点布置如图 4-7 所示。当三台机组运转（一台 8ASJ17 型机组和两台 S8-12.5 型机组）时，机房内的平均噪声级为 89 dB（A）。当六台机组全部运转时，预计机房内噪声级将达 92 dB（A）。为了改善工人劳动条件，消除噪声对健康的影响，需要进行噪声治理。

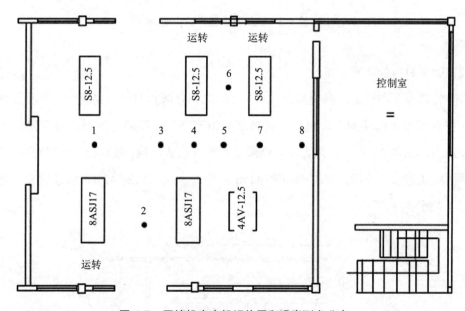

图 4-7　压缩机房内机组位置和噪声测点分布

机组操作人员根据机器发出的噪声判断其运转是否正常，可以选择吸声降噪方法进行噪声治理。

（1）吸声材料的选择

选用的吸声材料为蜂窝复合吸声板，它由硬质纤维板、纸蜂窝、膨胀珍珠岩、玻璃纤维布及穿孔塑料片复合而成，厚度为 50 cm，分单面和双面复合吸声板。吸声体构造如图 4-8 所示，该吸声体具有较高的刚度、能承受一定的冲击、不易损坏以及吸声效率高等特性。

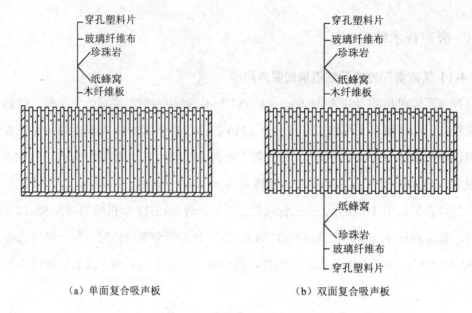

（a）单面复合吸声板　　　　　　（b）双面复合吸声板

图 4-8　蜂窝复合吸声板构造

（2）吸声材料的布置

吸声材料布置在机房的四周墙面和房顶上，为了使吸声材料不易损坏，单面蜂窝复合板安装在台面以上的墙面上，材料后背离墙面留有 5 cm 厚的空气层，吸声材料面积为 72 m²，约占墙面的 31.7%。房顶为双面蜂窝复合板浮云式吊顶，吸声板之间留有较大缝隙，上下两面均能起吸声作用，材料面积为 44 m²，约占房顶面积的 42%，房顶的吸声处理布置如图 4-9 所示。

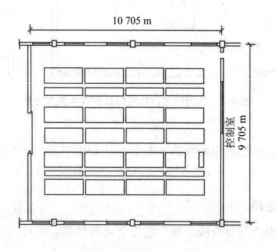

图 4-9　房顶吸声材料布置

（3）降噪效果

吸声降噪处理后，机组运转情况与吸声处理前相同，机房内平均噪声级已降到 80.7 dB（A）。降噪前后机房内的平均声压级结果表明，低频的降噪量较小，中、高频的降噪量较大，这与吸声材料的吸声特性是吻合的。

本工程吸声降噪效果明显，机房内的噪声已由 89 dB（A）下降到 80.7 dB（A），噪声级低于国家标准值［85 dB（A）］。

【实例 4-2】某无线电厂冲床车间吸声降噪

该厂冲床车间长×宽×高尺寸为 30 m×18 m×4.8 m，车间面积为 540 m^2，车间为钢筋混凝土砖石混合结构建筑，槽型混凝土板平顶、混凝土地面、壁面为墙砖水泥石灰粉刷。车间内安装 8～60 t 冲床 40 余台，80 t 和 160 t 冲床各 1 台。正常运转时车间内噪声达 92～95 dB（A），噪声对操作工人影响较大，听力和健康均受影响，出勤率下降，临近的办公楼也有噪声干扰。

（1）吸声材料的选择

吸声材料选用密度为 20 kg/m^3 的超细玻璃棉，厚度为 50 mm，护面板孔径为 6 mm，孔距为 16 mm，穿孔率为 11% 的硬质纤维板，空腔深度（吸声材料至平顶距离）为 50 cm，吸声构造如图 4-10 所示。

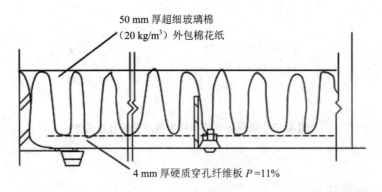

图 4-10　房顶吸声构造示意

（2）吸声材料的布置

在房顶采用大面积吸声吊顶（满铺），材料面积 510 m^2，2 m 以上墙面和柱面粘贴半穿孔板装饰软质纤维板，材料面积约 170 m^2。吸声材料的布置如图 4-11 所示。

（3）降噪效果

通过吸声降噪处理后，车间内噪声已降至 86～88 dB（A），吸声降噪量达 7 dB（A），噪声响度效果显著。吸声处理前后车间内噪声随距离的衰减如图 4-12 所示。

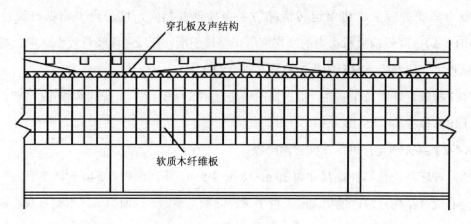

穿孔板及声结构

软质木纤维板

图 4-11　吸声材料的布置

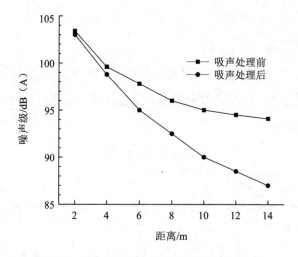

图 4-12　吸声处理前后噪声随距离的衰减实测

4.1.5　吸声降噪设计

吸声降噪设计是噪声控制设计中的一个重要方面，由于混响严重而使噪声超标或者由于工艺流程及操作条件的限制，不宜采用其他措施的厂房车间，采用吸声减噪技术是较为现实有效的方法。另外，隔声和消声器技术也离不开吸声降噪设计。

（1）设计原则

吸声处理只能降低从噪声源发出的、经过处理一次以上到达接收点的反射声，而对于从声源发出的、经过最短距离到达接收点的直达声则没有任何作用。

吸声降噪的效果为 A 声级 3~6 dB，较好的为 7~10 dB，一般不会超过 15 dB，而且也不随吸声处理的面积成正比增加。在室内分布许多噪声源的情况下，无论哪一处直达声的影响都很大，这种情况下不适宜做吸声处理。吸声处理的主要适用范围如下：

①室内表面多为坚硬的反射面、室内原有的吸声较小、混响声占主导的场合；

②操作者距声源有一定的距离、室内混响较大的场合；

③减噪点虽然距声源较近，但可用隔声屏隔离直达声的场合。

（2）基本设计公式

在一般室内声场中，离声源一定距离的声压级 L_p 可按式（4-8）计算。

$$L_p = L_W + 10\lg\left(\frac{Q}{4\pi r^2} + \frac{4}{R}\right) \tag{4-8}$$

式中：L_W —— 声源的声功率值，dB；

　　　r —— 接收点到声源距离，m；

　　　R —— 房间常数。

在距离声源足够远处最大的吸声减噪量 $\Delta L_{p\max}$ 可按式（4-9）计算。

$$\Delta L_{p\max} \approx 10\lg\frac{R_2}{R_1} \tag{4-9}$$

式中：ΔL_p —— 吸声减噪量，dB；

　　　R_1、R_2 —— 吸声处理前、后房间常数。

可见，R_1 与 R_2 之比越大，噪声级降低得越多，但因二者是对数关系，比值达到一定程度之后对数增长缓慢，甚至极小，因此比值应适当选取，不宜追求过大值，以免增加费用。

室内吸声处理的平均减噪量 ΔL_p 可按式（4-10）计算。

$$\Delta L_p \approx 10\lg\frac{T_1}{T_2} \tag{4-10}$$

式中：ΔL_p —— 吸声减噪量，dB；

　　　T_1、T_2 —— 吸声处理前后的混响时间，min。

由此可见，从降低室内混响声来看，吸声处理后的混响时间越短越好。

（3）设计方法

一般情况下，吸声设计可根据式（4-8）进行。实际上，需要做吸声设计的房间主要有两种情况，即已有声源干扰房间的改造或新建房间的封闭噪声源改造。针对这两种情况应采取不同的设计步骤。

1）已有声源干扰房间的改造

房间改造设计，按下列步骤进行：①测量室内噪声现状；②计算或实测吸声处理前室内平均吸声系数 $\bar{\alpha}_1$ 及房间常数 R_1；③由相应的噪声标准确定离声源一定距离处的允许噪声级，求出所需的吸声减噪量；④根据所需的吸声减噪量，计算所需的房间常数 R_2 和平均吸声系数 $\bar{\alpha}_2$ 的值；⑤选择适当的吸声材料或吸声结构，在室内天花板及墙面做必要的吸声设计，使其达到所需的平均吸声系数 $\bar{\alpha}_2$。

2）新建房间的封闭噪声源改造

新建房间，只要推断出没有经过吸声处理的室内平均吸声系数和室内设置噪声源时的状态，就可以如同"房间改造设计"一样进行设计。吸声设计的减噪效果可用吸声减噪量及室内工作人员的主观感觉效果来评价。吸声减噪量一般应通过实测或计算吸声处理前后室内相应位置的噪声水平（A 声级、C 声级和 125～4 000 Hz 的 6 个倍频程声压级）得到，也可以通过测量混响时间或声场衰减等方法求得吸声减噪量。

4.2 隔声降噪控制技术

4.2.1 隔声降噪原理

隔声是指采用一定形式的围蔽结构隔绝噪声源声波向外传播或隔绝声波向接收者所存在的空间传播，从而达到降噪目的。

隔声系统的具体参数如下：

（1）透射系数

隔声构件的透声能力，用透射系数 τ 来表示，通常是指无规入射时各入射角度透射系数的平均值，为透射声强 I_t 和入射声强 I_i 的比值，即

$$\tau = \frac{I_t}{I_i} \tag{4-11}$$

（2）隔声量

隔声结构对噪声的隔绝能力称为隔声量 R（或称为透射损失 TL），单位是 dB。

$$R = 10\lg\frac{1}{\tau} \tag{4-12}$$

隔声指数（I_a）是 ISO 推荐的对隔声构件的隔声性能的一种评价方法。隔声结构的空气隔声指数可由式（4-12）或式（4-13）求得。

$$R = 10\lg\frac{I_t}{I_i} = 20\lg\frac{p_i}{p_t} \tag{4-13}$$

式中：p_i、p_t —— 入射声压、透射声压，Pa。

（3）隔声指数

测得某隔声结构的隔声量频率特性曲线，如图 4-13 中的曲线 1 和曲线 2，分别代表两种隔声墙的隔声特性曲线；图 4-13 中的一组参考折线，100～400 Hz 时每倍频程增加 9 dB，400～1 250 Hz 时每倍频程增加 3 dB，1 250～4 000 Hz 为平直线。每条折线右侧标注的数字是该折线上 500 Hz 所对应的隔声量。将所测得的隔声曲线与参考折线相比较，求出满足下列两个条件的最高一条折线，该折线对应的数值即为隔声指数 I_a 的值。

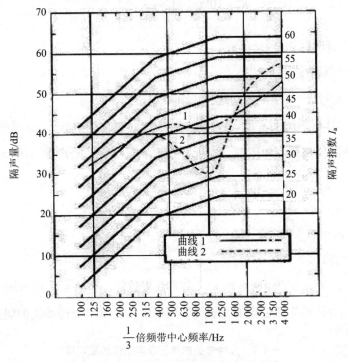

图 4-13　隔声墙空气隔声指数用的参考线

①在任何一个 $\frac{1}{3}$ 倍频程上，曲线低于参考折线的最大差值不得大于 8 dB；

②全部 16 个 $\frac{1}{3}$ 倍频程中心频率（100～3 150 Hz）的曲线低于折线的差值之和不得大于 32 dB。

用平均隔声量和隔声指数分别对图 4-13 中的两条曲线的隔声性能进行评价比较，可以求得两座隔声墙的平均隔声量分别为 41.8 dB 和 41.6 dB，数值基本相同。但按上述方法求得它们的隔声指数分别为 44 和 35，显然隔声墙 1 的隔声性能要优于隔声墙 2。

4.2.2 隔声材料与结构

4.2.2.1 单层均匀隔声结构

（1）质量定律

假设墙体是无刚度、无阻尼的，且忽略墙的边界并假定墙为无限大，声波垂直入射时，可从理论上计算出墙体的隔声量 R_0，计算式如式（4-14）所示。

$$R_0 = 10\lg\left[1+\left(\frac{\omega M}{2\rho_1 c_1}\right)^2\right] \tag{4-14}$$

式中：ω —— 声波的圆频率，rad/s；

ρ_1 —— 空气密度，kg/m^3；

c_1 —— 声音在空气中的传播速度，m/s；

M —— 固体材料的面密度，kg/m^3。

对于一般的固体材料，如砖墙、木板、钢板、玻璃等，隔声量可进一步简化为

$$R_0 = 20\lg\frac{\omega M}{2\rho_1 c_1} = 20\lg f + 20\lg M - 42 \tag{4-15}$$

式中：f —— 入射声波的频率，Hz；

其余字母同前。

式（4-15）表明墙体的面密度越大，隔声效果越好，单位面密度每增加 1 倍，隔声量增加 6 dB，这一规律称为质量定律。表 4-2 列出了常见单层隔声结构的隔声量。

表 4-2　几种常见的单层隔声结构的隔声量

构件名称	面密度/(kg/m^2)	倍频程中心频率的降声量/dB						隔声量/dB	
		125 Hz	250 Hz	500 Hz	1 000 Hz	2 000 Hz	4 000 Hz	测定	计算
1/4 砖墙，双面粉刷	118	41	41	45	40	46	47	43	42
1/2 砖墙，双面粉刷	225	33	37	38	46	52	53	45	46
1/2 砖墙，双面木筋条板加粉刷	280	—	52	47	57	54	—	50	47
1 砖墙，双面粉刷	457	44	44	45	53	57	56	49	51
100 mm 厚木筋板条墙，双面粉刷	70	17	22	35	44	49	48	35	39
150 mm 厚加气混凝土砌块墙，双面粉刷	175	28	36	39	46	54	55	43	43

（2）频率特性

单层匀质隔声结构的隔声性能与入射波的频率有关，其频率特性取决于隔声结构本身单位面积的质量、刚度、材料的内阻尼以及隔声结构边界条件等因素。单层匀质隔声结构的隔声量与入射波频率的关系如图 4-14 所示。

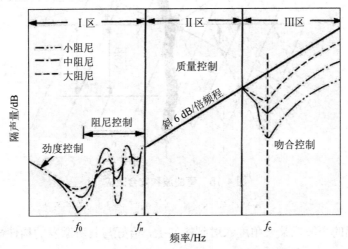

图 4-14 单层匀质密实墙典型的隔声频率特性

在低于构件共振频率范围内，隔声量主要由隔声构件的劲度控制，单层构件的刚性越强，隔声量就越大，同时频率越高，隔声量越大，质量效应的影响也会增加。随着频率的增高，某些频率时劲度和质量效应相互抵消从而产生共振现象，隔声曲线进入由隔声构件的共振频率控制的频段，这时构件的阻尼起作用。图中 f_0 为共振基频，一般建筑构件中共振基频很低，为 5～20 Hz，这时隔声构件振动幅度很大，隔声量出现极小值，大小主要取决于构件的阻尼，称为阻尼控制。

当频率继续增高，隔声量进入质量控制区，这时隔声量主要取决于构件的面密度和入射声波的频率，面密度越大，其惯性阻力越大，构件越不容易振动，隔声效果越好。频率越高，隔声效果也会越好。

当频率高到一定值时，将出现质量效应和弯曲劲度效应相互抵消的情况，使阻抗减小，隔声量又出现低谷，此频段内的隔声量在很大程度上是由吻合效应控制的。在吻合效应频率 f_c 处，隔声量会有一个较大的降低。

（3）吻合效应

单层匀质构件都具有一定劲度的弹性板，被声波撞击后会受迫产生弯曲振动（图 4-15）。

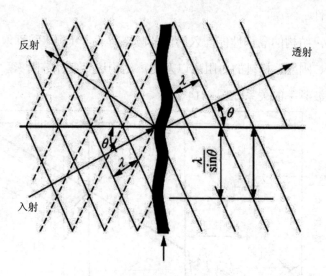

图 4-15 弯曲波和吻合效应

当一定频率的声波以某一角度入射到构件上，恰好与其所激发的构件弯曲振动发生吻合时，构件的弯曲振动及向另一侧的声辐射都达到极大，相应的隔声量极小，这种现象称为吻合效应，相应的频率称为"吻合频率"（图 4-15），发生吻合要满足式（4-16）。

$$\lambda_b = \frac{\lambda}{\sin\theta} \tag{4-16}$$

由于 $\sin\theta \leqslant 1$，故只有在 $\lambda \leqslant \lambda_b$ 的条件下才会发生吻合效应；$\lambda = \lambda_b$ 时出现吻合效应的最低频率，低于这一频率的声波不会发生吻合效应，因此该频率称为吻合效应的临界频率 f_c。

$$f_c = \frac{c^2}{2\pi\sin^2\theta}\sqrt{\frac{12\rho(1-\sigma^2)}{ED^2}} \tag{4-17}$$

式中：c —— 声速，m/s；

D —— 厚度，m；

ρ —— 密度，kg/m³；

E —— 杨氏模量，N/m²。

由式（4-17）可以看出 f_c 受板厚度影响很大，随着 D 的增加，f_c 向低频移动，f_c 还受构件材料的密度、弹性等因素影响。通常我们希望将临界吻合频率 f_c 控制在 4 000 Hz 以上，常用建筑材料的 f_c 往往出现在主要声频区，除了选用密度大、厚度小的材料，还可以增加构件的阻尼，以提高吻合区的隔声量，改善总的隔声效果。

4.2.2.2 双层隔声墙

（1）隔声原理

双层墙能提高隔声性能的主要原因是空气层的作用，当声波依次透过特性阻抗完全不同的墙体与空气介质时，在 4 个阻抗失配的界面上造成声波的多次反射，声波发生衰减，并且由于空气层的弹性和吸收作用，振动能量大大耗减。图 4-16 是双层隔声墙的示意图。

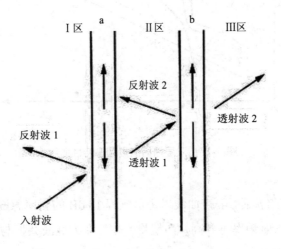

图 4-16　双层隔声墙示意

（2）双层墙的频率特性

双层墙的隔声频率特性曲线如图 4-17 曲线 a 所示。当入射声波频率比双层墙共振频率低时，双层墙将做整体振动，此时空气层不起作用，隔声量与同等重量的单层墙差不多。当入射声波频率达到共振频率 f_0 时，隔声量出现低谷，如式（4-18）所示。

$$f_0 = \frac{c}{2\pi} \sqrt{\frac{\rho_0}{D}\left(\frac{1}{M_1} + \frac{1}{M_2}\right)} = \frac{c}{2\pi} \sqrt{\frac{\rho_0}{MD}} \qquad (4\text{-}18)$$

式中：M —— 墙体的有效质量，$M = \dfrac{2M_1 M_2}{M_1 - M_2}$，kg；

D —— 空气层厚度，m；

ρ_0 —— 空气密度，一般取 1.2 kg/m^3。

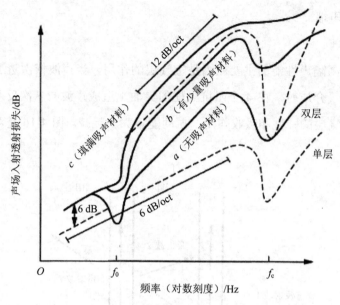

图 4-17　双层墙的隔声频率特性曲线

入射波频率超过 $\sqrt{2}f_0$ 后，隔声曲线以每倍频程 18 dB 的斜率急剧上升，显示出双层隔声墙结构的优越性。入射频率再升高，两墙将产生一系列驻波共振与谐波共振，使隔声频率特性曲线上升趋势变平缓，大致以每倍频程 12 dB 的斜率上升。当入射波频率再上升时，曲线上会出现若干频率低谷，这是由于双层墙也会产生吻合效应，其吻合频率 f_c 取决于两层墙的临界频率。当两层板的材料相同且 $M_1 = M_2$ 时，两个临界频率相同，吻合谷凹陷较深，当两墙的材料不同或 $M_1 \neq M_2$ 时，隔声特性曲线也会出现两个频率低谷，但凹陷程度相对较浅。

（3）隔声量的经验公式

在工程应用中多采用经验公式近似计算双层墙的隔声量：

$$R = 16\lg(M_1 + M_2) + 16\lg f - 30 + \Delta R \tag{4-19}$$

在主要声频范围 100～3 150 Hz 内平均隔声量 $\bar{R}$ 的经验公式为

$$\bar{R} = 13.5\lg(M_1 + M_2) + 14 + \Delta\bar{R}(D)，（M_1+M_2）<200 \text{ kg/m}^2 \tag{4-20}$$

$$R = 16\lg(M_1 + M_2) + 8\Delta\bar{R}(D)，（M_1+M_2）\geqslant 200 \text{ kg/m}^2 \tag{4-21}$$

式中：M_1、M_2 —— 各层墙的面密度；kg/m^2；

$\Delta\bar{R}(D)$ —— 空气层的附加隔声量，dB。

附加隔声量 $\Delta\bar{R}(D)$ 与空气层厚度 D 的关系，可由图 4-18 中的实验曲线查得。一般重的双层结构的 $\Delta\bar{R}(D)$ 值可选用曲线 1，轻的双层结构的 $\Delta\bar{R}(D)$ 值可选取曲线 3。

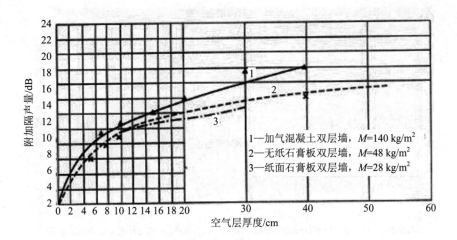

图 4-18 双层墙空气层厚度与附加隔声量的关系

4.2.2.3　多层复合隔声结构

在噪声控制工程中，常用轻质多层复合板，它是由几层面密度或性质不同的板材组成的复合隔声结构，通常是用金属或非金属的坚实薄板做护面层，内部覆盖阻尼材料，或填入多孔吸声材料、空气层等组成。

多层复合板的隔声性能较组成它的同等重量的单层材料或双层材料有明显的改善，这主要是由于①分层材料的阻抗各不相同，使声波在各层界面上产生多次反射，阻抗相差越大，反射声能越多，透射能量就越小；②夹层材料的阻尼和吸声作用，致使声能衰减，并减弱共振与吻合效应；③使用厚度和材质不同的多层结构，可以错开共振与临界的吻合频率，改善共振区与吻合区的隔声低谷效应，因而总的隔声性能可大大提高。

4.2.3　隔声技术的应用

【实例 4-3】某卷烟厂空压机站隔声控制

该卷烟厂空压机站控制室降噪装置平面布置如图 4-19 所示，控制室位于楼内，由于结构承重限制，采用双层轻质 FC 板（内垫玻璃纤维板）做隔声墙，内贴 5 cm 离心玻璃棉覆盖穿孔率为 20% 的铝合金穿孔板。平顶构造与墙面相似。室内用两台立柜式空调机控制室温，观察窗为三层厚玻璃固定式隔声窗，门扇采用轻质隔声门。为了减轻地面振动，地面铺满浮筑硬木弹性地板，经测定室内噪声级为 62 dB（A），插入损失约 26 dB（A），地面震感已消除，效果十分理想。

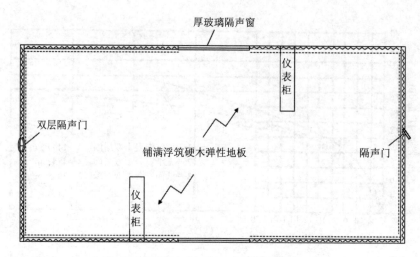

图4-19 空压机站控制室降噪装置平面布置

注：房间尺寸为 18 m×5 m×3 m。

【实例4-4】某卷烟厂空压机站隔声控制

该钢铁厂轧钢车间距居民住宅最近处不足 2 m，车间生产为连续三班制运转，居民住宅敏感点的噪声级已超过 75 dB（A），为了最大限度地降低扰民噪声，经多次论证研究，最后确定在居民楼与厂界之间建造一面长 60 m、高 6 m 的大型隔声屏障，如图 4-20 所示。屏障结构采用双层 8 mm 厚 TK 板（水泥、石膏经高温蒸压制成的石棉制品），板间留 8 cm 厚空腔，板层间用轻钢龙骨作联系梁。考虑到整体结构的强度与稳定性（ϕ = 10 cm），用壁厚为 4 mm 的无缝钢管做支柱，并埋入混凝土基础块中。屏障建成后，实测降噪 8～11 dB（A），有效控制了噪声污染。

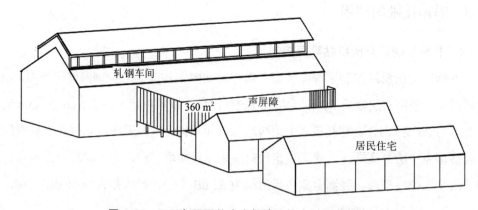

图 4-20 工厂与居民住宅之间建造的大型隔声屏障

4.2.4　隔声降噪设计

隔声是噪声控制的重要手段之一，它将噪声局限在部分空间范围内，从而提供一个安静的环境。隔声设计从声源处考虑，可以采用隔声罩的结构形式；从接收者处考虑，可采用隔声室的结构形式；从噪声传播途径上考虑，可采用声屏障或隔墙的形式。

4.2.4.1　设计原则

隔声设计一般应从声源处入手，在不影响操作、维修和通风散热的前提下，对车间内独立的强噪声源，可采用固定密封式隔声罩、活动密封式隔声罩以及局部密封式隔声罩等，以便于用较少的材料将强噪声的影响限制在较小的范围内。一般来说，固定密封式隔声罩的减噪量约为 40 dB（A），活动密封式隔声罩的减噪量约为 30 dB（A），局部密封式隔声罩的减噪量约为 20 dB（A）。

对不宜做隔声处理的噪声源，而又允许操作管理人员不经常停留在设备附近时，可以根据不同要求，设计便于控制、观察和休息的隔声室。隔声室的减噪量为 20～50 dB（A）。

在车间大、工人多、强噪声源比较分散，而且空间难以封闭的情况下，可以设置留有生产工艺开口的隔墙或声屏障。

4.2.4.2　基本设计步骤

（1）首先通过实测或者厂家提供的资料掌握声源的声功率，由声源特性和受声点的声学环境，利用室内声学公式估算或用声级计实测受声点的各倍频带声压级（主要是 125～40 000 Hz 的倍频带）。如果是多声源，则要求分别计算各声源产生的声压级，然后进行叠加。

（2）根据隔离或半隔离区域的用途，根据表 4-3 查到的该隔声区域内允许的 A 声级 L_A，然后通过表 4-4 确定相应的 NR 曲线上各倍频程的声压级。

表 4-3　工业企业厂区各类地点噪声标准

序号	地点类别	噪声限值/dB（A）
1	生产车间及作业产所（工人每天连续接触噪声 8 h）	90
2	高噪声车间设置的值班室、观察室无电话通信要求时	75
	休息室（室内背景噪声级）有电话通信要求时	70
3	精密装配线、精密加工车间的工作地点、计算机房（正常工作状态）	70
4	车间所属办公室、实验室、设计室（室内背景噪声级）	70
5	主控制室、集中控制室、通信室、电话总机室、消防值班室（室内背景噪声级）	60
6	厂部所属办公室、会议室、设计室、中心实验室（包括实验、化验、计量室）（室内背景噪声级）	60
7	医务室、教室、哺乳室、托儿所、工人值班室（室内背景噪声级）	55

表 4-4　A 声级与 NR 曲线倍频带声压级换算表　　　　　　　单位：dB

L_A	各倍频程中心频率的声压值						L_A 对应的 NR 数
	125 Hz	250 Hz	500 Hz	1 000 Hz	2 000 Hz	4 000 Hz	
50	57	49	44	40	37	35	40
55	62	57	50	46	43	41	46
60	68	61	56	53	50	48	53
65	73	67	62	59	56	54	59
70	79	72	68	65	62	61	65
75	84	78	74	71	69	67	71
80	87	82	78	75	73	71	75
85	92	87	83	80	78	76	80
90	96	91	88	85	83	81	85

（3）计算各倍频带上需要的噪声降低量 NR 或插入损失 IL。

（4）详细研究声源特性和噪声暴露人群分布特性、声源设备操作、维修和其他工艺要求，选择合适的隔声设施类型。

（5）选择适当的市场上有售的隔声结构与设施，或设计满足要求的隔声构件和设施。

（6）掌握隔声设施的详细尺寸并进行结构设计。

4.2.5　隔声墙

在一间房子中用隔墙把声源与接收区隔开，是一种最简单且实用的隔声措施，噪声降低的效果不仅与隔墙有关，也与室内声学环境有关，如图 4-21 所示。图中左室为发声室，右室为接收室。在稳态时，声源室向隔墙入射的声波，一部分反射，一部分透过隔墙进入接收室。

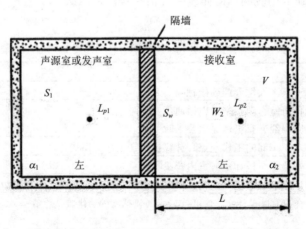

图 4-21　声源室和接收室

　　由于声源向隔墙入射（透射）的声强不易直接测量，所以通常分别测定两室中间区域的平均声压级来间接推算。设声源室和接收室的空间平均声压级为 L_{p1} 和 L_{p2}，则分隔墙的噪声降低量（平均声压级差）为

$$\text{NR} = L_{p1} - L_{p2} \tag{4-22}$$

　　根据室内声学理论，可计算出

$$\text{NR} = L_{p1} - L_{p2} = R - 10\lg\left(\frac{1}{4} + \frac{S_w}{R_2}\right) \tag{4-23}$$

　　则接收室的平均声压级为

$$L_{p2} = L_{p1} - R + 10\lg\left(\frac{1}{4} + \frac{S_w}{R_2}\right) \tag{4-24}$$

式中：R —— 隔墙的隔声量，dB；

　　　S_w —— 隔墙的面积，m^2；

　　　R_2 —— 右室的房间常数。

讨论：

①当接收室以混响为主时，R_2 很小，则 $S_w/R_2 \gg 1/4$，式（4-24）可简化为

$$L_{p2} = \left(L_{p1} - R\right) + 10\lg\left(\frac{S_w}{R_2}\right) \tag{4-25}$$

②当接收室为自由声场或室外时，$R_2 \to \infty$，则 $S_w/R_2 \ll 1/4$，式（4-24）可简化为

$$L_{p2} = \left(L_{p1} - R\right) - 6 \tag{4-26}$$

③当接收室的分隔墙相当于一个面声源，在接收室作吸声处理，增加 R_2，可以提高隔声效果。

④噪声降低量 NR 与传声损失（隔声量）R 是两个不同概念的物理量，R 是由构件本身性质决定的一个评价量，仅评价构件的隔声性能；而 NR 不仅与构件性能有关，还与接收房间的吸声性能有关，用于评价隔声的实际效果。

⑤噪声降低量 NR 和插入损失 TL 都用来衡量隔声的实际效果，但 NR 在两个不同声学区域中测点上的比较，主要适用于扩散声场的情况；而 TL 则是同一测点降噪措施前后的比较，常用于现场测量。

4.2.6　隔声罩

　　隔声罩是一种将噪声源隔离起来以减小向周围环境的辐射，同时又不妨碍声源设备的

正常功能性工作的罩形壳体结构，其基本结构如图 4-22 所示。罩壁由罩板、阻尼涂层和吸声层及穿孔护面板组成。根据噪声源设备的操作、安装、维修、冷却、通风等具体要求，可采用适当的隔声罩形式，常用的隔声罩有固定密封式、活动密封式、局部密封式等。

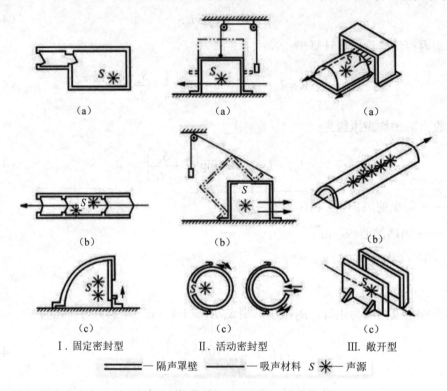

Ⅰ. 固定密封型　　　　　Ⅱ. 活动密封型　　　　　Ⅲ. 敞开型

━━━━━隔声罩壁　　━━━吸声材料　S ✳—声源

图 4-22　隔声罩和局部隔声罩的常用形式

4.2.6.1　隔声罩的插入损失

隔声罩的隔声效果适宜用插入损失 IL 来衡量。对于全密封的隔声罩，可近似用式（4-27）计算。

$$IL = 10\lg\left(1 + \alpha 10^{0.1TL}\right) \tag{4-27}$$

式中：α —— 内饰吸声材料的吸声系数；

　　　　TL —— 隔声罩罩壁的隔声量，dB。

对于局部密封的隔声罩，插入损失为

$$IL = TL + 10\lg\alpha + 10\lg\frac{1 + S_0 / S_1}{1 + S_0 10^{0.1TL} / S_1} \tag{4-28}$$

式中：S_0 和 S_1 —— 非封闭面和封闭面的总面积，m^2。

一般固定密封式隔声罩的插入损失为 30~40 dB，活动密封式隔声罩的插入损失为 15~30 dB，局部密封式隔声罩的插入损失为 10~20 dB。

4.2.6.2 隔声罩的设计要点

①为保证隔声罩的隔声性能，宜采用质轻、隔声性能良好，且应便于制造、安装、维修的结构，如用 0.5~2 mm 厚的钢板或铝板等轻薄密实的材料制作。

②用钢板或铝板等轻薄密实的材料制作罩壁时，必须在壁面上加筋，涂贴阻尼层，以抑制或减弱共振和吻合效应的影响。

③罩体与声源设备及机座之间不能有刚性接触，以免形成"声桥"，导致隔音量降低。同时隔声罩与地面之间应进行隔振，以降低固体声。

④设有隔声门窗、通风与电缆等管线时，缝隙处必须密封，并且管线周围应有减振、密封等措施。

⑤罩内要加吸声处理，使用多孔松散材料时，应有较牢固的护面层。

⑥罩壳形状恰当，尽量少用方形平行罩壁，以防止罩内空气声的驻波效应，同时，罩内壁与设备之间应留有较大的空间，一般为设备所占空间的 1/3 以上，各内壁面与设备的空间距离不得小于 10 cm，以免耦合共振，使隔声量减小。

⑦当被罩机器有温升需要采取通风冷却措施时，应增加消声器等设施的使用，其消声量要与隔声罩的插入损失相匹配。

⑧有些机器必须考虑通风散热，罩壳不能完全封闭，对于进气量和出气量应尽可能小，可以使气流通过一个狭长吸声通道，以保证其降噪量不低于隔声罩的插入损失。

4.2.7 隔声门窗

4.2.7.1 隔声门

为了保证门有足够的隔声量，隔声门通常采用双层结构，并在两层间添加吸声材料，即采用多层复合结构。还要保证门的开启关闭灵活方便，在这两个条件下，隔声门不能做得过重，门扇与门框之间的密封要做好。当采用双层或多层玻璃时，层间框架四周应做吸声处理，为了减少共振和吻合效应的影响，各层玻璃宜用不同厚度且不平行放置。常见的隔声门的隔声特性见表 4-5。

表 4-5　常见隔声门的特性　　　　　　　　　　　　　　　　　单位：dB

隔声门构造	各倍频程中心频率的隔声量						平均隔声量
	125 Hz	250 Hz	500 Hz	1 000 Hz	20 00 Hz	4 000 Hz	
三合板门，扇厚 45 mm	13.4	15.0	15.2	19.7	20.6	24.5	16.8
三合板门，扇厚 45 mm，上开一观察孔，玻璃厚 3 mm	13.6	17.0	17.7	21.7	22.2	27.8	18.8
重塑木门，四周用橡皮和毛毡密封	30.0	30.0	29.0	25.0	26.0	—	27.0
分层木马，密封	20.0	28.7	32.7	35.0	32.8	31.0	31.0
分层木马，不密封	25.0	25.0	29.0	29.5	27.0	26.5	27.0
双层木板实拼门，板厚 100 mm	15.4	20.8	27.1	29.4	28.9	—	29.0
钢板门，厚 6 mm	25.1	26.7	31.1	36.4	31.5	—	35.0

4.2.7.2　隔声窗

隔声窗一般用双层或多层玻璃做成，其隔声量主要与玻璃的厚度（或单位面积玻璃的质量）有关，还与窗的结构，窗与窗框之间、窗框与墙壁之间的密封程度有关。根据实际测量，3 mm 厚的玻璃隔声量为 27 dB，6 mm 厚的玻璃的隔声量为 30 dB，因此，采用两层以上的玻璃，中间夹空气层的结构，隔声效果较好。图 4-23 是几种常见的隔声窗。

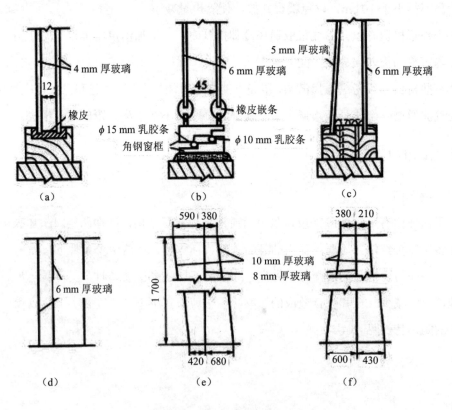

图 4-23　几种隔声窗

隔声窗的设计应注意以下几个问题：

①多层窗应选用厚度不同的玻璃板以消除调频吻合效应。例如，3 mm 厚的玻璃板的吻合谷出现在 4 000 Hz 处，而 6 mm 厚的玻璃板的吻合谷出现在 2 000 Hz 处，两种玻璃组成的双层窗，吻合谷相互抵消。

②多层窗玻璃板之间要有较大的空气层。实践证明，空气层厚 5 cm 时效果不大，一般为 7～15 cm，并在窗框周边内表面做吸声处理。

③多层窗玻璃板之间要有一定的倾斜度，朝声源一面的玻璃做成倾斜，以消除驻波。

④两层玻璃板之间不能有刚性连接，以防止出现"声桥"。

⑤玻璃窗要严格密封，在边缘用橡胶条或毛毡条压紧，这样处理不仅可以起到密封作用，还能达到有效的阻尼效果，减少玻璃板受声波激发所引起的振动、透声。

常见隔声窗的隔声特性见表 4-6。

表 4-6　常见隔声窗的隔声特性　　　　　　　　　单位：dB

结构	各倍频程中心频率隔声量						平均隔声量
	125 Hz	250 Hz	500 Hz	1 000 Hz	2 000 Hz	4 000 Hz	
单层 3～6 mm 厚玻璃固定窗	21	20	24	26	23	—	22
单层 6.5 mm 厚玻璃固定窗，橡皮条封边	17	27	30	34	38	32	29.7
单层 15 mm 厚玻璃固定窗，腻子封边	25	28	32	37	40	50	35.5
双层 3 mm 厚玻璃窗，17 mm 厚空腔							
①无封边	21	26	28	30	28	27	—
②橡皮条封边	33	33	36	38	38	38	—
双层 4 mm 厚玻璃窗							
①空腔 12 mm	20	17	22	35	41	38	—
②空腔 16 mm	16	26	37	41	41	—	—
③空腔 100 mm	21	33	39	47	50	51	28.8
④空腔 200 mm	28	36	41	48	54	53	—
⑤空腔 400 mm	34	40	44	50	52	54	—
双层 7 mm 厚玻璃窗							
①空腔 10 cm	28	37	41	50	45	54	42.7
②空腔 20 cm	32	39	43	48	46	50	—
③空腔 40 cm	38	42	46	51	48	58	—
有一层倾斜玻璃双层窗	28	31	29	41	47	40	35.5
三层固定窗	37	45	42	43	47	56	45.0

4.2.8 声屏障

在声源与接收点之间设置不透声的屏障，阻断声波的直接传播，使声波在传播的过程中有一个明显的衰减，以减弱接收者所在区域的噪声影响，这样的屏障称为声屏障或者隔声屏。噪声在传播途中遇到障碍物时，声波就会发生反射、透射和衍射现象，于是在屏障后形成低声级的"声影区"，声影区的大小和声音的频率、屏障的高度有关。频率越高，声影区的范围越大。声屏障将声源与保护目标隔开，使保护目标落在屏障的声影区内。图4-24是声屏障的隔声示意图。

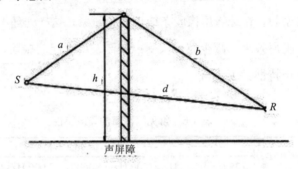

注：$a+b$—绕射路径；S—声源；d—透射路径；h—声屏障高度；R—受声点。

图 4-24 声屏障的隔声示意

4.2.8.1 声屏障的插入损失

在点源 S 和接收点 R 之间插入一个声屏障，设声屏障无限长，声波只能从屏障上方衍射过去，而在其后形成一个声影区，在声影区内，人们可以感觉到噪声明显地减弱了。声屏障的减噪量与噪声的波长、声源与接收点之间的距离等因素有关，可以用菲涅尔数 N 来估算隔声屏障的减噪量。

$$N = \frac{2\delta}{\lambda} \tag{4-29}$$

$$\delta = (a+b) - d \tag{4-30}$$

式中：λ —— 声波的波长，m；

δ —— 有屏障与无屏障时声波从声源到接收点之间的最短路径差，m。

在半自由声场（如室外开阔地）中，声屏障的减噪量 R_N 与 N 的关系见表4-7。

表 4-7　R_N 与 N 的关系

N	−0.1	−0.01	0	0.1	0.5	1	2	3	5	10	12	20	50
R_N/dB	2	4	5	7	11	13	16	17	21	23	24	26	30

当 N 为正值时，声屏障的减噪量近似计算公式为

$$R_N = 20\lg \frac{\sqrt{2\pi N}}{\tan\left(h\sqrt{2\pi N}\right)} + 5 \qquad (4\text{-}31)$$

当 N 趋近 0 时，即屏障的高度接近声源和接收点的高度时，R_N 近似为 5 dB。

当 N 为负值时，表示屏障没有隔挡住声源到接收点的直达声，此时最大减噪量小于 5 dB。如果声源和接收点都在地平面上（图 4-25），则当满足条件 $d \geqslant r \geqslant h$ 时，屏障的减噪量为

$$R_N = 10\lg \frac{3\lambda + 10\dfrac{h^2}{r}}{\lambda} \qquad (4\text{-}32)$$

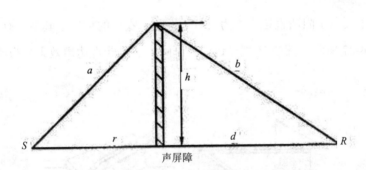

图 4-25　声源和接收点都在地平面上时的隔声屏

4.2.8.2　声屏障设计要点

①声屏障本身必须有足够的隔声量，声屏障对声波有 3 种物理效应：隔声（透射）、反射和绕射效应，因此声屏障的隔声量应比设计目标值大 10 dB 以上。

②设计声屏障时，应尽可能采用配合吸声型屏障，以减弱反射声能及其绕射声能。材料平均吸声系数应 ≥0.5，其结构如图 4-26 所示。

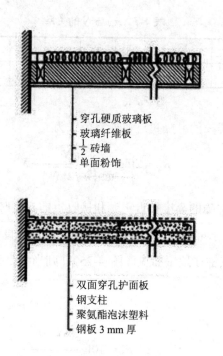

穿孔硬质玻璃板
玻璃纤维板
$\frac{1}{2}$ 砖墙
单面粉饰

双面穿孔护面板
钢支柱
聚氨酯泡沫塑料
钢板 3 mm 厚

图 4-26　声屏障结构示意

③声屏障主要用于阻断直达声，为了有效地防止噪声的扩散，其型式有 L 型、U 型、Y 型等，如图 4-27 所示。其中 Y 型（遮檐式屏障）的阻断直达声效果尤为明显。

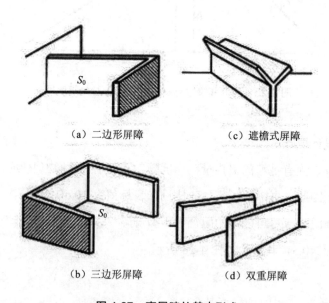

（a）二边形屏障　　　　　　　（c）遮檐式屏障

（b）三边形屏障　　　　　　　（d）双重屏障

图 4-27　声屏障的基本形式

④声屏障周边与其他构件的连接处，应注意密封。

⑤作为交通道路的声屏障，应注意景观，其造型和材质的选用应与周围环境相协调。

⑥声屏障的结构设计，其力学性能（如风荷载等）应符合有关国家标准。

⑦声屏障的高度和长度应该根据现场实际情况由相关公式确定。

4.3　消声降噪技术

消声器是用来降低气流噪声的装置，它既能允许气流顺利通过，又能有效阻止、减弱声能向外传播。例如，在输气管道中或在进气口、排气口上安装合适的消声元件，就能降低进气口、排气口及输送管道中的噪声传输。一个合适的消声器，可以使气流噪声减弱 20～40 dB，相应响度降低 75%～93%，因此，在噪声控制工程中得到了广泛的应用。值得指出的是，消声器只能用来降低空气动力性设备的气流噪声而不能降低空气动力设备的机壳、管壁、电机等辐射的噪声。

4.3.1　消声降噪原理

消声器的种类很多，其结构各不相同，根据消声器的消声原理和结构的差异，大致可将消声器分为阻性消声器、抗性消声器、阻抗复合式消声器、微穿孔板消声器、扩散板消声器和有源消声器；按所配用的设备来分，则有空压机消声器、内燃机消声器、凿岩机消声器、轴流风机消声器、混流风机消声器、罗茨风机消声器、空调新风机组消声器和锅炉蒸汽放空消声器等。

消声器的消声原理不同，消声效果也不同。

阻性消声器是一种能量吸收性消声器，在气流通过的途径中固定多孔性吸声材料，利用多孔吸声材料对声波的摩擦和阻尼作用将声能量转化为热能从而达到消声的目的。阻性消声器适用于消除中、高频率的噪声，消声频带范围较宽，对低频噪声的消声效果较差。因此，常使用阻性消声器控制风机类进排气噪声等，它的缺点是在高温、高速、水蒸气、含尘、油雾以及对吸声材料有腐蚀性的气体中，使用寿命短、消声效果差。

抗性消声器则利用声波的反射和干涉效应等，通过改变声波的传播特性，阻碍声波能量向外传播，主要适用于消除低、中频率的窄带噪声，对宽带高频率噪声则效果较差，因此常用来消除如内燃机的排气噪声等。

鉴于阻性消声器和抗性消声器各自的特点，常将它们组合成阻抗复合型消声器，以同时得到高、中、低频率范围内的消声效果，如微穿孔板消声器就是典型的阻抗复合型消声器，其优点是耐高温、耐腐蚀、阻力小等，缺点是加工复杂、造价高。

随着声学技术的发展，还有一些特殊类型的消声结构出现，如微穿孔板消声器、喷注耗散型消声器（包括小孔喷注、节流降压、多孔扩散）等。

4.3.2　消声材料与结构

（1）阻性消声器

阻性消声器涉及吸声材料的使用，吸声材料是影响消声器消声性能的重要因素。在同样长度和截面积条件下，消声值的大小一般取决于吸声材料的种类、密度和厚度，可用来做消声器的吸声材料种类很多，如超细玻璃棉、泡沫塑料、多孔吸声砖、工业毛毡等。在选择吸声材料时，除考虑吸声性能外，还要考虑消声器的使用环境，如高温、潮湿、有腐蚀性气体等特殊环境。吸声材料种类确定以后，材料的厚度和密度也应特意选定，一般情况下，吸声材料的厚度由所要消声的频率范围决定。如果只为了消除高频噪声，吸声材料可薄些；如果为了加强对低频声的消声效果，则应选择厚一些的，但超过某一限度，对消声效果的改善就不明显了。每种材料填充密度也要适宜，如超细玻璃棉填充后密度 20～30 kg/m³ 较为适宜。填充密度太大，浪费材料，同时影响效果；填充密度太小，会因振动造成吸声材料下沉，使吸声材料分布不均匀，从而影响消声效果。

阻性消声器的结构繁多，按气流通道几何形状的不同，除直管式消声器外，还有片式、蜂窝式、折板式、迷宫式、声线流式、盘式、室式、消声弯头等形式。

（2）抗性消声器

抗性消声器与阻性消声器不同，它不使用吸声材料，而是在管道上接截面突变的管段或旁接共振腔，利用声阻抗失配，使某些频率的声波在声阻抗突变的界面处发生反射、干涉等现象，从而降低由消声器向外辐射的声能，即主要是通过控制声抗的大小来消声的。常见的抗性消声器结构主要有扩张室式和共振腔式。

（3）阻抗复合式消声器

阻抗复合式消声器包括阻性与抗性两种消声原理，所以涉及了吸声材料的使用，具体的吸声材料选用原则可以参考阻性消声器，而抗性消声部分不涉及吸声材料。

阻抗复合式消声器，是按阻性与抗性两种消声原理，通过适当结构组合而成的。常见的阻抗复合式消声器结构有"阻性-扩张室复合式"消声器、"阻性-共振腔复合式"消声器、"阻性-扩张室-共振腔复合式"消声器。

（4）微穿孔板消声器

微穿孔板消声器的特点是不用任何多孔吸声材料，在薄的金属板上钻许多微孔，这些微孔的孔径一般为 0.8～1 mm，相当于针孔的大小，开孔率控制在 1%～3%。微穿孔板消声器的结构类似于阻性消声器，按气流通道形状，可分为直管式、片式、折板式、声流式等。

4.3.3　消声技术的应用

消声器产品在通风空调工程及工业噪声治理工程中的应用非常广泛，本节选择部分工程实例做简要介绍及分析，包括系列化消声器及非标消声器，如风机、空压机、柴油发电机设备或机房配用消声器以及排气放空消声器和某些特殊消声器的工程设计与应用。

【实例 4-5】某化肥厂高压鼓风机房的消声降噪

该化肥厂四车间高压鼓风机房地处厂区边缘，与附近城镇居民相距不远。风机型号为 8-18-11，风量 12 500 m³/h，风压 14 000Pa，风机进风口敞开，由机房面向民宅一侧墙身下部开设的进风口吸风，风机出风口接管道输气至工艺用气段。治理前风机噪声污染十分严重，机房内噪声高达 119 dB（A），机房外无法交谈，影响居民正常休息。消声设计主要设置进风吸声器，选用 F_B-4 型阻抗复合消声器，同时，对高压鼓风机房采取隔声处理，并使经消声器吸入机房的风接近电机，以起到通风冷却作用（图 4-28）。改建设计后，机房外已可对话，居民区噪声明显降低，实测的 F_B-A 型阻抗复合消声器的进出口两端声级相差 31 dB（A），中、高频声压级差值大多在 30 dB 以上，表 4-8 为实测结果，该工程投资 2 000 元。

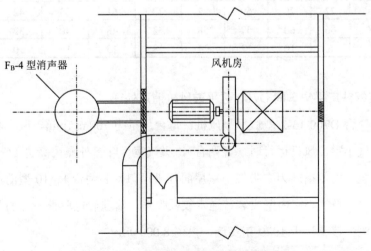

图 4-28　化肥厂风机房消声处理示意

表 4-8　消声效果实测表　　　　　　　　　单位：dB

测点及条件	各倍频程声压级								总声压级	
	63 Hz	125 Hz	250 Hz	500 Hz	1 000 Hz	2 000 Hz	4 000 Hz	8 000 Hz	A声级	C声级
机房内近消声器出风口	108	108	100	108	107	104	96	89	113	115
机房外近消声器出风口	94	89	81	76	78	75	66	59	82	96
消声效果 ΔL	14	19	19	32	29	29	30	40	31	19

【实例 4-6】某化工厂高压风机的噪声处理

风机型号为 9-27-5，安装于离民房仅 10 m 的厂区边缘，进风口敞开，进风管经加油器送至车间，因噪声污染引起厂群纠纷。在噪声治理中，将 F_A-2 型消声器安装于机房屋面进风口并使风接近电机部位，同时，也对风机房进行隔声吸声综合治理，获得了较好的效果。风机进风口原来噪声高达 109 dB（A），现消声器进风口噪声仅为 72 dB（A），居民区噪声也由原 81 dB（A）降至 59 dB（A），而治理费用仅为 3 000 元。表 4-9 为治理前后噪声频谱特性实测结果。

表 4-9　治理前后噪声频谱特性实测表　　　　　　　单位：dB

测点及条件	各倍频程声压级								总声压级	
	63 Hz	125 Hz	250 Hz	500 Hz	1 000 Hz	2 000 Hz	4 000 Hz	8 000 Hz	A声级	C声级
原风机进口外测点	96	102	98	111	103	97	90	82	109	110
现消声器进风口外测点	79	80	73	72	65	60	53	47	72	83
消声效果 ΔL	17	22	25	39	38	37	37	35	37	27
原居民住宅区	72	70	69	82	70	61	53	42	81	84
现居民住宅区	66	60	57	58	52	48	40	32	59	68
降噪效果 ΔL	6	10	12	24	18	13	13	10	32	16

【实例 4-7】某钢铁厂平炉车间 D700 透平鼓风机消声处理

该机房设 3 台 D700-13-2 型透平鼓风机，每台风量为 700 m³/min，风压 2.8 万 Pa，机房外侧设一吸气小室，风机运行时（开两台），吸气室百叶窗外噪声高达 112 dB（A），严重污染周围环境。消声措施为在吸气小室屋面开进风口安装两台 F_B-10 型消声器，封堵原进风百叶窗，并在吸气小室内壁安装普通木纹板吸声，治理后也取得较好的效果。表 4-10 为治理效果实测，该工程于 1979 年实施，投资 8 000 元。

表 4-10 治理前后噪声效果实测表　　　　　　　　　　　　单位：dB

测点及条件	各倍频程声压级								总声压级	
	63 Hz	125 Hz	250 Hz	500 Hz	1 000 Hz	2 000 Hz	4 000 Hz	8 000 Hz	A声级	C声级
原吸气室内近 3#机进风口	106	103	108	115	118	115	107	100	119	120
原吸气室外近进风百叶窗口	96	96	99	111	109	103	98	92	112	114
现吸气室内近 3#机进风口	102	88	96	104	108	109	97	96	114	114
现吸气室顶外消声器口外	86	76	74	82	80	70	61	49	80	88
吸气室内消声效果 ΔL	4	15	12	11	10	6	0	4	5	6
吸气室外消声效果 ΔL	10	20	25	29	29	33	37	43	32	26

4.3.4 消声降噪设计

消声器的设计程序可分为以下 5 个步骤：

（1）噪声源现场调查及其特性分析

消声器安装前应对气流噪声本身的情况、周围的环境条件以及有无可能安装消声器、消声器安装在什么位置、与设备连接形式等进行调查记录，以便合理地选择消声器。

气体动力性设备，按其压力不同，可分为低压、中压、高压；按其流速不同，可分为低速、中速、高速；按其输送气体性质不同，可分为空气、蒸汽和有害气体等。应按不同性质、不同类型的气流噪声源，针对性地选用不同类型的消声器。噪声源的声级高低及频谱特性各不相同，消声器的消声性能也各不相同，在选用消声器前应对噪声源进行测量和分析。一般测量 A 声级、C 声级、倍频程或 1/3 倍频程频谱特性。特殊情况下，如噪声成分中带有明显的尖叫声，则需作 1/3 倍频程或更窄频谱分析。

（2）噪声标准的确定

根据对噪声源的调查及其使用上的要求，以及国家有关声环境质量标准和噪声排放标准，确定噪声应控制在什么水平，及安装所选用的消声器后，能达到何种噪声标准。

（3）消声器的计算

计算消声器所需的消声量，对不同的频带消声量要求是不同的，应分别进行计算，即

$$\Delta L = L_p - \Delta L_p - L_a \tag{4-33}$$

式中：L_p —— 声源某一频带的声压级，dB；

L_a —— 控制点允许的声压级，dB。

（4）选择消声器类型

根据各频带所需的消声量及气流性质，并考虑安装消声器的现场情况，经过方案比较和综合平衡后确定消声器类型、结构、材质等。

（5）检验

根据所确定的消声器，检验消声器的消声效果，包括上下限截止频率的检验，以及消声器的压力损失是否在允许范围之内，根据实际消声效果，对未能达到预期要求的，需修改原设计方案并采取补救措施。

4.3.5 阻性消声器

4.3.5.1 阻性消声器原理

阻性消声器是一种吸收型消声器，利用声波在多孔吸声材料中传播时因摩擦而将声能转化为热能散发掉的特性，达到消声的目的。材料的消声性能类似于电路中的电阻耗损电功率，从而得名。一般来说，阻性消声器具有良好的中高频消声性能，对低频消声性能较差。

通常，阻性消声器的声衰减量 L_A 为

$$L_A = \varphi(\alpha_0)\frac{Pl}{S}$$ （4-34）

式中：L_A —— 声衰减量，dB；

l —— 消声器的有效部分长度，m；

P —— 消声器通道截面周长，m；

S —— 消声器通道有效截面面积，m²；

$\varphi(\alpha_0)$ —— 消声系数，表示传播距离为管道半宽时的衰减量，主要取决于壁面的声学特性消声系数和材料的吸声系数的换算关系，见表4-11。

表 4-11　$\varphi(\alpha_0)$ 与 α_0 的换算关系

α_0	0.05	0.10	0.15	0.20	0.30	0.35	0.40	0.45	0.50	0.55	0.60～1.00
$\varphi(\alpha_0)$	0.05	0.11	0.17	0.24	0.31	0.39	0.47	0.55	0.64	0.75	1.00～1.50

4.3.5.2　高效失频效率

单通道直管式消声器的通道面积不宜过大，如果太大，高频声的消声效果将显著降低。这是因为声波频率越高，传播的方向性越强，对于给定的气流通道来说，当频率高到一定值时，声波在消声器中由于方向性很强而以"声束"状传播，很少或根本不与贴附在管壁上的吸声材料接触，消声器的消声量明显下降。出现这一下降的开始频率称为"高频失效频率"（f_n），可用式（4-35）计算。

$$f_n \approx 1.85 \frac{c}{D} \tag{4-35}$$

式中：c —— 声速，m/s；

　　　D —— 消声器通道的当量直径，m。其中圆形管道取直径，矩形管道取边长平均值，其他可取面积的开方值。

当频率高于失效频率时，每增加一个倍频带，其消声量降低 1/3，可由式（4-36）估算。

$$R' = \frac{3-N}{3} \cdot R \tag{4-36}$$

式中：R' —— 高于失效频率的某倍频程的消声量；

　　　R —— 失效频率处的消声量；

　　　N —— 失效频率的倍频程频带数。

4.3.5.3　阻性消声器的分类

阻性消声器一般分为直管式消声器、片式消声器、折板式消声器、迷宫式消声器、蜂窝式消声器、声流线式消声器、盘式消声器、弯头式消声器等，其结构如图 4-29 所示。

（1）直管式消声器

直管式消声器是阻性消声器中最简单的一种形式，吸声材料贴附在管道侧壁上，它适用于管道截面尺寸较小的低风速管道。

（2）片式消声器

对于流量较大需要足够大通风面积的通道，为使消声器周长与截面比增加，可在直管内插入板状吸声片，将大通道分隔成几个小通道。当片式消声器每个通道的构造尺寸相同时，单个通道的消声量，即为该消声器的消声量。

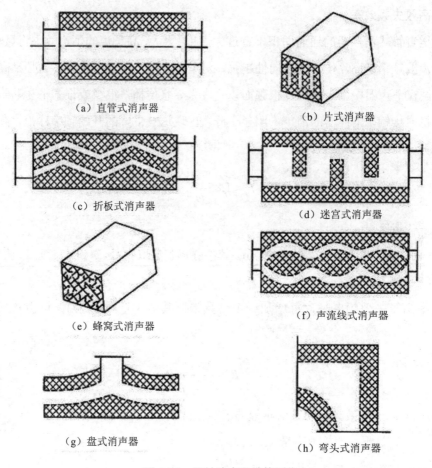

图 4-29 阻性消声器结构示意

（3）折板式消声器

折板式消声器是片式消声器的变形，在给定的直线长度下，可以增加声波在管道内的传播路程，使材料能更多地接触声波，特别是中、高频声波，能增加传播途径中的反射次数。从而使中、高频的消声特性有明显的改善。为了不过大地增加阻力损失，曲折度以不透光为佳。对风速过高的管道不宜采用该种消声器。

（4）迷宫式消声器

将若干个室式消声器串联起来形成迷宫式消声器，消声原理和计算方法类似单室，其特点是消声频带宽，消声量较高，但用于低风速时，阻损较大。

（5）蜂窝式消声器

蜂窝式消声器是由若干个小型直管消声器并联而成，形似蜂窝，故得其名。因管道的周长 L 与截面 S 的比值比直管和片式的大，故消声量较高，且由于小管的尺寸很小，使消声失效频率大大提高，从而改善了高频消声特性。但由于构造复杂，且阻损较大，通常在流速低、风量较大的情况下使用。

（6）声流线式消声器

为了减小阻力损失并使消声器在较宽频带范围内有良好的消声性能而将消声片制作成流线型。由于消声片的截面宽度有较大的起伏，从而不仅具有折板式消声器的优点还能增加低频的吸收。但该种消声器结构较复杂，制作造价较高。

（7）盘式消声器

盘式消声器在装置消声器的纵向尺寸受到限制的条件下使用，其外形是一个盘形，使消声器的轴向长度和体积比大大缩减。因消声通道截面是渐变的，气流速度也随之变化，阻损比较小。另外，进气和出气方向相互垂直，使声波发生弯折，提高了中、高频的消声效果。一般轴向长度不到 50 cm，插入损失为 10~15 dB，适用风速≤16 m/s 时。

（8）弯头式消声器

当管道内气流需要改变方向时，必须使用消声弯道，在弯道的壁面上贴附 2~4 倍截面线度尺寸的吸声材料，就成了一个有明显消声效果的消声弯头。弯头的插入损失大致与弯折角度成正比，如 30°的弯头，其衰减量大约是 90°弯头的 1/3，而 90°弯头又为 180°弯头的 1/2，连续两个 90°弯头（形成 180°的折回管道），其衰减量约为单个直角弯头的 1.5 倍。

4.3.5.4　气流对阻性消声器的影响

气流速度对阻性消声器的影响主要表现在两个方面：一是气流的存在会引起声传播规律的变化；二是气流在消声器内产生一种附加噪声——再生噪声。这两方面的影响是同时产生的，但本质不同，本节将对这两方面的影响分别进行说明。

（1）气流对声传播规律的影响

声波在阻性管道内传播，如伴随气流且方向与声波方向一致时，则声波衰减系数变小，反之声波衰减系数变大。影响衰减系数的最主要因素是马赫数（$M = v/c$）。理论分析得出合气流时的消声系数近似计算为

$$\varphi'(\alpha_N) = \frac{1}{(1+M)^2}\varphi(\alpha_N) \tag{4-37}$$

气流速度大小与方向的不同导致气流对消声器性能的影响程度不同。当流速高时，马赫数 M 值大，气流对消声性能的影响就越大，当气流方向与声传播方向一致时，M 值为正，消声系数 $\varphi'(\alpha_N)$ 将变小；当气流方向与声传播方向相反时，M 值为负，$\varphi'(\alpha_N)$ 变大。

也就是说，顺流与逆流相比，逆流对消声有利。

气流在管道中的流动速度并不均匀，在同一截面上，管道中央流速最高，离中心位置越远，流速越低，在靠近管壁处流速近似为 0。顺流时，管中央声速高，周壁声速低 [图 4-30（a）]。根据折射原理，声波要向管壁弯曲。对阻性消声器来说，由于周壁贴附有吸声材料，所以声能恰好被吸收。而在逆流时，声波要向管道中心弯曲，导致声波与吸声材料接触机会减少，因此对阻性消声器不利 [图 4-30（b）]。

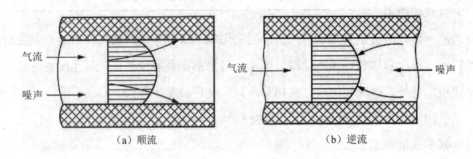

（a）顺流　　　　　　　　　　　　　（b）逆流

图 4-30　气流流向对声折射的影响

（2）气流再生噪声的影响

气流在管道中传播时会产生"再生噪声"，原因有二：一方面是消声器结构在气流冲击下产生振动而辐射噪声，其克服的方法主要是增加消声器的结构强度，特别要避免管道结构或消声元件有较低频率的简正模式，以防止产生低频共振；另一方面是当气流速度较大时，管壁的粗糙程度、消声器结构的边缘变化、截面积的变化等，都会引起"湍流噪声"。因为湍流噪声与流速的 6 次方成正比，并且以中、高频为主，所以小流速时，再生噪声以低频为主，流速逐渐增大时，中、高频噪声增加得很快。如果以 A 声级评价，A 计权后更以中、高频为主，所以气流再生噪声的 A 声级大致可用式（4-38）表示。

$$L_A = A + 60 \lg v \qquad\qquad (4\text{-}38)$$

式中：$60 \lg v$ —— 反映了气流再生噪声与速度 6 次方成正比的关系；

A —— 常数，与管衬结构特别是表面结构有关。

至于消声器管道中间有边缘结构（如导流片尖端、片式消声器尖端等）的，则属另一种气流噪声形式。

4.3.6　抗性消声器

抗性消声器与阻性消声器的消声机理完全不同，它没有敷设吸声材料，因而不能直接吸收声能。抗性消声器通过管道内声学特性的突变引起传播途径的改变，以此达到消声目的。

抗性消声器的最大优点是无需用多孔吸声材料，因此在耐高温、抗潮湿、对流速较大、洁净度要求较高方面，均比阻性消声器有明显优势。抗性消声器用于消除中、低频率噪声，主要包括扩张室式消声器和共振式消声器两种类型。

4.3.6.1 扩张室式消声器

（1）消声原理

扩张室式消声器是抗性消声器最常用的结构形式，也称膨胀式消声器。它是由管和室组成的，其最基本的形式是单节扩张室消声器，如图 4-31 所示。声波在管道中传播时，截面积的突变会引起声波的反射而产生传递损失。如图 4-32 所示，当声波沿着截面积为 S_1 和 S_2 相接的管道传播时，S_2 管对 S_1 管来说是附加了一个声负载，在接口平面上将产生声波的反射和透射。设 S_1 管中的入射声波声压为 p_i，沿 x 正向传播，反射声压为 p_r，沿 x 负向传播，并设 S_2 管无限长，末端无反射，则在 S_2 管中仅有沿 x 方向传播的声压为 p_t 的透射波，其表达式分别为

$$p_i = p_i\cos(\omega t - kx) \quad (4\text{-}39)$$

$$p_r = p_r\cos(\omega t - kx) \quad (4\text{-}40)$$

$$p_t = p_t\cos(\omega t - kx) \quad (4\text{-}41)$$

式中：p_i、p_r、p_t —— 入射、反射、透射声压幅值；

ω —— 圆频率，$\omega = 2\pi f$；

k —— 波数，$k = \dfrac{2\pi}{\lambda}$ 。

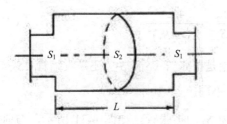

图 4-31 单节扩张室消声器

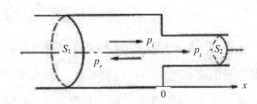

图 4-32 突变截面管道中声的传播

质点的速度方程分别为

$$u_i = \frac{p_i}{\rho c}\cos(\omega t - kx) \tag{4-42}$$

$$u_r = -\frac{p_r}{\rho c}\cos(\omega t + kx) \tag{4-43}$$

$$u_t = \frac{p}{\rho c}\cos(\omega t - kx) \tag{4-44}$$

在 $x = 0$ 处，即在两管连接的分界面上，声波必须符合连续条件，声压连续条件为 $p_t = p_i + p_r$。另外，在 $x = 0$ 处，体积速度应该连续，即流入的流量率（截面积×质点速度）必须与流出的流量率相等，又因为 $u = \frac{p}{\rho c}$，于是有

$$S_1\left(\frac{P_i}{\rho c} - \frac{P_r}{\rho c}\right) = S_2\frac{P_t}{\rho c} \tag{4-45}$$

可得声压反射系数为

$$r_p = \frac{P_r}{P_i} = \frac{S_1 - S_2}{S_1 + S_2} \tag{4-46}$$

同样还可以求出声强的反射系数 r_I 和透射系数 τ_I

$$r_I = \left(\frac{S_1 - S_2}{S_1 + S_2}\right)^2 \tag{4-47}$$

$$\tau_I = 1 - r_I = \frac{4S_1 S_2}{\left(S_1 + S_2\right)^2} \tag{4-48}$$

声功率为声强×面积，所以声功率透射系数为

$$\tau_W = \frac{I_2 S_2}{I_1 S_1} = \frac{4S_2^2}{\left(S_1 + S_2\right)^2} \tag{4-49}$$

比较式（4-48）和式（4-49）可以看出，不论是扩张管（$S_1 < S_2$）还是收缩管（$S_2 < S_1$），只要两管的面积比相同，τ_I 便相同，但 τ_W 截然不同。

截面为 S_1 的管道中，插入长度为 l、面积为 S_2 的扩张管，如图 4-31 所示，与前面的推导相似，此时有两个分界面，由声压连续和体积速度连续可得四组方程，计算得经扩张室后声强透射系数为

$$\tau_I = \cfrac{1}{\cos^2 kl + \cfrac{1}{4}\left(\cfrac{S_1}{S_2} - \cfrac{S_2}{S_1}\right)^2 \sin^2 kl} \tag{4-50}$$

式中各部分含义同前。

（2）扩张室式消声器的消声特性

根据消声器传声损失的定义，单节扩张室消声器的传声损失可由式（4-51）计算。

$$L_{TL} = 10\lg\frac{1}{\tau_I} = 10\lg\left[1 + \frac{1}{4}\left(m - \frac{1}{m}\right)^2 \sin^2 kl\right] \tag{4-51}$$

式中：m —— 抗性消声器的扩张比，$m = \dfrac{S_2}{S_1}$；

其余同前。

由式（4-51）可知，管道截面收缩 m 倍或扩张 m 倍，其消声作用是相同的。在工程中为了减少对气流的阻力，常用的是扩张管。

当 $kl = (2n+1)\,\pi/2$，$\sin kl = 1$，L_{TL} 达到最大值，式（4-51）可写为

$$L_{TL} = 10\lg\left[1 + \frac{1}{4}\left(m - \frac{1}{m}\right)^2\right] \tag{4-52}$$

当 $kl = n\pi$ 时，$L_{TL} = 0$，声波无衰减地通过。图 4-33 为 $kl = 0$，扩张比不同时的衰减特性。扩张比越大，传递损失越大。但不管扩张比多大，当 $kl = n\pi$ 时，传递损失总是降为 0，这是单节扩张式清声器的最大缺点。

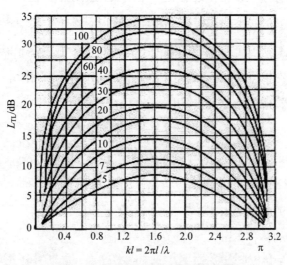

图 4-33　扩张式消声器的消声特性

（3）消声器的改善方法

单节扩张式消声器的主要缺点是在 $kl = n\pi$ 处，传递损失总是降低为 0，即存在许多通过频率。解决的方法通常有两种：一种是设计多节扩张室，使每节具有不同的通过频率，将它们串联起来。这样的多节串联可以改善整个消声频率特性，同时也使总的消声量提高。但各节消声器距离很近时，互相间有影响，并不是各节消声量的加和。另一种是将单节扩张式改为内插管式，即在扩张室两端各插入 $1/2\ l$ 和 $1/4\ l$ 的管分别消除 n 为奇数和偶数对的通过频率低谷，以使消声器的频率响应特性曲线平直，但实际设计的消声器两端插入管连在一起，而其间的 $1/4\ l$ 长度上有穿孔率大于 30% 的孔，以减小气流阻力。

（4）上下限截止频率

扩张室消声器的消声量随扩张比 m 的增大面增大，但当 m 增大到一定数值后，波长很短的高频声波以窄束形式从扩张室中央穿过，使消声量急剧下降。扩张室有效消声的上限截止频率可用式（4-53）计算。

$$f_u = 1.22\frac{c}{D} \tag{4-53}$$

式中：c —— 声速，m/s；

D —— 扩张室的当量直径，m。

由式（4-53）可知，扩张室的截面积越大，消声上限截止频率越低，即有效消声频率范围越窄。因此，扩张比不能盲目地选择太大，要兼顾消声量和消声频率两个方面，消声器才有消声作用。

扩张室消声器的有效频率范围还存在一个下限截止频率。在低频范围内，当声波波长远大于扩张室或连接管的长度时，扩张室和连接管可看作一个集中声学元件构成的声振系统。当入射波的频率和这个系统的固有频率 f_0 相近时。消声器非但不能消声，反而会引起声音的放大。只有在 $> \sqrt{2}f_0$ 的频率范围内，消声器才有消声作用。

扩张室和连接管构成的声振系统的固有频率 f_0 为

$$f_0 = \frac{c}{2\pi}\sqrt{\frac{S_1}{2Vl_1}} \tag{4-54}$$

式中：S_1 —— 连接管的截面积，m^2；

l_1 —— 连接管的长度，m；

V —— 扩张室的体积，m^3。

所以，扩张室消声器的下限截止频率

$$f_\omega = \sqrt{2} f_0 = \frac{c}{\pi} \sqrt{\frac{S_1}{2Vl_1}} \qquad (4\text{-}55)$$

式中各部分含义同上。

4.3.6.2　共振式消声器

（1）消声原理

共振式消声器实质上是共振吸声结构的一种应用，其基本原理为亥姆霍兹共振原理。管壁小孔中的空气柱类似活塞，具有一定的声质量，密闭空腔类似于空气弹簧，具有一定的声顺，二者组成一个共振系统。当声波传至颈口时，在声波作用下空气柱振动，振动时的摩擦阻尼使一部分声能转换为热能耗散掉。同时，由于声阻抗的突然变化，一部分声能反射回声源，当声波频率与共振腔固有频率相同时，便产生共振，空气柱的振动速度达到最大值，此时消耗的声能最多，消声量也最大。

当声波波长大于共振腔消声器最大尺寸的 3 倍时，其共振吸收频率为

$$f_0 = \frac{c}{2\pi} \sqrt{\frac{G}{V}} \qquad (4\text{-}56)$$

式中：c —— 声速，m/s；

　　　V —— 空腔体积，m^3；

　　　G —— 传导率，是一个具有长度量纲的物理量。

G 值用式（4-57）计算

$$G = \frac{S_0}{l_0 + 0.8d} = \frac{\pi d^2}{4(l_0 + 0.8d)} \qquad (4\text{-}57)$$

式中：S_0 —— 孔颈截面积，m^2；

　　　d —— 小孔直径，m；

　　　t —— 小孔颈长，m。

工程上应用的共振消声器很少只开一个孔，而是由多个孔组成，此时要注意各孔间要有足够的距离，当孔心距为小孔直径的 5 倍以上时，各孔间的声辐射可互不干涉，此时总的传导率等于各个孔的传导率之和，即 $G_{总} = nG$（n 为孔数）。如忽略共振腔声阻的影响，单腔共振消声器对频率为 f 的声波的消声量为

$$\text{TL} = 10\lg \left[1 + \frac{K^2}{(f/f_r - f_r/f)^2} \right] \qquad (4\text{-}58)$$

$$K = \frac{\sqrt{GV}}{2S} \tag{4-59}$$

式中：S —— 气流通道的截面积，m^2；

V —— 空腔体积，m^3；

G —— 传导率。

图 4-34（a）是不同情况下共振消声器的消声特性曲线。可以看出，共振腔消声器的选择性很强。当 $f = f_0$ 时，系统发生共振，TL 将变得很大，在偏离 f_0 时，TL 迅速下降。K 值越小，曲线越曲折。因此 K 值是共振消声器设计中的重要参量。

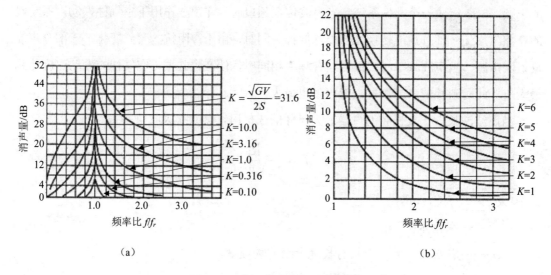

图 4-34 共振式消声器的消声特性

式（4-58）计算的是单一频率的消声量。在实际工程中，噪声源为连续的宽带噪声，常需要计算某一频带内的消声量，此时式（4-58）可简化为

$$对倍频带：TL = 10\lg(1 + 2K)^2 \tag{4-60}$$

$$对 1/3 倍频带：TL = 10\lg(1 + 19K)^2 \tag{4-61}$$

（2）改善消声性能的方法

共振腔消声器的优点是特别适合低、中频成分突出的气流噪声的消声，且消声量大。缺点是消声频带范围窄，对此可采用以下方法改进。

1）选定较大的 K 值：由式（4-58）可以看出，在偏离共振频率时，消声量的大小与 K 值有关，K 值大，消声量也大。因此，欲使消声器在较宽的频率范围内获得明显的消声效果，必须使 K 值足够大，式（4-58）的 TL、K 值和 f/f_r 三者之间的关系如图 4-34（b）

所示。

2）增加声阻：在共振腔中填充一些吸声材料，可以增加声阻使有效消声的频率范围展宽。这样处理尽管会使共振频率处的消声量有所下降，但由于偏离共振频率后的消声量下降减缓，从整体看还是有利的。

3）多节共振腔串联：把具有不同共振频率的几节共振腔消声器串联，并使其共振频率错开，可以有效地展宽清声频率范围。图 4-35 为两级共振腔消声器的消声特性。

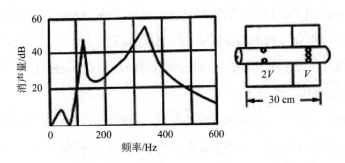

图 4-35　双腔共振式消声器及其消声特性

（3）共振消声器的设计步骤

共振消声器的一般设计步骤如下：

1）根据实际消声要求，确定共振频率和某一频率的消声量（倍频程或 1/3 倍频程的消声量），再用公式计算或查表的方法求出相应的 K 值。

2）当 K 值确定后，就可以考虑相应的 G、V 和 S，使之达到 K 值的要求，$K = \dfrac{\sqrt{GV}}{2S} = \dfrac{2\pi f_0}{c} \cdot 2KS$，由此得到消声器的空腔容积为 $V = \dfrac{C}{2\pi f_0} \cdot 2KS$，而消声器的传导率

为 $G = \left(\dfrac{2\pi f_0}{c} \right)^2 \cdot V$。式中，通道截面 S 通常由空气动力性能方面的要求来决定。当管道中流速选定以后，相应的通道截面也就确定下来。在条件允许的情况下，应尽可能地缩小通道截面积 S，以避免消声器的体积过大。一般地说，对单通道的截面直径不应超过 250 mm。如果流量较大时，则需采用多通道，其中每个通道宽度取 100～200 mm，并且竖直高度取小于共振波长的 1/3 为宜。当通道截面积 S 确定以后，就可利用以上计算方法，求出相应的体积 V 和传导率 G。

3）当共振腔消声器的体积 V 和传导率 G 确定以后，就可以设计消声器的具体结构尺寸。对于某一确定的共振腔体积 V，可以有多种共振腔形状和尺寸，对于某一确定的传导

率 G，也可以有多种孔径、板厚和穿孔数组合。因此，确定的 S、V 和 G 可以有多种不同的设计方案。在实际设计中，通常根据现场情况和钢板材料，首先确定板厚、孔径和腔深等，然后再计算其他参数。

4.3.7　微孔消声器

近年来我国噪声控制工作者成功研制了一种新型消声器——微孔板消声器。这种消声器使用了一种特殊的消声结构，起到阻抗复合式消声器的消声作用。它利用微穿孔板吸声结构制成，通过选择微穿孔板上的不同穿孔率与板后的不同腔深，能在较宽的频率范围内获得良好的消声效果。微穿孔板的板材一般选用厚为 0.20～1.0 mm 铝板、钢板、不锈钢板、镀锌钢板、PC 板股合板、纸板等。

这种消声器的特点是不用任何多孔吸声材料，而是在薄的金属板上钻许多微孔，这些微孔的孔径一般为 0.8～1 mm，相当于针孔的大小，开孔率控制在 1%～3%。由于采用金属结构代替消声材料，比前述消声器具有更广泛的适应性。它有耐高温、耐腐蚀、防湿、防火、防腐等特性，还能在高速气流下使用。尤其适用于内燃机、空压机的放空排气。

（1）消声原理

微穿孔板消声器是一种高声阻、低声质量的吸声元件。由理论分析可知，声阻与穿孔板上的孔径成反比。与一般穿孔板相比，由于孔很小，开孔率低，声阻就大得多，因而有效消声频带宽，对低频消声效果较显著。低穿孔率降低了其声质量，使依赖于声阻与声质量比值的吸声频带宽度拓展，同时微穿孔板后面的空腔能够有效地控制其吸收峰的位置。为了保证在宽频带获得良好的消声效果，可用穿孔率不同的双层微穿孔板结构。因此，从消声原理上看，微穿孔板消声器实质上是一种阻抗复合式消声器。微穿孔板消声器的结构类似于阻性消声器，按气流通道形状，可分为直管式、片式、折板式、声流式等。

（2）消声量的计算

微穿孔板消声器的最简单形式是单层管式消声器，这是一种共振式吸声结构。对于低频声，当声波波长大于共振腔（空腔）尺寸时，其消声量可以用共振消声器的计算公式求得，即

$$TL = 10\lg\left[1 + \frac{a + 0.25}{a^2 + b^2\left(f_r/f - f/f_r\right)^2}\right] \qquad (4\text{-}62)$$

式中：$a = rS$，$b = \dfrac{Sc}{2\pi f_r V}$；

R —— 相对声阻；

S —— 通道截面积，m^2；

V —— 板后空腔体积，m^3；

c —— 空气中声速，m/s；

f —— 入射声波频率，Hz；

f_r —— 微穿孔板的共振频率，Hz。

f_r 可由式（4-63）计算

$$f_r = \frac{c}{2\pi}\sqrt{\frac{P}{t'D}}$$ （4-63）

式中：$t' = t + 0.8\, d + 1/3PD$；

　　　　t —— 微穿孔板厚度，m；

　　　　P —— 穿孔率；

　　　　D —— 板后空腔深度，m；

　　　　d —— 穿孔直径，m。

对于高频噪声，其消声量可以用经验公式（4-64）计算

$$TL = 75 - 34\lg v$$ （4-64）

式中：v —— 气流速度，m/s，其适用范围为 20～120 m/s。

可见，消声量与流速有关，流速增大，消声性能变差。金属微穿孔板消声器可承受较高气流的冲击，当流速为 70 m/s 时，仍有 10 dB 的消声量。

微穿孔板消声器往往采用双层微穿孔板串联，这样可以使吸声频带加宽。对于低频噪声，当共振频率降低 $D_1/(D_1+D_2)$ 倍时（D_1、D_2 分别为双层微穿孔板前腔和后腔的深度），则其吸收频率向低频扩展 3～5 倍。

4.3.8　扩散消声器

扩散消声器是从喷气噪声辐射的理论和实验中开发出的新型消声器，它主要用于降低高压排气放空的空气动力性噪声。

4.3.8.1　小孔喷注消声器

小孔喷注消声器以许多小喷口代替大截面喷口，如图 4-36 所示，它适用于流速极高的放空排气噪声消声。

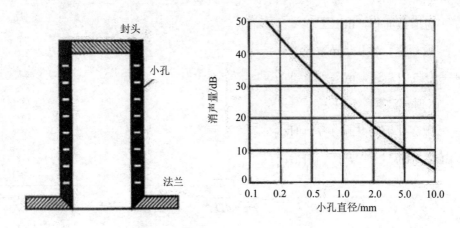

图 4-36   小孔喷注消声器及插入损失

小孔喷注消声器的原理是从发声机理上减小它的干扰噪声。喷注噪声峰值频率与喷口直径成反比，即喷口辐射的噪声能量将随着喷口直径的变小而从低频移向高频，如果孔径小到一定程度，喷注噪声将移到人耳不敏感的频率范围。根据此原理将一个大喷口改用许多小孔来代替，在保持相同排气量的条件下，便能达到降低可听声的目的。

喷注噪声是宽频带噪声，其峰值频率为

$$f_p \approx 0.2 \frac{v}{D} \tag{4-65}$$

式中：v —— 喷注速度，m/s；

D —— 喷口直径，m。

在一般的排气放空中，排气管的直径为几厘米，则峰值频率较低，辐射的噪声主要在人耳听阈范围内。而小孔消声器的小孔直径为 1 mm，其峰值频率比普通排气管喷注噪声的峰值频率要高几十倍或几百倍，将喷注噪声移到了超声范围。

小孔喷注清声器的插入损失可用式（4-66）计算

$$L_{\text{IL}} = -10\lg \left[\frac{2}{\pi} \left(\tan^{-1} x_{\text{A}} - \frac{x_{\text{A}}}{1 + x_{\text{A}}^2} \right) \right] \tag{4-66}$$

其中，

$$x_{\text{A}} = 0.165 D \frac{c}{v} \tag{4-67}$$

式中：x_{A} —— 11 200 Hz 的斯托哈尔数；

v —— 喷射速度，m/s；

D —— 喷口直径，mm。

在阻塞情况下，$x_A = 0.165 D$，当 $D \leqslant 1$ mm 时，$x_A \leqslant 1$，则式（4-66）可化简为

$$L_{IL} = -10\lg\left(\frac{4}{3\pi}x_A^3\right) = 27.2 - 30\lg D \tag{4-68}$$

由式（4-68）可知，在小孔范围内，孔径减半，消声量提高。但从生产工艺出发，小孔的孔径过小，难以加工，又易于堵塞，影响排气量。实用的小孔消声器，小孔孔径一般取 1~3 mm，尤以 1 mm 为多。

小孔消声器的插入损失也可由图 4-36 中的曲线计算得出。

设计小孔消声器时，小孔间距应足够大，以保证各小孔的喷注是互相独立的。否则，气流经过小孔形成小孔喷注后，还会汇合成大的喷注辐射噪声，从而使消声器性能下降。为此，一般小孔的孔心距取 5~10 倍的孔径，喷注的气室压力越高，孔距应越大。

为保证安装消声器后不影响原设备的排气，一般要求小孔的总面积比排气口的截面积大 20%~60%，因此，相应的实际消声量要低于计算值。

现场测试表明，在高压气源上采用小孔消声器，单层 $\varphi = 2$ mm 的小孔可以消声 16~21 dB；单层 $\varphi = 1$ mm 小孔可以消声 20~28 dB。

4.3.8.2 多孔扩散消声器

多孔扩散消声器是根据气流通过多孔装置扩散后，速度及驻点压力都会降低的原理设计制作的一种消声器。随着材料工业的发展，已广泛使用多孔陶瓷、烧结金属、多层金属网制成多孔扩散消声器，用以控制各种压力排气产生的气体动力性噪声。这些材料本身有大量的细小孔隙，当气流通过这些材料制成的消声器时，气体压力降低，流速被扩散减小，也相应地减弱了辐射噪声的强度。同时，这些材料往往还具有阻性材料的吸声作用，自身也可以吸收一部分声能。

小孔隙对气流通过有一定的阻力，因此使用中一定要注意其压降（即通过多孔材料前后的压强减小值）。表 4-12 为多层金属网扩散消声器的压降以及有效截面积比的实验值，由表可见，如果压降较小，则在一般情况下是可以忽略不计的。

表 4-12 多层金属网实验值

目数/目	金属丝直径/mm	丝间距离/mm	层数/层	有效截面比（S/A）	相对压降 $\Delta p_s/p_0$
16	0.32	1.19	5	1.89	0.09
16	0.32	1.19	10	2.35	0.16
16	0.32	1.19	20	2.97	0.23

目数/目	金属丝直径/mm	丝间距离/mm	层数/层	有效截面比（S/A）	相对压降 $\Delta p_s/p_0$
16	0.32	1.19	40	3.57	0.32
40	0.25	0.42	20	3.28	0.28
70	0.14	0.21	20	3.57	0.40
370	0.03	0.039	20	4.80	0.59

4.4 隔振技术

4.4.1 隔振原理

（1）单向自由振动

单向自由振动系统是最简单的振动系统，但却表达了隔振设计的基本原理和本质。图4-37 为单向自由振动系统模型，它由质量为 M 的物体和劲度为 K 的弹簧所组成。当无外力作用时，系统处于静止状态。当质量块受到垂直于地面的外激励力 F 作用时，弹簧受到压缩。除去外力 F 后，质量块 M 在弹簧的弹性力和质量的惯性力作用下，将在平衡位置附近做上下往复运动。如果不计弹簧本身和空气对弹簧的阻力，系统将不改变振动方式而持续地振动。

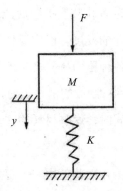

图 4-37 单向自由振动系统

（2）单向阻尼振动

实际上阻力是不可避免的。振动会受到阻力作用并会不断地转化为其他形式的能量，如果不给予能量的补充，经过一段时间后振幅就会逐渐减小直至为 0，这种振动能量不断被消耗的减幅振动叫阻尼振动，其模型如图4-38 所示。

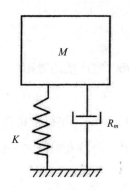

图 4-38　单向阻尼振动系统

振动能量的减少通常有两种形式：一种是由于振动体受到摩擦阻尼作用，使振动的机械能转化为热能，这种叫摩擦阻尼；另一种是由于物体振动迫使周围空气也随之振动从而产生辐射声波的作用，使机械能转化为声能，以波的形式向四周辐射，这种叫辐射阻尼。

（3）单向强迫振动

现实中阻尼作用总是存在的，只能减少阻尼而不可能完全消除阻尼，因此，要想使物体持续地振动，就必须不断地给振动系统补充能量。

使物体持续振动的最常见的方式是在外加周期性作用力（也叫激励力、策动力或扰动力）下使之发生振动，这种振动称为强迫振动，如图 4-39 所示。

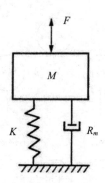

图 4-39　单向强迫振动系统

在强迫振动过程中，振动系统由于外力对系统做功使系统获得振动能量，同时，又因阻尼作用而损耗能量。当外力对系统所做的功恰好补偿了阻尼所消耗的能力时，系统振动状态保持稳定。

4.4.2 隔振应用技术

【实例4-8】13.5L-20/8 型（4L-20/8）空压机的隔振

3.5L-20/8 型空压机装机功率为 130 kW，转速为 488 r/min，一阶振动频率 8.1 Hz，二阶振动频率 16.2 Hz，空压机重量 3 370 kg，电机重量为 1 560 kg，皮带传动。一阶及二阶垂直振动扰力分别为 11 kN 及 4.1 kN，一阶及二阶水平振动扰力分别为 6.27 kN 和 3.2 kN，空压机的中心高度为 1 376 mm。

在没有采取隔振的情况下，空压机组运转时，基础面垂直振速平均为 3 mm/s，垂直振幅为 0.12 mm，室内地坪（基础外）的平均垂直振速为 2 mm/s，平均振幅为 0.05 mm，距空压机 12 m 处地面振级 VL_z 为 80 dB 左右，其振动及固体声传播对环境有较大的影响，距离空压站 10 m 处的居民住宅内可感到整个房子摇晃，并听到沉闷的打鼓声。

隔振处理步骤如下：

（1）隔振系统的计算模式

隔振体系按"独立的垂直振动、横振与横摇耦合；独立的平摇振动、纵振与纵摇耦合"六个自由度系统计算（图 4-40）。主要计算各方向的固有频率及机组各个方向的振速，以及核算隔振器的刚度，隔振后机组的振动是否超过限值。计算过程中对空压机及电机的形状进行了简化。

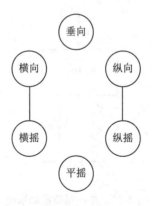

图 4-40 六个自由度计算模式

（2）隔振系统的结构确定

由于该机重心高，可采取半地下摇篮式的隔振系统，以提高隔振器的支承平面，降低机组的重心，防止机组摇晃及水平振动过大。固有频率为 2.2～2.5 Hz，一阶隔振效率为

85%左右，用螺旋钢弹簧隔振器支承。隔振台座的质量设计为机组总质量的 4 倍，20 t 左右，隔振器支承点的宽度为空压机重心高度的两倍左右，以控制机组隔振后的振动。

进出管道及电缆线都采用柔性连接的方式，机组上的一些管路均增加支承固定。

（3）隔振处理效果

隔振后的机组运行正常，隔振效果良好；经有关部门测定，机组、基础及环境振动数据如下。

隔振台面（即机组）$\overline{V}=6.75$ mm/s

基础面 $V=0.94$ mm/s

车间地面 $V=0.24$ mm/s

环境振动 $VL_Z=65$ dB

以上数据都达到了预期的设计指标。

【实例 4-9】某厂空压站的隔振降噪治理

该厂空压站总建筑面积约 230 m²，站房两间呈 "L" 型，共安装 5 台 3.5L-20/8 及 2 台 2Z-6/8 型空压机，总装机容量为 112 m³/min，站房为砖和混凝土结构，东西两边距居民住宅仅 7～10 m，站房及设备的工艺布置如图 4-41 所示。

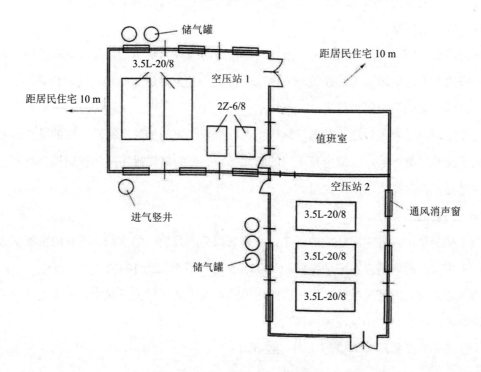

图 4-41　空压站平面布置

该厂对空压机、站房所采取的噪声及振动控制措施如下：

（1）空压机隔振

对站房内 5 台 3.5L-20/8 及 2 台 2Z-6/8 型空压机全部进行了隔振处理。3.5L-20/8 型空压机的转速低，隔振难度大，但其振动对环境影响严重。某研究院与高等院校共同协作，详细测定并分析了该机组的振动特性，保证隔振台座的重量为机组的 2 倍以上，并使隔振器支承点的宽度大于 2 倍的机组重心高度，取得的隔振效果明显，机组振动在允许范围之内。随后，又逐台进行了隔振处理。

3.5L-20/8 型空压机隔振处理的费用约 2 万元/台，基础为钢筋混凝土坑，对已安装好而未做隔振基础处理的空压机，有很大的工作量。

（2）进气口消声

该空压站的空压机进行消声的方法比较特殊，在站房外设置了一个大口径的进气管，从高空进气已改善进气的洁净度。在集中进气管道与进气口之间安装了 K 型空压机进气消声器。

（3）站房内吸声

站房建造时在顶部设置了木屑板的吸声吊顶，在改造过程中又在四周墙的上部悬吊了一部分超细玻璃棉的空间吸声体，站房内的平均吸声系数可达到 0.4。

（4）隔声值班室

两间站房之间设有隔声值班室，通往两个站房的门都为噪声门，并设有双层玻璃隔声窗。一般情况下，值班工人都在值班室内观察仪表，并定时进入站房内巡视检查。

（5）储气罐的消声隔声处理

由于空压机已安装后段冷却器，排气噪声已得到一定的抑制，在储气罐的进气口安装了一只多孔喷射消声器，以减少高压气的脉冲噪声。有的储气罐用超细玻璃棉铁丝网及石棉水泥进行外壳包扎，增加隔声量。

（6）门窗的处理

为了减少站房内噪声对环境的污染，所有的门都应改装成隔声门，所有的窗都应改装成通风消声窗。通风消声窗的通流面积为 40%左右，消声量为 10 dB（A）以上。

为保证站房内的通风散热，在站房的两侧墙上部安装了轴流排风机，新风由下部的通风消声窗进入，热空气由轴流风机排出。

空压站噪声及振动控制措施如图 4-42 所示。

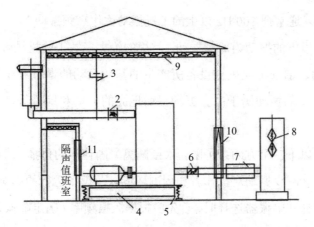

1—进气消声器；2—柔性接管；3—弹性吊钩；4—隔振台；5—隔振器；6—波纹管；7—排气消声器；8—吸声体；

9—吸声顶；10—消气室；11—隔声窗

图 4-42　空压站噪声及振动控制示意

改造后的站房内外噪声及振动情况如下。

噪声：站房内 80～85 dB（A），值班室内 64 dB（A），站房内 1 m 处为 65 dB（A），站房外 10 m 处低于 80 dB（A）。

振动：机组的平均振速 6.75 mm/s；基础的平均振速 0.94 mm/s。

4.4.3　隔振设计方法

在隔声设计前，须弄清声音振动的传播途径和规律，才能制定出有效的防治对策和控制方法。图 4-43 为环境振动的传播过程。

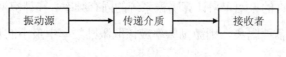

图 4-43　环境振动传播过程

在环境保护中遇到的振动源主要有工厂振动（往复旋转机械、传动轴、电磁振动等）、交通振源（汽车、机车、路轨、路面、飞机、气流等）、建筑工地（打桩、搅拌、风镐、压路机等）以及大地脉动和地震；传递介质主要有地基地坪、建筑物、空气、水、道路、构件设备等；接收者除人群外，还包括建筑物及仪器设备等。

隔振设计是根据机器设备的工艺特征、振动强弱、扰动频率以及环境要求等因素，尽量选用振动较小的工艺流程和设备，确定隔振装置的安放部位，并合理使用隔振器等。

在隔振设计中，通常把 100 Hz 以上的干扰振动称作高频振动，6～100 Hz 的振动定义为中频振动，6 Hz 以下的振动为低频振动。常用的绝大多数工业机械设备所产生的基频振动都属于中频振动，部分工业机械设备所产生的基频振动的谐频和个别的机械设备（如高速转动设备）产生的振动属于高频振动，而地壳的振动和地震等产生的振动都属于低频振动。

设计原则包括以下三个方面：①防止（或隔离）固体声的传播；②减少声源所在房间的振动辐射噪声；③减少振动对操作者和周围环境以及设备运行的影响和干扰。

在进行隔振设计和隔振器选择时，首先应根据激振频率 f 确定隔振系统的固有频率 f_0，必须满足 $f/f_0 > \sqrt{2}$，否则，隔振设计是失败的，即隔振器没有隔振作用。另外，阻尼对共振频率附近的振幅控制必须是有效的（但在隔振区域内是没有效果的），因此，隔振设计还必须考虑系统是否有足够的阻尼。

（1）隔振设计

隔振设计可按下列程序进行：

①根据设计原则及相关资料（设备技术参数、使用工况、环境条件等），选定所需的振动传递率，确定隔振系统。

②根据设备（包括机组和机座）的重量、动态力的影响等情况，确定隔振元件承受的负载。

③确定隔振元件的型号、大小和重量，隔振元件一般选用 4～6 个。

④确定设备最低扰动频率 f 和隔振系统固有频率 f_0 之比 f/f_0，该比值应大于 $\sqrt{2}$，一般可取 2～5。为了防止发生共振，绝对不能采用 $f/f_0 \approx 1$。也可以根据隔振设计的具体要求，例如，根据设备所允许的振幅，来计算隔振系统的固有频率。在计算频率比时，如果有几个频率不同的振动源都需要隔离，则激励频率应该取激励频率中最小的那个设计计算值。

（2）隔振器的选择

根据计算结果和工作环境要求，选择隔振器的类型，计算隔振器的尺寸并进行结构设计。通常隔振器可按下列原则选择：

①若 $f_0 = 1～8$ Hz 时，可选用金属弹簧隔振器和空气弹簧隔振器。

②若 $f_0 = 5～12$ Hz 时，可选用剪切型橡胶隔振器或 2～5 层橡胶隔振垫、5～15 cm 厚的玻璃纤维板。

③若 $f_0 = 10～20$ Hz 时，可选用一层橡胶隔振垫。

④若 $f_0 > 15$ Hz 时，可选用软木或压缩性橡胶隔振垫。

各种隔振器的手册和样本，一般都标明额定负载、固有频率和阻尼系数 3 个数据，设计者可以根据振动系统的实际情况选用。

（3）隔振器的布置

隔振器的布置主要应考虑如下几点：

①隔振器的布置应对称于系统的主惯性轴（或对称于系统的重心），这样可使各支点承受相同的负载，防止各方面的振动耦合，把复杂的振动系统简化为单自由度的振动系统。对于斜支式隔振系统，应使隔振器的中心尽可能与设备重心相重合。

②机组（如风机、泵、柴油发电机等）不是整体时，必须安装在具有足够刚度的公共机座上，再由隔振器来支撑机座。

③为了满足频率比和承载能力的需要，隔振器可以并联、串联或斜置使用。其连接方式和劲度如图 4-44 所示。

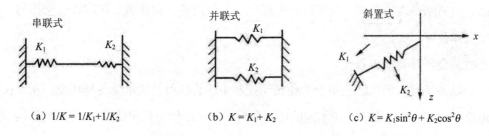

（a）$1/K = 1/K_1 + 1/K_2$ （b）$K = K_1 + K_2$ （c）$K = K_1 \sin^2\theta + K_2 \cos^2\theta$

图 4-44 隔振器连接方式及其劲度

④隔振系统应尽可能降低重心，保证可以并联、串联或斜置使用，使用方法如图 4-45 所示。

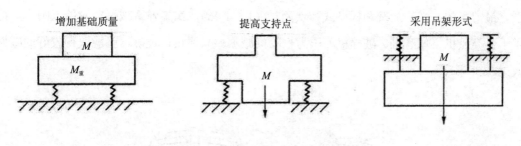

图 4-45 隔振系统降低重心的方法

（4）隔振元件的安装和使用

隔振元件的安装和使用应注意如下事项：

①隔振元件通常不需要锚固。当需要锚固时，不得将地脚螺栓穿通隔振元件与机器设

备直接锚固，更不得用电焊来锚固橡胶隔振器。

②隔振元件的位置要对准，以保证受力均匀。

③重心高的机器或者遭受偶然碰撞的机器，可采用横向稳定装置，但不得造成振动短路。

④在机器设备采用隔振措施以后，通过基础向外界传递的振动可以大幅降低，但本身的振动缺点仍然存在，因此，像风机、水泵和发动机一类向外界传送介质和传递动力的机器设备，必须在管道或输出轴上，采用弹性连接，如采用减振接管、高弹性联轴节等，使整个系统达到预期的减振效果。

4.4.4 常用隔振器

隔振的重要措施是在设备下方的质量块和基础之间安装隔振器或隔振材料，使设备和基础之间的刚性连接变成弹性支撑。工程中广泛使用的有钢弹簧、橡胶、玻璃棉毡、软木和空气弹簧等。

（1）金属弹簧减振器

金属弹簧减振器广泛应用于工业振动控制中，其优点是能承受各种环境因素，在很宽的温度范围（−40～150℃）和不同的环境条件下，可以保持稳定的弹性，耐腐蚀、耐老化；设计加工简单，易于控制，可以大规模生产，且能保持稳定的性能；允许位移大，在低频可以保持较好的隔振性能。其缺点在于阻尼系数很小，因此在共振频率范围附近有较高的传递率；在高频区域，隔振效果差，使用中常需在弹簧和基础之间加橡皮、毛毡等内阻较大的衬垫。

最常用的是螺旋弹簧和板条式弹簧两种（图 4-46），螺旋弹簧减振器应用范围广，可用于各类风机、球磨机、破碎机、压力机等的减振。只要设计正确，就能取得较好的减振效果。

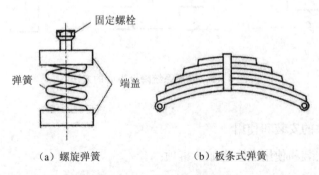

（a）螺旋弹簧 　　（b）板条式弹簧

图 4-46　金属弹簧减振器

螺旋弹簧减振器的优点在于有较低的固有频率（5 Hz 以下）和较大的静态压缩量（2 cm 以上），能承受较大的负荷而且弹性稳定、耐腐蚀、耐老化、经久耐用，低频时可以保持良好的隔振性能。它的缺点在于阻尼系数很小（0.01～0.005），在共振区有较高的传递率，从而使设备摇摆；由于阻尼比低，在高频区隔振效果差，使用时往往要在弹簧和基础之间加橡胶、毛毡等内阻较大的衬垫，以及内插杆和弹簧盖等稳定装置。

板条式减振器是由钢板条叠加而制成，利用钢板之间的摩擦，可获得适宜的阻尼比。这种减振器只在一个方向上有隔振作用，多用于火车、汽车的车体减振和只有垂直冲击的锻锤基础隔振。

（2）橡胶减振器

橡胶减振器也是工程上最为常用的一种隔振器，其优点是可以自由确定形状，通过调整橡胶配方组分来控制硬度，可满足各个方向对刚度和强度的要求；内部摩擦大，减振效果好，有利于越过共振区，衰减高频振动和噪声；弹性模量比金属小得多，可产生较大弹性形变；没有滑动部分，易于保养；质量小，安装和拆卸方便；冲击刚度高于静刚度和动刚度，有利于冲击变形。广泛应用于汽车橡胶减振器、铁路机车及铁路轨枕垫橡胶减振制品、桥梁橡胶减振器、建筑工程橡胶减振器。

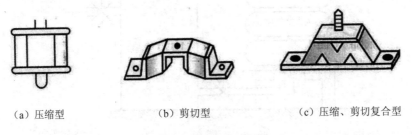

（a）压缩型　　　　　　　　（b）剪切型　　　　　　（c）压缩、剪切复合型

图 4-47　3 种橡胶减振器

（3）橡胶隔振垫

隔振垫也是一种常用的隔振元件，按材料可分为天然橡胶和合成橡胶两大类。天然橡胶在物理机械的综合性能方面较优越，而合成橡胶则在某些特殊性能，如耐油、耐老化、耐酸碱、耐臭氧、耐高温等方面较突出。国产 WJ 型隔振垫，有 4 个不同直径、不同高度的圆台，分别交叉配置在减震的两个面上。表 4-13 给出了 WJ 型橡胶隔振垫的主要参数。

表 4-13　WJ 系列橡胶隔振垫性能

型号	额定载荷/ （kg/cm²）	极限载荷/ （kg/cm²）	额定载荷下形变/ mm	额定载荷下 固有频率/Hz	应用范围
WJ-40	2～4	30	4.2±0.5	14.3	电子仪器、钟表、工业机械、光学仪器等
WJ-60	4～6	50	4.2±0.5	13.8～14.3	空压机、发电机组、空调机、搅拌机等
WJ-85	6～8	70	3.5±0.5	17.6	冲床、普通车床、磨床、铣床等
WJ-90	8～10	90	3.5±0.5	17.2～18.1	锻压机、钣金加工机、精密磨床等

（4）空气弹簧

空气弹簧也称"气垫"，它的隔振效率高，固有频率低（1 Hz 以下），而且具有黏性阻尼，因此也能隔绝高频率振动。空气弹簧的组成原理如图 4-48 所示，当负荷振动时，空气在空气室（A）与贮气室（B）间流动，可通过阀门调节压力。

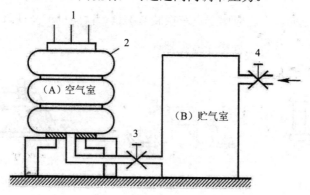

1—负载；2—橡胶；3—节流阀；4—压缩空气阀

图 4-48　空气弹簧的构造

空气弹簧是在一个密封的容器中充入压缩空气，利用气体可压缩性实现其弹性作用。空气弹簧具有较理想的非线性弹性特性，加装高度调节装置后，车身高度不随载荷增减而变化，弹簧刚度可设计得较低，乘坐舒适性好。但空气弹簧悬架结构复杂、制造成本高。

（5）酚醛树脂玻璃纤维板

酚醛树脂玻璃纤维板的相对变形量很大（可以超过 50%），残余变形很小，即使负荷过载，当失去荷载后仍可恢复，是一种良好的隔振材料。此外，该材料还具有防腐、防火、不易老化、施工方便、价格低廉等优点。

第 5 章　配电房噪声污染控制

配电房是电力输送系统的重要组成部分，它的作用是降低电压并分配电能，通过配电变压器将 10 kV 高压电能降低为可供一般用电设备使用的 380 V/220 V 低压电能，再分配到用户需要的地方。随着社会经济的快速发展，城市用电量急剧增加，建设用地日益紧张，配电房的数量不断攀升，且与居民区的距离也越来越近。一些配电房修建在居民区附近或居民区内部（如居民楼一层或负一层），如果这些配电房产生的振动与噪声问题处理不当，必将严重影响楼内居民的身心健康和日常生活。近年来，随着人们环保意识的增强，配电房噪声引起的投诉和法律纠纷日益增多，噪声扰民问题越来越受到供电企业与生态环境主管部门的重视，解决配电房噪声污染问题迫在眉睫。

5.1　配电房噪声污染特性及控制设计

5.1.1　配电房噪声污染特性

配电房产生的噪声主要包括变压器噪声、开关柜噪声、冷却系统噪声等，其中变压器运行噪声是配电房噪声的主要来源。配电房中的变压器大多是干式变压器，噪声主要由硅钢片的磁致伸缩和绕组中的电磁力引起的。当绕组有负载电流流过时，变压器铁芯硅钢片接缝处和叠片间在磁通作用下，会产生振动，由此产生噪声。另外，负荷性质会使变压器波形出现形变，进而产生谐振现象，由此出现噪声。此外，变压器的风机、外壳及其他零件的振动均会产生一定的噪声。

夜晚的系统负荷一般较小、电压值过高，导致变压器噪声增大。由于夜晚比白天要安静得多，所以变压器噪声在夜晚对居民的影响往往比白天更严重。配电房内的环境对变压器产生噪声也有较大影响。如果变压器处于空旷的环境中，附近设施比较少，或是变压器所在地点距墙太近，墙壁内部光滑，将会使小区配电房出现严重的声音反射，并产生混响声。

研究表明，变压器噪声主要是中、低频噪声，冷却风机运转产生的机械噪声则以中、高频为主。由于磁致伸缩的变化周期为电源周期（50 Hz）的一半，因此磁致伸缩引起的噪声以电源频率的 2 倍为基频。研究表明，变压器振动向外传递的频率主要为 100 Hz 及其倍频 200 Hz、300 Hz、400 Hz、500 Hz。此外，由于磁致伸缩的非线性及刺痛路径的差异，铁芯噪声中除了基频外还含有谐频噪声。不同容量变压器的振动频谱不同，额定容量越大，其基频所占的比例越大，谐频分量越小；额定容量越小，其基频占比越小，谐频分量越大。

5.1.2 配电房噪声现状与影响规律

随着城镇化建设的发展，配电房噪声污染问题正变得越来越突出，针对配电房噪声的检测与治理研究屡见报道。唐志胜等对合肥市某高档小区配电房噪声进行了检测，结果显示在配电房内距干式变压器 1 m 处测量的噪声为 69 dB（A），在配电房外西边 3 m 远的位置处测量的噪声为 57 dB（A），超出 1 类声环境功能区的限值标准，且主要是低频结构声。樊小鹏等对广州市某高档小区配电房噪声投诉问题进行了现场检测，发现受配电房噪声影响，居民室内环境的昼夜间噪声值均超过了标准的限值要求，超标值达到 3.1 dB。范惠君在对某小区配电变压器改造过程中发现，白天在配电房上层住户家中检测到的噪声竟达到了 69~100 dB（A）。鄢涛对某小区配电房内噪声检测结果进行了分析讨论，得到如下结果：在与变压器之间距离为 1 m 处的噪声是 69 dB（A），而在配电房外，距配电房 3 m 位置噪声检测是 57 dB（A），二者均远远超出标准限值要求。蒋丹等研究了佛山市某小区配电房的风机运行噪声，测量值达到 75 dB（A）。梁遥等分析了杭州市萧山区某地下配电房噪声扰民的原因，发现主要是因为变压器的振动沿基座通过地面传到居民家中。刘嘉林等对北京某平房稠密区数台箱式变压器噪声排放情况进行了检测，发现部分箱变存在超标情况，低频可听噪声明显。王永宏等对某箱式变压器及周围敏感点进行了声级测量，发现正对变压器处噪声高达 82.7 dB（A），敏感点处噪声最大值达到 63.5 dB（A），居民生活受到严重影响。

大量配电房噪声现场检测结果显示，小区配电房噪声峰值范围在 200~500 Hz，主要为低频噪声源。绝大多数噪声超标配电房的室内噪声在 65 dB（A）以上，且夜间超标问题比昼间超标问题严重。造成配电房噪声超标的原因包括变压器运行噪声大、风机运行噪声大、变压器安装方式不合理产生异常振动等。虽然这些噪声在传播到相邻居民房间后会产生一定的衰减，但仍会超过相关标准，干扰居民睡眠。

结合上述研究结果可以看出，配电房噪声超标问题在各地普遍存在，且在大型城市及居民聚集区尤为突出，针对配电房噪声扰民的投诉层出不穷，如何有效治理配电房噪声污染问题成为供电企业的一大难题。

配电房可视为由板状结构（墙壁、天花板、地板）和柱状结构（梁、柱）构成的组合体。当某一构件受激产生振动时，振动会以弹性波的形式向外传播，在构件与构件连接的地方，一部分弹性波在界面上反射，另一部分则通过界面进入相邻构件。弹性波在结构中由近及远传递，使各构件相应地发生振动，并向周围空间辐射再生空气声。根据分析，居民区配电房噪声主要通过结构传声、空气传声两种途径对楼内住户产生影响。

（1）结构传声

结构传声一般通过两种方式，一是变压器本体振动经设备底座传至地面，进一步沿着墙体、梁柱、楼板等结构传播至邻近居民室内，引起居民室内振动并向外辐射噪声，为人耳所听到；二是变压器等设备噪声经过空气传播到配电房墙壁，被墙体吸收形成弯曲波，弯曲波沿墙体结构传播至居民室内墙面，墙面再次振动将空气激发，为人耳所听到。

（2）空气传声

配电房内空气噪声通过门窗等孔洞的衍射传出，再通过住宅门窗等孔缝传播至住户家中。

国内外大量研究表明，在配电房变压器的噪声影响中，结构噪声尤其是通过地面传播产生的结构噪声为主要污染来源，其贡献的声能约占所有噪声声能总量的90%以上。与原始空气声相比，结构声形成的再生噪声问题往往更加难以处理。因此在选择噪声污染控制方案时，主要以降低其产生的结构噪声为主，尤其是通过地面传播的结构噪声。

5.1.3　配电房噪声污染控制设计

常见的噪声控制方法主要有吸声、隔声、消声、隔振等。其中吸声、隔声、消声措施主要用于降低空气传播的噪声，如在变压器外加装隔声罩或在配电房墙壁加装吸声板、隔声板等；隔振措施则用于降低设备振动产生的结构噪声。实际工作中，应根据配电房的现场情况及噪声污染特点选择有针对性的治理方法。

5.1.3.1　设计原则

在进行配电房噪声污染控制设计时，一般需要遵守以下原则：

①所有噪声治理措施不得影响配电房各种电力设备的正常运行、操作和维修；

②变压器运行对温度及湿度等要求较高，设计时必须保证有良好的通风和散热措施；

③选用的材料与部件需满足防火、防潮、耐候性、耐久性等要求；

④治理方案必须在技术上具有可行性，同时需兼顾经济性原则；

⑤治理后噪声排放值需满足当地声环境区噪声限值标准的要求。

5.1.3.2 设计步骤

一套完整的配电房噪声污染控制设计通常包括前期调查、噪声测量与分析、降噪方案设计、工程施工、项目治理评价等阶段，各阶段的工作内容如下：

（1）前期调研

调查的内容包括配电房所处区域、周边环境（对应的声环境功能区）、投诉情况、周围敏感点情况、配电房结构、内部设备与布局、门窗等孔洞位置等，完成上述调查后进一步制定噪声测量方案。

（2）噪声测量与分析

通过现场测量明确配电房噪声来源、排放水平、频谱特性，并综合测量结果分析噪声超标的原因，明确治理对象，作为制定降噪方案的依据。测量内容主要包括设备（变压器、开关柜、风机等）噪声、设备振动水平、配电房厂界噪声、敏感点噪声等。

（3）降噪方案设计

根据超标原因，结合配电房具体情况，有针对性地制定详细降噪设计方案，如结构噪声治理可采用隔振设计，空气噪声可采用吸隔声设计等。需要注意的是，设计方案必须技术可行、经济合理；在满足降噪需求的同时，必须兼顾通风散热需求。选用的材料还需满足防火性、防潮性、耐久性等要求。

（4）工程施工

工程施工关系到方案的最终效果，事先应做好详细的施工方案。施工应由有资质的单位进行，人员安排应合理，施工时间不宜过长。整个施工过程中必须有严格的安全管理措施、质量控制措施，同时应符合文明施工的要求，尽量减少施工噪声等不良影响。

（5）治理后评价

施工完成后，在配电房恢复正常运行的情况下，应对配电房噪声进行二次测量与评价，以评估降噪方案是否达到设计要求、噪声指标是否满足相关标准等。如不满足，应分析其具体原因，并进行二次治理。

5.1.3.3 噪声控制方法

配电房噪声超标的主要原因可能有多个方面，实际工作中应结合具体原因开展噪声污染控制设计。主要控制方法有变压器本体噪声控制、变压器隔振设计、吸隔声设计、风机消声设计等。

（1）变压器本体噪声控制

变压器本体噪声主要是其铁芯的磁致伸缩产生的，针对这部分噪声，常用的降噪方法包括选用磁致伸缩小的高导磁优质硅钢片，或改良接缝工艺使磁致伸缩减小，降低铁芯磁密；采用碟簧压紧结构制作铁芯柱以保证其长期运行时保持恒定压力；采用多级接缝铁芯结构，降低空载噪声；控制铁芯夹紧力，在铁芯下部和上部接缝处涂环氧胶或聚酯胶；防止铁芯共振，合理调整窗口尺寸，避开铁芯的自振频带；合理设计绕组安匝，减小铁芯夹件所受冲击力，铁芯拉板采用低磁钢板，减小拉板和铁芯夹件间的电磁吸力，降低金属撞击噪声等。

（2）变压器隔振设计

由于变压器的振动频率主要是 100 Hz、200 Hz 及高次谐频成分，在隔振的同时还要进行隔声，所以通常采用双层隔振措施，即采用阻尼弹簧隔振器与橡胶隔振隔声垫双层复合隔振才能有效地隔离变压器的振动和结构传声。根据工程经验，扰动频率和隔振器的固有频率的比值要达到 2.5～5 时隔振效果较好。

另外变压器的输入、输出及接地线最好采用电缆线，若用铜排连接，也需要有软性的连接部分，以减小连接刚度，避免结构声沿铜排传播。

（3）吸隔声设计

由于配电房内存在混响声，为了减小混响声的量级并减小对房间外部的传播，需对配电房内部进行吸声、隔声处理。配电房内部的吸声、隔声处理结构主要由隔声门、通风吸声百叶窗、吸声墙面、吸声天花板（或吸声体）等构成。

此外，还可通过在变压器外部加装整体隔声罩的方式达到降噪目的。为提高降噪量，隔声罩多采用阻尼钢板、多孔吸声材料、穿孔镀锌钢板的复合隔声结构，利用阻尼钢板抑制结构传声并用多孔吸声材料和适当的穿孔板吸声结构加快低频声能在隔声罩内的耗散速度。另外，为提高总体隔声性能，在有管线进出的地方采用密封处理，可有效减少因声波衍射造成的声能扩散。针对变电站噪声低频成分较为丰富的特点，吸声结构应在 100～500 Hz 频带具有较高的吸声系数。

（4）风机消声设计

对于冷却风机噪声，通常可以采用降低风机转速、改进叶片形状、提高叶片平衡度、增大直径和轮毂比、用纤维增强塑料（FRP）制作叶片等方式合理设计低噪声风机。此外，在现有风机外加装消声器同样可以达到降低冷却风机噪声声功率级的目的。白志勇等采用扩张式和迷宫式相结合的新型消声器，用于隔声罩的通风消声窗，通过调整上进气口、下进气口和出气口尺寸找到最合适的降噪量，从而达到消声效果。张晓龙利用阻性迷宫型消声器和抗性消声器的消声原理，成功研制了成本低、结构小的非传统迷宫型消声器，能有效降低低频噪声，使干式变压器噪声降低 12 dB（A）。

本章将通过具体案例，从噪声检测、方案设计、工程施工到改造后评价全过程阐述配电房噪声污染控制方法。案例包括共建式配电房（配电房位于建筑楼内部）、独立配电房两种不同场景类型。

5.2 共建式配电房案例

5.2.1 现场概况

某 10 kV 共建式配电房受居民投诉，反映有噪声扰民情况，调查发现，该配电房位于居民楼一层，属于共建式配电房，投诉居民为该配电房正上方（二楼）住户（图 5-1）以及配电房旁边的演艺中心。

图 5-1 某共建式配电房周围环境现场

配电房内设有中压进线柜、开关柜、低压配电柜等电气设备，并配有 3 台干式变压器，每台容量为 630 kVA，内部布局如图 5-2 所示。

图 5-2　某共建式配电房设备布局

配电房内变压器参数如表 5-1 所示。

表 5-1　某共建式配电房变压器参数表

参数	1#变压器	2#变压器	3#变压器
设备型号	SCB9-630 kVA/10	SCB9-630 kVA/10	SCB9-630 kVA/10
生产日期	2002.11	2002.11	2002.11
冷却方式	AN/AF	AN/AF	AN/AF
额定容量/kVA	630	630	630

5.2.2　评价标准

5.2.2.1　厂界噪声评价标准

根据《工业企业厂界环境噪声排放标准》(GB 12348—2008)，该配电房厂界环境噪声排放限值见表 5-2。

表 5-2　工业企业厂界环境噪声排放限值　　　　　　单位：dB（A）

厂界处声环境功能区类别	时段	
	昼间	夜间
0	50	40
1	55	45
2	60	50
3	65	55
4	70	55

注：本次测量地点为 GB 12348—2008 中 1 类声环境功能区。

5.2.2.2　居民敏感点噪声评价标准

该配电房噪声传播方式主要包括空气传播和结构传播。依据 GB 12348—2008 要求敏感点噪声评定标准包括空气传播噪声和结构传播噪声两个方面。

（1）敏感点空气传播噪声评价标准

根据 GB 12348—2008，当厂界与噪声敏建筑物距离小于 1 m 时，厂界环境噪声应在噪声敏感建筑物的室内测量，并将表 5-2 中相应的限值减 10 dB（A）作为评价依据。

（2）敏感点结构传播噪声评价标准

根据 GB 12348—2008，结构传播噪声对敏感点的评价包括等效连续 A 声级和倍频带声压级两个方面。

1）等效连续 A 声级评价

根据 GB 12348—2008，结构传播固定设备室内噪声等效声级排放限值如表 5-3 所示。

表 5-3　结构传播固定设备室内噪声排放限值（等效声级）　　　　单位：dB（A）

噪声敏感建筑物 所处声环境功能区类别 \ 房间类型与时段	A 类房间		B 类房间	
	昼间	夜间	昼间	夜间
0	40	30	40	30
1	40	30	45	35
2、3、4	45	35	50	40

注：A 类房间指以睡眠为主要目的，需要保证夜间安静的房间，包括住宅卧室、医院病房、宾馆客房等，下同。

　　B 类房间指主要在昼间使用，需要保证思考与精神集中，正常讲话不被干扰的房间、包括学校教室、会议室、办公室、住宅中卧室以外的其他房间等，下同。

　　本次测量地点为 GB 12348—2008 中 1 类声环境功能区 A 类房间。

2）倍频带声压级

根据 GB 12348—2008，结构传播固定设备室内倍频带声压级噪声排放限值如表 5-4 所示。

表 5-4　结构传播固定设备室内噪声排放限值（倍频带声压级）　　　　单位：dB（A）

噪声敏感建筑所处声 环境功能区类别	时段	房间类型	室内噪声倍频带声压级限值				
			31.5 Hz	63 Hz	125 Hz	250 Hz	500 Hz
0	昼间	A 类、B 类房间	76	59	48	39	34
	夜间	A 类、B 类房间	69	51	39	30	24
1	昼间	A 类房间	76	59	48	39	34
		B 类房间	79	63	52	44	38
	夜间	A 类房间	69	51	39	30	24
		B 类房间	72	55	43	35	29

噪声敏感建筑所处声环境功能区类别	时段	房间类型	室内噪声倍频带声压级限值				
			31.5 Hz	63 Hz	125 Hz	250 Hz	500 Hz
2、3、4	昼间	A 类房间	79	63	52	44	38
		B 类房间	82	67	56	49	43
	夜间	A 类房间	72	55	43	35	29
		B 类房间	76	59	48	39	34

注：本次测量地点为 GB 12348—2008 中 1 类声环境功能区 A 类房间。

5.2.3　治理前现场测量与超标原因分析

（1）测量方法

本次噪声测量主要包括变压器本体噪声测量、厂界噪声测量和居民敏感点噪声测量，测点分布位置如图 5-3 所示。

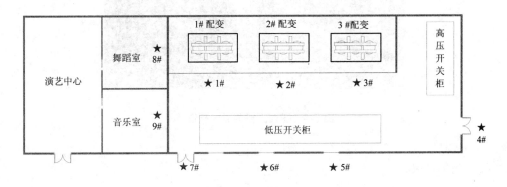

图 5-3　测点分布位置

1）变压器本体噪声测量

变压器本体噪声的测量是在规定轮廓线上进行的，出于安全考虑，轮廓线距基准发射面 1 m，位于变压器 1/2 高度处，如图 5-3 中测点 1#～3#。

2）厂界噪声测量

该配电房厂界噪声测量是指在配电房外侧进行的噪声测量，按照 GB 12348—2008 中规定的方法进行测量，具体测点为图 5-3 中测点 4#～7#，均位于门或窗外 1 m 处。昼夜各测量一次，同时测量背景噪声值，对测量结果进行背景噪声修正，修正方法依据 GB 12348—2008。

3）居民敏感点噪声测量

①A 声级测量。居民敏感点 A 声级测量点在演艺中心，如图 5-3 中测点 8#和 9#处。

②振动测量。为明确结构噪声传递路径，对演艺中心的舞蹈室墙壁测点 10#、11#和 12#进行了振动测量，以明确结构传播噪声对居民敏感点的影响，测点位置如图 5-4 所示。

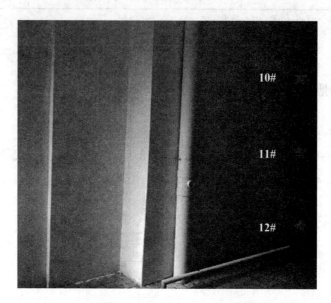

图 5-4　振动测量测点分布位置

（2）测量结果

1）变压器本体噪声测量结果

该配电房变压器本体噪声结果如表 5-5 所示，其噪声值为 60.3～63.5 dB（A）。图 5-5 为 2#变压器本体噪声频谱图，由图可知，频带声压级在 500 Hz 处出现峰值。

表 5-5　配电变压器本体噪声测量结果

设备名称	测点	L_{Aeq}/dB
1#变压器	1#	63.1
2#变压器	2#	63.5
3#变压器	3#	60.3

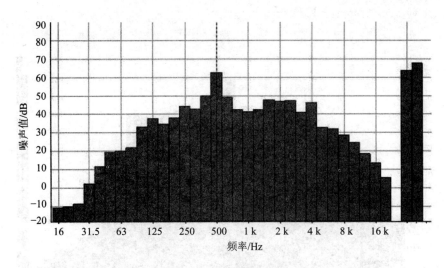

图 5-5　2#变压器噪声频谱

2）厂界噪声测量结果

该配电房的厂界噪声测量结果如表 5-6 所示（测点见图 5-3）。由表可知，配电房厂界噪声中所有测点的昼间噪声排放值均达到 GB 12348—2008 中 1 类声环境功能区的限值要求。而夜间噪声测量结果显示，所有测点的夜间噪声值均超过 GB 12348—2008 中的限值要求，最大超标量为 4.6 dB（A）。

表 5-6　厂界噪声测量结果

测点	测量结果/dB（A）		是否达标	测量结果/dB（A）		是否达标
	昼间①	限值②		夜间①	限值②	
4#	52.4	55	达标	49.6	45	不达标
5#	51.2	55	达标	48.6	45	不达标
6#	53.3	55	达标	47.3	45	不达标
7#	52.5	55	达标	47.7	45	不达标

注：①噪声测量数据已根据 GB 12348—2008 做背景值修正。
　　②根据 GB 12348—2008 中 1 类声环境功能区限值数据。

图 5-6 为厂界测点 4#处的噪声频谱图。由图可知，在 500 Hz 处出现峰值，表明厂界噪声受到变压器噪声排放的影响。

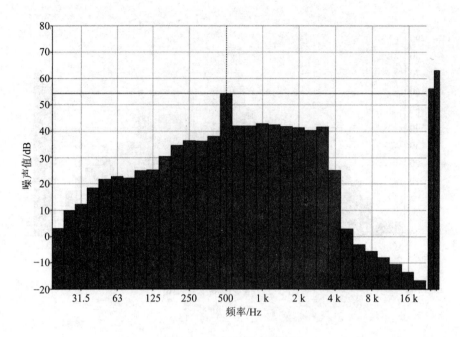

图 5-6   测点 4#处噪声频谱

3）居民敏感点噪声测量结果

①A 声级测量

根据 GB 12348—2008 中结构传播固定设备室内噪声排放限值（等效声级）对测点 8# 和 9#进行评价，评价标准如表 5-3 与表 5-4 所示，本次居民敏感点属于 1 类声环境功能区 A 类房间。测点 8#、9#的测量结果如表 5-7、表 5-8 所示，由表可知，两测点的夜间噪声 （等效连续 A 声级)均未达到 GB 12348—2008 中结构传播固定设备室内噪声排放的限值要 求，而昼间噪声（等效连续 A 声级）均达到 GB 12348—2008 中结构传播固定设备室内噪 声排放的限值要求。

倍频带声压级分析结果显示，昼间 5 个倍频带声压级全部满足限值要求；但夜间噪 声的 5 个频带中，测点 8#的 250 Hz 和 500 Hz 处夜间声压级均未达到 GB 12348—2008 中结构传播固定设备室内噪声排放的限值要求；测点 9#的 500 Hz 夜间声压级未达到 GB 12348—2008 中结构传播固定设备室内噪声排放的限值要求。图 5-7 为测点 9#的噪声频 谱图，该图显示在 500 Hz 处出现峰值，表明居民敏感点噪声受到变压器噪声排放的影响。

表 5-7　敏感点夜间噪声测量结果　　　　　　　　　　　单位：dB（A）

测点	L_{Aeq}	室内噪声倍频带声压级限值					是否达标
		31.5 Hz	63 Hz	125 Hz	250 Hz	500 Hz	
限值	30	69	51	39	30	24	—
8#	34.6	47.4	46.4	37.6	32.0	33.5	不达标
9#	33.1	45.2	40.5	35.3	29.2	31.5	不达标

表 5-8　敏感点昼间噪声测量结果　　　　　　　　　　　单位：dB（A）

测点	L_{Aeq}	室内噪声倍频带声压级限值					是否达标
		31.5 Hz	63 Hz	125 Hz	250 Hz	500 Hz	
限值	40	76	59	48	39	34	—
8#	38.7	55.2	50.3	43.3	36.9	33.8	达标
9#	37.6	54.2	52.1	40.1	33.2	32.8	达标

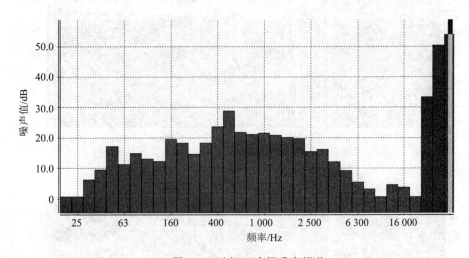

图 5-7　测点 9#夜间噪声频谱

②振动测量

振动测量结果如图 5-8～图 5-10 所示，振动呈从下而上逐渐衰减的趋势，表明墙体的振动源主要来自变压器的结构振动，且在 100 Hz、200 Hz、315 Hz、400 Hz 和 500 Hz 等处振动明显。由此推测变压器的结构振动会对演艺中心与楼上住户产生一定的影响。

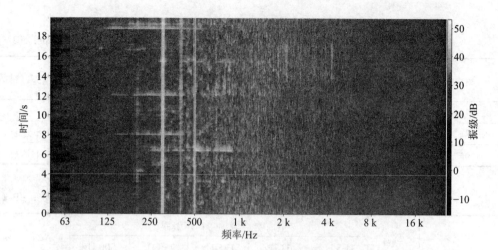

图 5-8　测点 10#振动测量结果

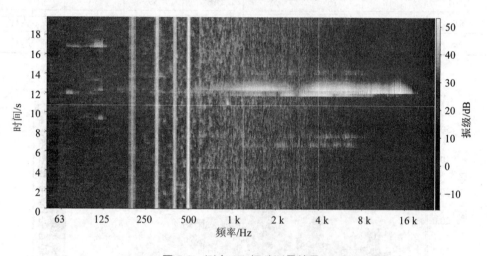

图 5-9　测点 11#振动测量结果

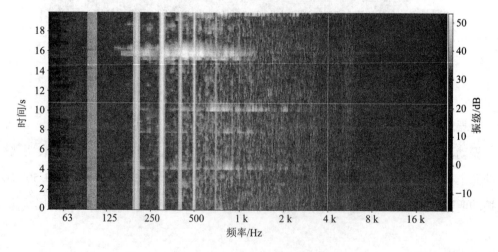

图 5-10　测点 12#振动测量结果

（3）超标原因分析

该配电房使用普通的门窗，无法满足降噪需求，不能隔绝变压器噪声的空气传播。并且，配电房与居民敏感点仅一墙之隔，变压器振动使噪声通过楼体结构传播，缺乏有效的隔振装置降低噪声的结构传播。

5.2.4 降噪方案设计

基于以上分析可得，变压器500 Hz 频段噪声为该配电房厂界超标和居民敏感点噪声超标的主要来源。该共建式配电房噪声源（配电变压器）对敏感点的影响主要通过两种途径：一是变压器噪声经过空气传播到配电房墙壁，被墙体吸收后，然后传播至居民室内墙面，墙面再次振动激发空气振动，产生空气声为人耳所听到；二是变压器本体噪声经变压器底座传至大楼地面，进一步沿着配电房地面结构传播至住户家中地面，地面在此振动引起空气声为人耳所听到。因此在选择噪声污染控制方案时，需要综合考虑结构传播和空气传播。

5.2.4.1 降噪量确定

（1）空气声降噪量确定

厂界噪声最大值为测点 4#，因此以测点 4#作为对象确定降噪量，如表 5-9 所示。

表 5-9　某共建式配电房厂界降噪量　　　　　单位：dB（A）

测点	厂界噪声	限值	降噪量
4#	49.6	45	4.6

（2）结构声降噪量估算

减小变压器通过地面传播产生的固体结构噪声的方法主要是隔振法，衡量隔振效果最常用的是隔振效率法

$$\eta = (1-T) \times 100\% \tag{5-1}$$

式中：η —— 隔振效率，%；

T —— 传递系数。

T 计算如下

$$T = \frac{\sqrt{1+4\varepsilon^2\lambda^2}}{\sqrt{\left(1-\lambda^2\right)^2 + 4\varepsilon^2\lambda^2}} \tag{5-2}$$

式中：λ —— 频率比，$\lambda = f/f_0$（f 为变压器的激振频率，f_0 为变压器和隔振器组成系统的固有频率）；

  ε —— 系统阻尼比。

T 越小，表明通过隔振系统传过去的力就越小，隔振效果就越好。

根据传递系数与频率比和阻尼比之间的关系，只有当 $\lambda > \sqrt{2}$ 时，传递系数 $T<1$，隔振系统才真正起到隔振作用，随着传递系数越来越小，隔振效果将越来越好。在工程中，从技术和经济角度考虑，最佳频率比宜取 2.5～5，最佳阻尼比取 0.05～0.2。

对于该配电房，其结构声主要来自配电变压器产生的噪声，且其振动量较小，故只要隔振效率大于 80%，即能满足实际的需要。

5.2.4.2 降噪目标

本次配电房降噪改造项目的目标如下：

（1）将配电房厂界噪声值夜间控制在 45 dB（A）以内、昼间控制在 55 dB（A）以内；

（2）将配电房厂界噪声降低 4.6 dB 及以上；

（3）将配电房振动量降低至原水平的 20% 及以下。

5.2.4.3 设计要求

（1）满足现有带电设备的安全运行、生产要求；

（2）满足未来变压器临时停运检修、维护的要求，兼顾更换变压器所需要的空间要求；

（3）满足安全施工的工作要求；

（4）选材及设计均应满足相应的防火、防风要求。

5.2.4.4 降噪方案设计

降噪方案主要采用"隔声罩+隔振器"的方法进行综合降噪，在配电房的 3 台配电变压器外加装隔声罩，以抑制变压器噪声的空气传播；并且在变压器底部安装隔振器，以降低结构声的影响，整体改造效果如图 5-11 所示。

该隔声罩外观如图 5-12 所示，隔声罩由隔声门、隔声罩体、隔声窗、进风消声器和出风消声器组成。

图 5-11　某共建式配电房改造效果

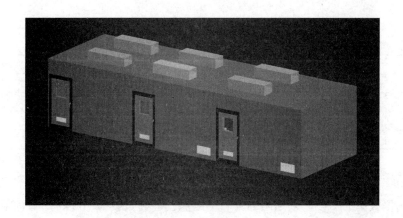

图 5-12　隔声罩外观

（1）隔声罩的隔声门

采用单开式隔声门，隔声门上部安装隔声窗，以方便对内部变压器的观察，隔声门的相关参数如表 5-10 所示。

表 5-10　隔声罩中隔声门的性能参数

序号	项目	参数
1	L_A 平均降噪量	40 dB
2	500 Hz 降噪量	30 dB
3	防火等级	B1
4	憎水性	85%
5	使用寿命	20 年以上

（2）隔声板

隔声罩采用隔声板拼装而成，其相关参数如表 5-11 所示。

表 5-11　隔声板的性能参数

序号	项目	参数
1	L_A 平均降噪量	38 dB
2	500 Hz 降噪量	30 dB
3	防火等级	B1
4	憎水性	85%
5	使用寿命	20 年以上

（3）排风风机

在隔声罩的上部安装一套强制排风风机，其相关参数如表 5-12 所示。

表 5-12　排风风机的性能参数

序号	项目	参数	备注
1	L_A 平均降噪量	40 dB	—
2	通风量	200 m³/h	20 次/h 的排风量
3	防火等级	B1	—
4	使用寿命	20 年以上	—

（4）隔振器

根据隔振效率的需要，采用阻尼弹簧衡隔振器，其负载为 700 kg，固有频率为 3 Hz，阻尼率约为 0.075。根据变压器质量（约 2 t）以及可受力点分布情况，拟选用 4 只隔振器，其安装示意如图 5-13 所示。

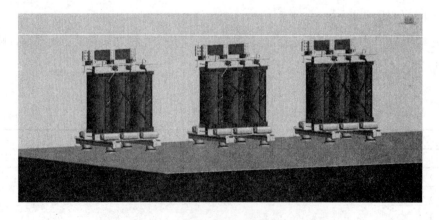

图 5-13　变压器底座隔振器安装示意

根据测算传递系数 T=0.059，则其隔振效率约为 94.1%，隔振器参数见表 5-13。

表 5-13 隔振器的性能参数

序号	项目	参数
1	负重	700 kg
2	刚度	196 N/mm
3	阻尼率	0.075
4	固有频率	3 Hz
5	使用寿命	20 年以上

5.2.5 治理后现场测量

依据设计方案完成噪声治理后，对该配电房噪声进行测量，治理前后现场如图 5-14 所示。

（a）治理前　　　　　　　　　　　　（b）治理后

图 5-14 某共建式配电房治理前后现场

（1）变压器本体噪声测量结果

噪声治理后，由表 5-14 可知该配电房隔声罩外的噪声值降至 50 dB（A）左右。由图 5-15 噪声频谱分析结果可知，噪声治理后 2#变压器频谱中 500 Hz 声压级从原来的 62 dB 降至 38 dB，500 Hz 声压级降噪量达到 24 dB，500 Hz 处的噪声峰值已被针对性消除。

表 5-14　治理后配电变压器噪声测量结果

设备名称	检测位置	L_{Aeq}/dB（A）	
		治理前	治理后
1#变压器	1#	63.1	49.2
2#变压器	2#	63.5	50.2
3#变压器	3#	60.3	49.6

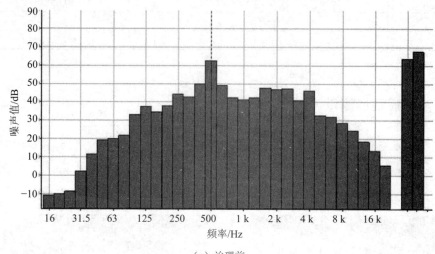

（a）治理前

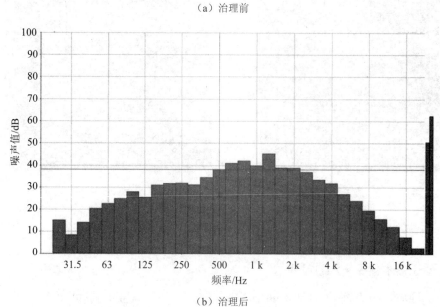

（b）治理后

图 5-15　噪声治理前后 2#变压器噪声频谱

（2）厂界噪声测量结果

该配电房厂界噪声测量结果如表 5-15 所示,噪声治理后该配电房的昼夜厂界噪声排放值全部达到 GB 12348—2008 中 1 类声环境功能区的限值要求。

表 5-15　某共建式配电房治理后厂界噪声测量结果

测点		L_{Aeq}/dB（A）				是否达标
		昼间①	限值②	夜间①	限值②	
4#	治理前	52.4	55	49.6	45	不达标
	治理后	49.3	55	43.8	45	达标
5#	治理前	51.2	55	48.6	45	不达标
	治理后	48.4	55	44.0	45	达标
6#	治理前	53.3	55	47.3	45	不达标
	治理后	40.1	55	43.8	45	达标
7#	治理前	52.5	55	47.7	45	不达标
	治理后	48.3	55	44.1	45	达标

注：①噪声测量数据已根据 GB 12348—2008 做背景值修正。
　②根据 GB 12348—2008 中 1 类声环境功能区限值数据。

（3）居民敏感点噪声测量结果

该配电房居民敏感点（一楼演艺中心）昼夜噪声测量结果如表 5-16、表 5-17 所示。由表可知，噪声治理后敏感点的昼夜噪声值均达到 GB 12348—2008 中结构传播固定设备室内噪声排放的限值要求。

表 5-16　某共建式配电房治理后居民敏感点夜间噪声测量结果　　　　单位：dB（A）

测点		L_{Aeq}	室内噪声倍频带声压级限值					是否达标
			31.5 Hz	63 Hz	125 Hz	250 Hz	500 Hz	
限值		30	69	51	39	30	24	—
8#	治理前	34.6	47.4	46.4	37.6	32.0	33.5	不达标
	治理后	28.8	35.6	31.2	28.5	23.5	21.4	达标
9#	治理前	33.1	45.2	40.5	35.3	29.2	31.5	不达标
	治理后	28.6	34.2	30.9	28.3	24.5	22.4	达标

表 5-17　某共建式配电房治理后居民敏感点昼间噪声测量结果　　　　单位：dB（A）

测点		L_{Aeq}	室内噪声倍频带声压级限值					是否达标
			31.5 Hz	63 Hz	125 Hz	250 Hz	500 Hz	
限值		40	76	59	48	39	34	—
8#	治理前	38.7	55.2	50.3	43.3	36.9	33.8	达标
	治理后	34.6	38.8	30.7	30.0	25.0	26.8	达标
9#	治理前	37.6	54.2	52.1	40.1	33.2	32.8	达标
	治理后	33.7	37.5	29.8	29.9	25.4	26.8	达标

图 5-16 为居民敏感点测点 9#处夜间噪声频谱图，噪声治理后该测点原 500 Hz 处的噪声峰值已经针对性消除。

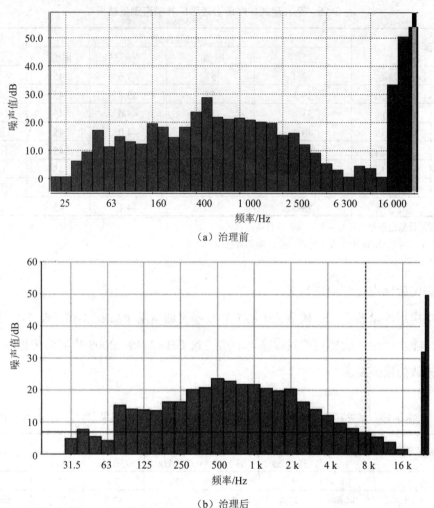

（a）治理前

（b）治理后

图 5-16 某治理后配电房居民敏感点（测点 9#）夜间噪声频谱

5.3 独立式配电房案例

5.3.1 现场概况

某 10 kV 独立式配电房附近居民投诉反映配电房噪声过大，影响生活，投诉住户为该配电房马路对面居民楼二楼住户（图 5-17）。该配电房内设有开关柜，并配有 5 台 800 kVA 干式变压器，于 2010 年 5 月建成投入使用，设备布局如图 5-18 所示。

图 5-17　某独立式配电房周围环境现场

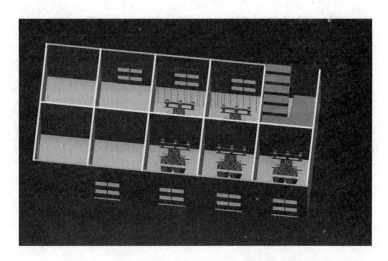

图 5-18　某独立式配电房设备布局

该配电房变压器参数如表 5-18 所示。

表 5-18　某独立式配电房变压器参数一览表

参数	1#变压器	2#变压器	3#变压器	4#变压器	5#变压器
设备型号	SCB11-800 kVA/10	SCB11-800 kVA/10	SCB11-800 kVA/10	SCB11-800 kVA/10	SCB11-800 kVA/10
出厂日期	2010 年 5 月	2010 年 5 月	2010 年 5 月	2010 年 5 月	2010 年 5 月
额定容量/kVA	800	800	800	800	800

5.3.2　评价标准

评价标准见 5.2.2。

5.3.3　治理前现场测量与超标原因分析

5.3.3.1　测量方法

本次噪声测量主要包括变压器本体噪声测量和厂界噪声测量，测点分布位置如图 5-19 所示。

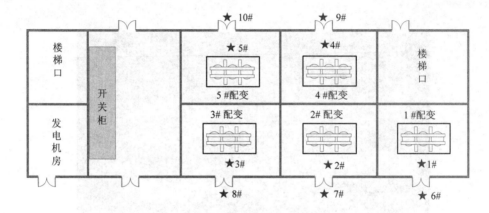

图 5-19　测点分布位置

（1）变压器本体噪声测量

变压器本体噪声的测量是在规定轮廓线上进行的，出于安全考虑，轮廓线距基准发射面 1 m，位于变压器 1/2 高度处，如图 5-19 中测点 1#～5#。

（2）厂界噪声测量

该配电房厂界噪声测量是指在配电房外侧进行的噪声测量，按照 GB 12348—2008 中规定的方法进行，具体测点为图 5-20 中测点 6#～10#，均位于门外 1 m 处。昼夜各测量一次，并测量背景噪声值，对测量结果进行背景噪声修正，修正方法依据 GB 12348—2008。

5.3.3.2　测量结果

（1）变压器本体噪声测量结果

该 10 kV 独立式配电房变压器本体噪声测量结果如表 5-19 所示，其中 1#、4#、5#变压器处于运行状态，其噪声值为 57.0～64.8 dB（A）。图 5-20 为 5#变压器噪声频谱图，由图可知，在 100 Hz、200 Hz、315 Hz、500 Hz 和 630 Hz 处声压级突出，最高值为 315 Hz 处。

表 5-19　变压器噪声测量结果

设备名称	测点	L_{Aeq}/dB（A）	备注
1#配变	1#	62.7	运行
2#配变	2#	53.3	停运
3#配变	3#	52.0	停运
4#配变	4#	57.0	运行
5#配变	5#	64.8	运行

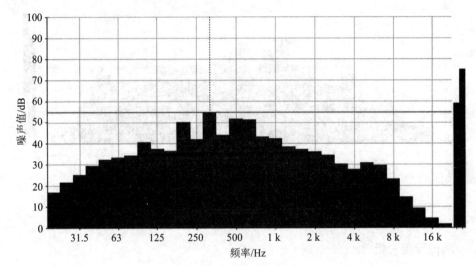

图 5-20　5#变压器噪声频谱

（2）厂界噪声测量结果

该 10 kV 独立式配电房的厂界噪声测量结果如表 5-20 所示（测点见图 5-19）。4#变压器外的夜间厂界噪声，即测点 9#处，未达到 GB 12348—2008 中的限值要求。1#和 5#变压器外的昼夜厂界噪声，即测点 6#和 10#处，均未达到 GB 12348—2008 中的限值要求。处于停运状态的 2#与 3#变压器昼夜厂界噪声，即测点 7#和 8#处，均达到 GB 12348—2008 中的限值要求。

表 5-20　某独立式配电房厂界噪声测量结果

测点	测量结果/dB（A）		是否达标	测量结果/dB（A）		是否达标	备注
	昼间[①]	限值[②]		夜间[①]	限值[②]		
6#	59.6	55	不达标	54.8	45	不达标	运行
7#	48.8	55	达标	44.2	45	达标	停运
8#	52.8	55	达标	44.6	45	达标	停运
9#	53.2	55	达标	50.8	45	不达标	运行
10#	57.3	55	不达标	54.1	45	不达标	运行

注：①噪声测量数据已根据 GB 12348—2008 做背景值修正。

　　②根据 GB 12348—2008 中 1 类声环境功能区限值数据。

图 5-21 为厂界测点 6#处夜间噪声频谱图，由图可知，厂界噪声在 100 Hz、315 Hz 和 630 Hz 处较为突出，最大值为 315 Hz 处，表明厂界噪声受到变压器噪声排放的影响。

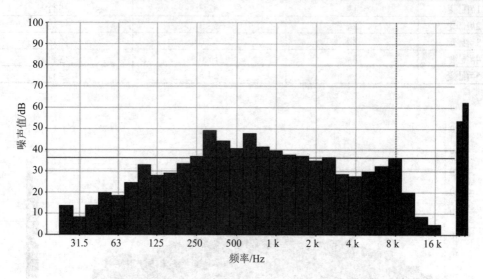

图 5-21 厂界测点 6#处夜间噪声频谱

5.3.3.3 超标原因分析

变压器产生的噪声通过配电房的门、窗传播至户外，导致厂界噪声超出标准规定的限值要求。引起噪声污染的主要原因是该配电房使用的门、窗隔声性能较差，无法满足降噪需要。通过频谱分析可以得出，配电变压器设备在 315 Hz 和 630 Hz 处产生的噪声幅值较高，在治理时应重点关注。

5.3.4 降噪方案设计

基于以上分析可得，变压器 315 Hz 和 630 Hz 频段噪声为该配电房厂界超标和居民敏感点噪声超标的主要来源。由于该独立式配电房与居民敏感点不在同一建筑楼内，并且两者之间存在草地，因此排除变压器底座结构传播对居民敏感点的影响，在选择噪声污染控制方案时，仅需考虑空气传播。

5.3.4.1 降噪量确定

该 10 kV 配电房共有 5 台 800 kVA 配电变压器，分别位于 5 个小隔间中。本次测量期间，1#、4#、5#配电变压器处于运行状态，2#、3#配电变压器未投入使用。降噪量确定以本次测量中厂界噪声超标量最大值为对象。厂界噪声超标量最大值为测点 6#，因此将测点 6#作为降噪量确定对象。根据以上分析，该 10 kV 配电房如需达到标准排放要求，则其需要达到的降噪量如表 5-21 所示。

表 5-21　某独立式配电房厂界降噪量　　　　　　单位：dB（A）

测点	厂界噪声	限值	降噪量
5#	54.8	45	9.8

5.3.4.2　降噪目标

①将该 10 kV 独立式配电房厂界噪声的值降低至夜间 45 dB（A）以内，昼间 55 dB（A）以内；

②将该 10 kV 独立式配电房厂界噪声的 315 Hz 和 630 Hz 处声压级降低 15 dB 以上。

5.3.4.3　设计要求

①满足现有带电设备的安全运行、生产要求；

②满足将来变压器临时停运检修、维护的要求，更兼顾到更换主变所需的大尺寸门洞开间的设置要求；

③降噪设计需要配合结构设计及安全施工的方案，满足大尺寸门洞开间的抗风要求；

④选用材料及机构设计均应符合防火设计要求。

5.3.4.4　降噪方案设计

噪声传播途径主要通过门对外排放，因此把配电房的门改造成隔声门即可满足隔声需要；并且，考虑到配电房的通风散热，在隔声门旁安装温控消声排风系统，降噪方案效果如图 5-22 所示。

图 5-22　降噪方案效果

（1）隔声门

隔声门采用双开式门，相关参数如表 5-22 所示。

表 5-22 隔声门的性能参数

序号	项目	参数
1	L_A 平均降噪量	40 dB
2	315 Hz 降噪量	20 dB
3	630 Hz 降噪量	20 dB
4	防火等级	B1
5	憎水性	85%
6	使用寿命	20 年以上

（2）温控消声排风系统

在隔声门旁安装一套温控消声排风系统，配电房温度达到阈值时智能启动排风降温，性能参数如表 5-23 所示。

表 5-23 温控消声排风系统的性能参数

序号	项目	参数	备注
1	L_A 降噪量	40 dB	—
2	通风量	1 920 m³/h	风机运转时
3	防火等级	B1	—
4	使用寿命	20 年以上	—

5.3.5 治理后现场测量

依据设计方案完成噪声治理后，对变电站噪声进行测量，测量期间 1#、4#、5#配电变压器处于运行状态，与治理前测量一致。配电房治理后的现场如图 5-23 所示。

该 10 kV 独立式配电房噪声治理前后，昼夜厂界噪声测量结果见表 5-24。由表可知，噪声治理后该配电房的昼夜厂界噪声全部达到 GB 12348—2008 中 1 类声环境功能区的限值要求。其中夜间厂界噪声最高值由测点 6#的 54.8 dB（A）降低至 43.3 dB（A），降噪量为 11.5 dB（A）。从 1#变压器厂界测点 6#处夜间噪声频谱分析（图 5-24）可知，噪声治理后 1#变压器厂界测点 6#处夜间噪声频谱中的 315 Hz 和 630 Hz 声压级从原来的 48.8 dB、47.6 dB 分别降低至 31.3 dB、31.9 dB，降噪量为 15 dB 以上，315 Hz、630 Hz 处的噪声峰值已经消除。

（a）整体

（b）局部

图 5-23　某独立式配电房治理后现场

表 5-24　某 10 kV 独立式配电房治理后厂界噪声测量结果

测点		L_{Aeq}/dB（A）				是否达标	备注
		昼间[1]	限值[2]	夜间[1]	限值[2]		
6#	治理前	59.6	55	54.8	45	不达标	运行
	治理后	48.0	55	43.3	45	达标	
7#	治理前	48.8	55	44.2	45	达标	停运
	治理后	47.2	55	43.9	45	达标	
8#	治理前	52.8	55	44.6	45	达标	停运
	治理后	46.9	55	43.4	45	达标	
9#	治理前	53.2	55	50.8	45	不达标	运行
	治理后	48.4	55	43.4	45	达标	
10#	治理前	57.3	55	54.1	45	不达标	运行
	治理后	47.6	55	43.7	45	达标	

注：①噪声测量数据已根据 GB 12348—2008 做背景值修正。
　　②根据 GB 12348—2008 中 1 类声环境功能区限值数据。

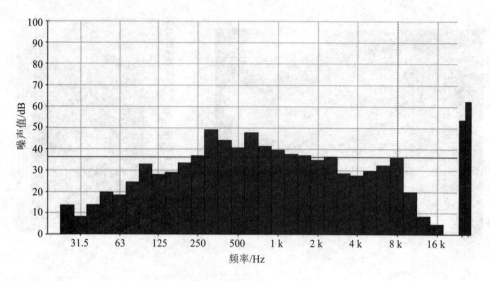

（a）治理前

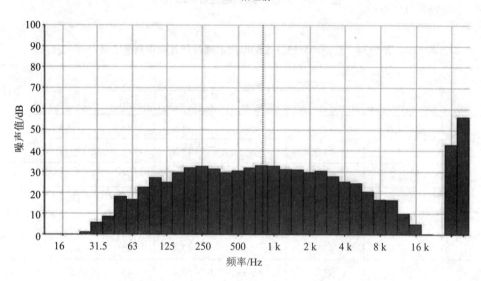

（b）治理后

图 5-24　1#变压器厂界测点 6#处夜间噪声频谱

第6章 变电站噪声污染控制

6.1 变电站噪声污染特性及控制设计

6.1.1 变电站噪声污染特性

6.1.1.1 变电站内主要噪声源

我国交流变电站的电压等级分为 110 kV、220 kV、330 kV、500 kV、750 kV 以及 1 000 kV。其中，330 kV 和 750 kV 变电站主要设置于西北电网。变电站主要由隔离开关、断路器、变压器、母线、接地开关、避雷器、互感器、电容器、电抗器以及带电架构等设备构成。一般来说，电压等级越高，变电站噪声值越大。不同电压等级的变电站，变压器主要噪声源也存在差异。

变电站内的主要噪声源是变压器、电抗器等设备运行中铁芯磁致伸缩、线圈电磁作用振动等产生的噪声和冷却装置运转时产生的噪声，特别是大型变压器及其强迫油循环冷却装置中潜油泵和风扇所产生的噪声，并随变压器容量增大而增大。

高压室抽风机开启时运转声也是高压室内的噪声源之一。

在高压和超高压变电站内，高压进出线、高压母线和部分电器设备电晕放电声也是噪声源。

高压断路器分合闸操作及其各类液压、气压、弹簧操纵机构储能电机运转时的声音也是间断存在的噪声源。

主控室、保护室内的主要噪声源有四类：①空调运转时的噪声；②照明日光灯具整流器振动发出的噪声，由于主控室包括保护室等，一般空间较大，为了保证照度，装设了大量的日光灯，当这些灯具工作时，所发出的噪声是不容忽视的；③部分室内设备如站用电屏或直流屏上的接触器等振动所发出的噪声；④变电站内多种音响信号或报警装置运行时发出的声音。

6.1.1.2 变压器噪声产生机理及特性分析

（1）变压器分类

电力变压器按照单台相数区分，可分为单相变压器和三相变压器。在三相电力系统中，一般采用三相变压器，当容量过大且受运输条件限制时，也可应用三台单相变压器组成变压器组。按照结构形式区分，变压器主要分为芯式变压器与壳式变压器两种。芯式变压器绕组为圆筒形，高、低压绕组同芯排列，器身采用垂直布置方式。变压器绕组有圆筒式、连续式、层式、纠结式、内屏蔽式等不同结构形式，具体取决于绕组电压及电流。变压器铁芯柱均采用多级近似圆柱形截面，但铁轭形状在不同设计中存在差异。壳式变压器绕组为扁平矩形，高压与低压绕组垂直布置、交错排列，铁芯水平布置。目前，国内外厂家生产的变压器多以芯式变压器为主。

按照绝缘与冷却介质的不同，电力变压器分为油浸式变压器、气体绝缘变压器和干式变压器。变压器油为石油类型液体，具有可燃烧性，在环保方面存在缺陷，但由于其储量丰富、价格低廉，因此目前大多数大中型变压器仍使用变压器油作为绝缘及冷却介质。由于不燃及难燃绝缘液体变压器的环保和价格问题，不燃及难燃绝缘液体变压器未能得到大规模使用。干式变压器由于运行维护简单、无火灾危险，近年来得到迅速发展。干式变压器可以分为两类：一类为包封式，即绕组被固体绝缘包裹，不与气体接触，绕组产生的热量通过固体绝缘导热，由固体绝缘表面对空气散热；另一类为敞开式，绕组直接与空气接触散热。

按照绕组的个数的不同，变压器可分为双绕组变压器和三绕组变压器。常用的变压器均为双绕组变压器，即在铁芯上存在两个绕组，分别为一次绕组与二次绕组。变压器容量较大时（5 600 kVA 以上），一般采用三绕组变压器，用以连接不同电压等级的输电线路。在特殊情况下，也有采用更多绕组的电力变压器。

按照容量的不同，变压器可分为：①中小型变压器。电压等级在 35 kV 及以下，容量在 5～6 300 kVA。其中，容量在 5～500 kVA 的变压器称为小型变压器，容量在 630～6 300 kVA 的变压器称为中型变压器。②大型变压器。电压等级在 100 kV 以下，容量范围在 8 000～63 000 kVA 的变压器。③特大型变压器。电压等级在 220 kV 及以上，容量为 3 150 kVA 及以上的变压器。

另外，按照能否在不切断电压的条件下调换变压器区分，变压器又可分为无励磁调压变压器和有载调压变压器。

（2）变压器基本结构

电力变压器主要由套管、铁芯、绕组、外壳、绝缘、冷却介质、冷却装置以及必要的组件构成。通常把绕组与铁芯称为变压器器身。不同容量与电压等级的电力变压器，其铁芯、绕组、绝缘、外壳以及组件的结构形式存在差异。

1）铁芯

变压器铁芯主要起导磁作用，铁芯内的交变磁通在各绕组中产生不同的感应电压，从而实现不同电压等级之间的转换。铁芯主要由叠片、夹紧件、垫脚、拉板、绑扎带、拉螺杆以及压钉等构成。结构件保证叠片充分夹紧，形成完整而牢固的铁芯结构。叠片与夹件、垫脚、撑板、拉带、拉板之间均有绝缘件。铁芯下部夹紧件利用油箱的定位钉定位，上部由撑板上的定位件与油箱配合定位。

①铁芯叠片。变压器铁芯主要由含硅量为 1%～4.5%、厚度为 0.23～0.35 mm 的硅钢片叠加而成。目前，变压器所用的硅钢片多为冷轧晶粒取向硅钢片。铁合金在磁化时通常具有各相异性的特点，即材料在磁化时不同磁化方向表现出不同的磁化特性。冷轧电工钢片分为取向钢片和非取向钢片，区别在于晶粒的易磁化轴方向与钢片的轧制方向是否一致。若冷轧取向电工钢片的易磁化轴与轧制方向高度一致，磁化过程中磁致伸缩随晶粒排列方向和轧制方向一致程度的提高而降低。晶粒取向电工钢片均剪切成接近 45°，叠片以接近 45°接缝对接，使磁路与沿轧制方向相同，从而降低铁芯的磁致伸缩。磁性钢片最主要的性能是单位质量的损耗以及材料的磁导率小。冷轧晶粒取向磁性钢片的损耗较过去热轧磁性钢片的损耗大大降低。因此，目前变压器制造企业几乎无一例外地使用冷轧晶粒取向磁性钢片作为铁芯材料。只有在部分配电变压器中，为了降低空载损耗而使用非晶合金铁芯材料。

非晶合金材料的特点是磁导率比取向电工钢片的高。利用该材料设计的变压器，其空载电流与空载损耗比取向硅钢片大幅降低，节能效果更为显著。但由于非晶合金饱和磁通密度低、厚度薄、加工困难、材料价格高，目前在大容量变压器制造中仍未大量使用。

②铁芯夹紧件。铁芯夹紧件的作用在于夹紧铁轭，并通过拉螺杆将上夹紧件和下夹紧件连接起来，从而压紧绕组。中、小容量变压器的夹紧件结构比较简单，在铁芯上、下铁轭外采用槽钢或方型钢管夹紧铁轭。为了增加夹紧件的刚度，在上铁轭处用拉带拉紧夹紧件，在下铁轭处用垫脚将其固定，并用拉螺杆拉紧。大容量变压器的铁芯夹件一般为板式结构，铁芯上铁轭由夹紧件下的拉带和夹紧件上的撑板夹紧，下铁轭由夹紧件上的拉带和

夹紧件下的垫脚夹紧，上、下夹紧件通过拉板连接。

③铁芯拉板。大容量变压器的上、下夹紧件一般通过铁芯柱的拉板连接。拉板在起吊变压器时承受器身重量，在变压器绕组短路时承受短路力。

④铁芯柱绑扎带。绑扎带将大容量变压器铁芯柱固定成近似圆形，并对其施加 0.15～0.25 MPa 的压力。

2）绕组

绕组是变压器的导电部分，是由铜线或铝线绕成的圆筒形多层线圈。线匝层与层之间垫绝缘或由油道隔开。一般情况下，低压线圈位于内层，高压线圈位于外层，以便绕组与铁芯之间的绝缘设计。

电力变压器绕组结构与其容量有关。常用的绕组结构有双层圆筒式、多层圆筒式、分段圆筒式、连续式、纠结式、插入电容内屏蔽式、螺旋式、箔式以及交错饼式等，不同的结构适应不同电压等级、容量及加工工艺的需要。

3）油箱

油箱是变压器的外壳，一般采用钢板焊接而成，内部装有铁芯、绕组、绝缘与冷却介质（如变压器油、SF_6气体、空气等），同时也具有一定的散热作用。中、小型变压器的油箱由箱壳和箱盖组成，打开箱盖可吊出变压器器身进行检修。

4）冷却装置

变压器在运行时，空载损耗和负载损耗都将转化为热量，使变压器运行温度升高。变压器冷却介质可将热量带入冷却装置散发出来，达到降低变压器温度的目的。冷却方式可分为自然冷油循环自然冷却、自然油循环风冷以及强迫油循环风（水）冷等。

①自然冷油循环自然冷却（油浸自冷）。该冷却方式的特点在于依靠油箱壁的热辐射以及变压器周围空气的自然对流将变压器热量耗散掉。一般认为，当变压器容量在 2 500 kVA 及以下时，可以采用膨胀式散热器，变压器可不装储油柜，并可将其设计成全密封型。但较大容量的变压器必须人为增大油箱与空气的接触散热面积。随着低损耗技术的发展，油浸自冷式变压器的容量上限也在增加，40 000 kVA 及以下额定容量的变压器也可选用油浸自冷冷却方式，其优点在于无须散热风扇及其供电电源，不会产生风扇噪声，散热器可直接装在变压器油箱上，也可集中装在变压器附近，而且其维护相对简单。

②自然油循环风冷却（油浸风冷）。通常情况下，当变压器容量在 8 000～40 000 kVA 时，可采用管式或片式散热器以及风冷冷却方式。一般在散热器上加装风扇，增大散热器表面的对流换热系数，以提高散热效率。风冷式散热器利用风扇改变进入与流出散热器的

油温差、提高散热器冷却效率、减少散热器数量、缩小占地面积，但引入了风扇噪声以及风扇辅助电源。风扇停运时，变压器可按自冷方式运行，但输出容量降低至原有容量的 2/3。对于管式散热器而言，每个散热器上可装两个散热风扇；对于片式散热器而言，可用大容量风机集中送风，或一个风机配合机组散热器送风。

③强迫油循环冷却。强迫油循环冷却器可分为水冷型和风冷型。对于强迫油循环冷却的变压器，其油箱上无油管或散热器，变压器内的油经过管道和油泵传送至油冷却器，冷却后重新回到变压器内部。该冷却方式的优点在于：一方面，利用油泵可以加强变压器内部油的流动，降低内部绕组温升；另一方面，由于不存在庞大的散热器，因此变压器安装面积大大缩小。强迫油循环冷却结构较为复杂，一般仅用在容量为 50 000 kVA 及以上的大型变压器上。

5）变压器组件

大型电力变压器的组件主要包括储油柜、吸湿器、散热器、安全气道、分接开关、气体继电器以及高低压绝缘套管等。

（3）变压器工作原理

变压器的基本结构由绕在铁芯磁路上的两个或两个以上的绕组构成。以单相变压器为例，其工作原理如图 6-1 所示，图中，N_1 为一次绕组匝数为，N_2 为二次绕组匝数为，$\dot{U}_1$ 为一次侧输入交流电压，$\dot{U}_2$ 为负载端电压，$\dot{E}_1$ 为一次侧感应电动势，$\dot{E}_2$ 为二次侧感应电动势，$\dot{I}_1$ 为一次电流，$\dot{I}_2$ 为二次电流，$\dot{\Phi}_\mathrm{m}$ 为主磁通。

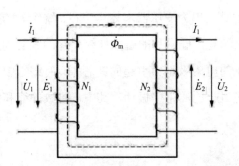

图 6-1　单相变压器工作原理

空载条件下，在一次交变电压 $\dot{U}_1$ 的作用下，一次侧绕组中产生励磁电流 $\dot{I}_0$，建立空载磁动势 $\dot{F}_0$，在该磁动势作用下，铁芯中产生交变磁通 $\dot{\Phi}_\mathrm{m}$，根据电磁感应定律，变压器一次侧与二次侧绕组感应电动势可表示为

$$\dot{E}_1 = -\mathrm{j}\sqrt{2}\pi N_1 f \dot{\Phi}_\mathrm{m} = -\mathrm{j}4.44 N_1 f \dot{\Phi}_\mathrm{m} \tag{6-1}$$

$$\dot{E}_2 = -j4.44N_2f\dot{\Phi}_{\mathrm{m}} \tag{6-2}$$

假设变压器一次侧与二次侧绕组阻抗为 0，则有 $\dot{U}_1 = \dot{E}_1$，$\dot{U}_2 = \dot{E}_2$。在变压器中，一次绕组与二次绕组电动势的比值称为变比（k），即

$$k = \frac{\dot{E}_1}{\dot{E}_2} = \frac{\dot{U}_1}{\dot{U}_2} = \frac{-j4.44N_1f\dot{\Phi}_{\mathrm{m}}}{-j4.44N_2f\dot{\Phi}_{\mathrm{m}}} = \frac{N_1}{N_2} \tag{6-3}$$

负载条件下，由于可忽略一次侧绕组漏阻抗，即 $\dot{U}_1 = -j4.44N_1f\dot{\Phi}_{\mathrm{m}}$，因此主磁通与空载时主磁通相同，从而产生的合成磁动势与空载磁动势相等。二次侧产生负载电流 $\dot{I}_2$，建立磁动势 $\dot{F}_2$。根据磁动势平衡方程式，一次侧绕组磁动势与二次侧绕组磁动势之和等于空载磁动势，即

$$\dot{F}_1 + \dot{F}_2 = \dot{F}_0 \tag{6-4}$$

$$N_1\dot{I}_1 + N_2\dot{I}_2 = N_1\dot{I}_0 \tag{6-5}$$

在负载运行时，变压器一次侧电流存在两个分量，$\dot{I}_0$ 与 $\dot{I}_{1\mathrm{L}}$。$\dot{I}_0$ 为励磁电流，用于建立变压器铁芯中的主磁通 $\dot{\Phi}_{\mathrm{m}}$；$\dot{I}_{1\mathrm{L}}$ 为电流负载分量，用于建立磁动势 $N_1\dot{I}_{1\mathrm{L}}$，以抵消二次侧绕组中的磁动势 $N_2\dot{I}_2$。由于空载电流较小，因此可忽略空载电流产生的磁动势 $\dot{F}_0$，则有

$$N_1\dot{I}_1 + N_2\dot{I}_2 \approx 0 \tag{6-6}$$

$$\frac{\dot{I}_1}{\dot{I}_2} = -\frac{N_2}{N_1} = -\frac{1}{k} \tag{6-7}$$

（4）变压器噪声产生机理

电力变压器器身振动是由电力变压器本体（铁芯、绕组）的振动及冷却装置的振动引起的。本体振动的主要来源有：硅钢片的磁致伸缩引起的铁芯周期性振动；硅钢片接缝处和叠片之间因漏磁而产生的电磁吸引力引起的铁芯振动；绕组中负载电流产生的绕组匝间电动力引起的振动；漏磁引起的油箱壁振动。其中，磁致伸缩和绕组匝间电动力引起的振动是最主要的来源。

1）铁芯振动机理

研究表明，铁芯的振动主要来源于磁致伸缩和叠片间的电磁力。

①磁致伸缩

铁磁体在外磁场中磁化时，其长度和体积均发生变化，该现象称为磁致伸缩效应或磁致伸缩。铁磁体的磁致伸缩可以分为两种：一种为线磁致伸缩，表现为铁磁体在磁化过程中具有线性伸长或缩短；另一种为体磁致伸缩，表现为铁磁体在磁化过程中发生膨胀或收缩，由于铁磁体的体磁致伸缩通常很小，因此大量的研究工作主要集中在线磁致伸缩领域。

从微观角度看，材料的磁致伸缩主要来源于交换作用、晶场和自旋——轨道耦合作用以及磁偶极相互作用等。从宏观角度看，磁致伸缩是材料内部的磁畴在外磁场作用下发生转动的结果。

磁致伸缩使得铁芯对励磁频率的变化作周期性振动。磁致伸缩现象通常用磁致伸缩系数 λ 表示

$$\lambda = \frac{\Delta L}{L} \tag{6-8}$$

励磁电压与铁芯磁感应强度之间的关系为

$$U = \frac{2\pi}{\sqrt{2}} fNB_{s} \tag{6-9}$$

式中：U —— 励磁电压，V。

由于伸缩量弹性形变与磁致伸缩成正比，因此可以认为磁致伸缩力正比于磁感应强度的平方，即正比于励磁电压的平方。

$$F_{c} \propto U^{2} \tag{6-10}$$

式中：F_c —— 磁致伸缩力，N。

根据简化的励磁模型，磁致伸缩力可以表述为如下形式

$$F_{c} = \frac{1}{2} \nabla \left(H^{2}\tau \frac{\partial U}{\partial \tau} \right) = F_{\text{cmax}} \sin(2\omega t) \tag{6-11}$$

式中：F_{cmax} ——磁致伸缩力幅值，N；

　　　ω ——交变电磁场的频率，Hz；

　　　H ——磁场强度，$A \cdot m^{-1}$；

　　　μ ——铁磁介质磁导率；

　　　τ ——透射系数。

磁致伸缩变化周期为电源周期的一半，因此，其引起的变压器本体振动以 2 倍电源频率为基频。由于磁致伸缩的非线性以及沿铁芯内框、外框的磁路径长短不同等原因，磁通不再是正弦波，除基频分量外还含有基频整数倍的高频谐波分量。

磁致伸缩引起的振动加速度信号的基频成分与磁致伸缩力 F_c 成正比，因此振动加速度信号基频幅值与所加电压的平方呈线性关系。铁芯磁致伸缩具有非线性特性，因而铁芯振动加速度信号中的高次谐波成分与所加电压不具有正比关系。

电力变压器铁芯振动范围通常在 100～1 000 Hz。研究表明，变压器的额定容量越大，

铁芯振动信号中基频分量所占的比例越大，二次及以上的高频分量所占的比例越小，即对于不同容量的电力变压器，由于电力变压器的整体结构不同，其铁芯振动的频谱不同。

②叠片间的电磁力

铁芯中的电磁力由铁芯接缝处电磁力以及因铁芯磁通分布不均在硅钢片间产生的侧推力构成。铁芯中主磁通在接缝处遇到空气缝隙时分布较为复杂，一部分磁通绕过缝隙从相邻桥接叠片中通过，从而产生垂直于主磁通的法向磁通，使相邻叠片间产生电磁吸引力，同时也使该区域的磁致伸缩增大。当桥接叠片中磁通达到饱和时，剩余磁通从接缝处的空气缝隙中穿过产生缝隙磁通，导致接缝处产生与主磁通同方向的片内电磁吸引力。

在三相交流电磁系统中，变压器漏磁通是交变的，根据电磁场理论，在有空气缝隙的导磁钢件间存在交变电磁力，如铁芯和油箱之间、铁芯夹件和油箱之间以及其他置于漏磁通中的金属件之间都存在 100 Hz 的交变电磁力。然而，随着变压器制造工艺的发展、铁芯叠压方式的改进，并且铁芯柱与铁轭采用无纬环氧玻璃胶带绑扎，使得硅钢片接缝处及叠片间电磁力引起的振动变得较小。因此，在铁芯预应力足够、硅钢片结合足够紧密的情况下，可以认为铁芯的振动主要取决于硅钢片的磁致伸缩。因此，在进行铁芯振动机理研究时，应对铁芯的物理形态进行合理简化，以突出研究重点。

2）绕组振动机理

变压器绕组的振动是由交变电流流过绕组时在绕组间、线饼间以及线匝间产生的动态电磁吸引力引起的，周期性的电动力使得变压器绕组产生机械振动，并传递到变压器的其他部件上。

双绕组变压器同一绕组内所有线匝流过的电流方向、大小均相同，因此各线匝之间相互吸引。高压绕组与低压绕组间的电流方向相反，绕组之间相互排斥。两种力分别导致绕组轴向与径向振动。变压器绕组的轴向振动对线匝之间的填充物有向外挤压作用，同时，绕组轴向振动通过铁芯传递至变压器箱体。相对于径向振动，绕组的轴向振动起主导作用。此外，如果变压器高压、低压绕组之一发生变形、位移或崩塌，绕组间压紧力不足，高压、低压绕组间高度差逐渐扩大，绕组安匝不平衡加剧、漏磁造成轴向力增大，绕组振动加剧。

绕组的轴向力与流过绕组的负载电流平方成正比，即 $F_{rad} \propto i^2$，而绕组振动加速度与其所受的电磁力大小成正比，因此，变压器绕组振动加速度与负载电流的平方成正比，振动信号的基频是负载电流基频的 2 倍。

目前比较常用的绕组振动模型是采用一个质量—弹簧—阻尼系统，导体等效为质量块 m，绕组之间的绝缘体等效为弹簧 k，阻尼 c 则主要由变压器油产生，在电磁力 f 作用下对

应的振动位移 x 的微分方程为

$$m\ddot{x} + c\dot{x} + kx = f \qquad (6\text{-}12)$$

绕组受到的电磁力与电流平方成正比,电磁力与电流的关系可以写为

$$i(t) = \sqrt{2}I\cos(\omega t + \theta) \qquad (6\text{-}13)$$

$$f \propto i^2, \quad f = KI^2[\cos(2\omega t + 2\theta) + 1] \qquad (6\text{-}14)$$

假设初始状态为 0,则 $m\ddot{x} + c\dot{x} + kx = f$ 的稳态响应为

$$a(t) = KI^2\cos(2\omega t + 2\theta + \varphi) \qquad (6\text{-}15)$$

式中: $a(t) = \ddot{x}(t)$ 为振动加速度。

根据式(6-15)可知,在不考虑绕组振动、非线性的情况下,绕组振动加速度的幅值正比于负载电流的平方,振动的频率是电流频率的 2 倍。如果绕组振动经过绝缘油等介质传递到油箱表面的过程为线性衰减,且变压器油箱为线性系统,则油箱表面上的振动信号幅值也与负载电流的平方成正比。

实际上,绕组自身的绝缘材料具有较强的非线性特性,这会导致绕组的振动在较大时(即负载电流较大时)呈现明显的非线性特征。很多研究认为,垫块在一定压力范围内可以表示为

$$\sigma = a\varepsilon + b\varepsilon^3 \qquad (6\text{-}16)$$

式中: σ、ε——绝缘垫块的应力与应变;

a、b——常数。

绕组的非线性振动模型为

$$m\ddot{x} + c\dot{x} + ax + bx^3 = f \qquad (6\text{-}17)$$

式中: x —— 振动位移;

$\dot{x}$ —— 一阶导数;

$\ddot{x}$ —— 二阶导数。

式(6-17)为典型的非线性 Duffing 方程,稳态解中包含有二次项和三次项,实际上还应该包含激励频率的高次谐波项。当负载较大时,绕组的振动表现出较强的非线性,此时绕组振动中除了 100 Hz 主要成分外,还将出现 200 Hz、300 Hz 等高次谐波成分。

3)油箱结构振动特性

油箱表面的振动不仅与变压器本体的振动及振动传递相关,还受到油箱体本身机械结构特性的影响。油箱本身属于线性结构,而且其低阶模态的自然频率远低于绕组和铁芯的振动频率,不会改变由绕组和铁芯传递到油箱的振动特性,故油箱表面上的 100 Hz 谐波

成分理论上与负载电流的平方成正比。

油箱结构除了大部分由平板组成，还包含加强筋结构及其他不规则结构，这些复杂的结构具有非线性特性。在加强筋结构中，加强筋明显影响了振动能量的正常传播路径，对比平板结构能量会出现一定的反射。

4）冷却装置振动机理

对于强迫油循环风冷式变压器的冷却装置，其噪声主要来自冷却风扇与变压器潜油泵，冷却风扇噪声属于中、高频噪声；对于强迫油循环自冷式变压器的冷却装置，其噪声主要来自变压器油泵。

国内外变压器的运行实践表明，对于油浸自冷式变压器，变压器本体振动分别通过输油管路及管路中的绝缘油传递至散热器，进而引起自冷式散热器振动产生噪声，该噪声比变压器本体噪声低得多，可以不予考虑；对于强迫油循环风冷式变压器，冷却风扇噪声较大，一般高于本体噪声。

冷却风扇运行时在叶片附近产生气流旋涡，气流旋涡扰动空气产生流体噪声。已有大量研究表明，风扇噪声为典型的白噪声。所谓白噪声，其定义为能量较为均匀地分布于一段较宽的频带上，没有某一个特定频率包含较多的能量，其频谱表现为一条较为平滑的曲线，并无明显的峰值，在时域波形上表现为无明显的周期性。

变压器油泵噪声主要由电动机轴承等部分的摩擦产生，频率以 600～1 000 Hz 为主体。

（5）变压器振动噪声影响因素

变压器振动噪声的影响因素比较多，但主要影响因素为硅钢片磁致伸缩、铁芯结构、运行状态、漏磁和直流偏磁等。

1）磁致伸缩的影响

在变压器运行中，铁芯的磁致伸缩量要比理论计算出来的值大。研究表明，影响变压器铁芯磁致伸缩的主要因素包括以下几种：

①磁致伸缩系数与硅钢片的含硅量有关。一般情况下，含硅量越高则磁致伸缩越小，对变压器越有利。但含硅量越大硅钢片越脆，不利于加工和实际应用。通常硅钢片的含硅量为 2%～3%。

②磁致伸缩系数与硅钢片的退火工艺以及退火温度等加工工艺有关，适当的退火温度及工艺有利于减小硅钢片的磁致伸缩。

③磁致伸缩量与磁场方向及轧制方向（即硅钢片晶粒取向）有关。当磁通沿着轧制方向磁化时，磁致伸缩最小。

④磁致伸缩量与硅钢片所受到的应力有关。铁芯不均匀应力的主要来源为压紧力降低和不均匀热膨胀。当硅钢片在其轧制方向受到压应力或横向拉力时，硅钢片磁畴结构将因磁畴壁产生 90°旋转而发生显著变化，造成磁致伸缩极大增加。

⑤磁致伸缩量与硅钢片表面的绝缘涂层有关。变压器铁芯硅钢片表面均有一定厚度的涂层，很大程度上降低了铁芯对拉压应力的敏感度，从而减小了硅钢片长度的变化。最佳涂层厚度通常为 50~100 μm，太厚则影响铁芯的散热，太薄则减振降噪效果不明显。

⑥磁致伸缩量与硅钢片的环境温度有关。硅钢片的磁致伸缩量随着温度的升高而增大。

⑦磁致伸缩量与硅钢片接缝结构有关。在接缝处，局部出现较大的法向磁通密度，造成法向位移增大，多阶梯斜接缝能够有效减小法向磁通密度。

⑧磁致伸缩量与工作磁通密度有关。工作磁通密度越大，铁芯磁化程度越大，磁致伸缩越大，但降低工作磁通密度将减小铁芯材料的利用率。对于正常运行的变压器，一般认为其运行电压较为稳定，铁芯温度变化较小。因此，在变压器分接头位置相同时，励磁电流在铁芯中产生的主磁通在空载、负载以及负载变化时基本保持不变，磁致伸缩引起的铁芯振动也基本保持不变。

2）铁芯结构的影响

铁芯结构的影响因素主要包括几何尺寸、结构形式、搭接面积和铁芯夹紧力 4 个方面。受几何尺寸的影响，铁芯中磁密分布的不均匀性和硅钢片的各向异性将导致铁芯不同位置的磁致伸缩不同。变压器铁芯的振动噪声还与铁芯的结构形式有关，例如叠片式铁芯和卷铁芯的振动噪声有所不同。对于斜搭接的铁芯来说，搭接区的搭接面积对振动噪声也有一定的影响，在满足铁芯机械强度的情况下，应尽量减小搭接面积。此外，铁芯的夹紧力最佳值为 0.08~0.12 MPa，当夹紧力较小时，硅钢片自重造成弯曲变形，产生横向漏磁通，振动噪声高频成分增加；当夹紧力过大时，磁致伸缩增大，铁芯振动噪声增大。

3）运行状态的影响

由于受运行状态的影响，变压器运行时的振动噪声水平往往要高于出厂时的测量值。原因在于：①当负载电流中叠加有谐波分量时，铁芯的振动噪声加剧；②变压器运行时，负载电流造成漏磁场增大，与负载电流的平方成正比的绕组振动噪声增大；③变压器铁芯温度升高，谐振频率与机械应力发生变化，其振动噪声会随着温度的升高而增大；④当绝缘垫块发生位移、变形及破损或者紧固螺母发生松动时，铁芯轴向压紧力变小，硅钢片发生松动，叠片间的电磁吸引力变大，铁芯的振动加剧。

4）漏磁的影响

漏磁是指磁源通过特定磁路泄漏在空气（空间）中的磁场能量。硅钢片接缝处和叠片间存在因漏磁而产生的电磁吸引，由此会引起铁芯的振动。因为铁芯叠积方式得到不断改进以及芯柱和铁轭之间采用捆绑措施，所以接缝处和叠片之间的电磁吸引力引起的铁芯振动会比磁致伸缩引起的铁芯的振动小很多，所以这部分噪声一般可忽略不计。

漏磁不仅会使铁芯产生振动，绕组负载电流产生的漏磁也会引起绕组和油箱壁的振动。由于变压器的额定工作磁通密度一般在 1.5～1.8 T 范围内，所以这种振动相比磁致伸缩引起的铁芯振动要小很多。但因为负载电流漏磁产生的噪声与负载电流的平方成正比，所以当变压器的额定工作磁通密度低于 1.4 T 时，绕组和油箱壁的振动将与因磁致伸缩引起的铁芯硅钢片的振动相接近。在短路状况下变压器器身振动主要是由绕组振动引起的，这样可以利用发生短路事故时的变压器器身振动信号，来监测绕组线圈是否发生了变形或松动。在工作磁通密度小于 1.4 T 时，绕组振动引起的振动比铁芯引起的振动还要大。

5）直流偏磁的影响

当交流变压器励磁电流中混入直流分量的时候，就会形成直流偏磁，它是交流电力变压器的一种非正常工作状态。电力系统中的太阳磁暴、交通运输系统中的直流输电设备以及电力系统和工业中大量使用的电力电子设备，都会使变压器内部出现直流磁场。

变压器在没有直流分量存在时，它的励磁电流波形是正负半波对称，此时的噪声频率主要以 2 倍电源频率偶次谐波为主。当在直流偏磁的作用下，首先使总的磁通密度发生变化，并且会形成正负半波不对称的励磁电流，此时励磁电流中不仅含有奇次谐波还含有偶次谐波。所以在直流偏磁的作用下，电力变压器噪声频率会同时含有奇次和偶次谐波，进而导致铁芯磁致伸缩加剧，变压器噪声增加。

（6）变压器噪声传播与衰减特性分析

变压器噪声主要来源于本体（铁芯、绕组）以及冷却装置（油泵、风扇）的振动，振动的传播过程较为复杂。铁芯与绕组振动相互作用，主要通过铁芯垫脚、紧固件以及绝缘油传递至油箱表面，从而引起油箱振动产生噪声。其中，变压器绕组经铁芯及其紧固件传递至油箱壁的振动主要反映在油箱体底部区域。油泵和风扇的振动，一方面通过接头等固体途径传播至油箱表面与铁芯、绕组引起的振动叠加形成噪声，另一方面风扇叶片转动扰动气流产生空气噪声。由于风扇和油泵振动引起的冷却系统振动的频谱集中在 100 Hz 以下和 1.5 kHz 以下的中、高频段，这与本体的振动特性明显不同，可以比较容易地从变压器振动信号中分辨出来。对于干式变压器而言，冷却装置产生的噪声相对于本体噪声较低，可以忽略。本体噪声和冷却装置噪声合成后，形成变压器噪声，并以声波的形式通过空气向四周传播。变压器噪声传播过程如图 6-2 所示。

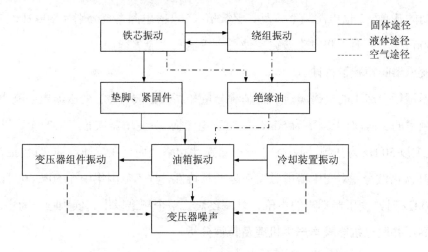

图 6-2　变压器噪声传播过程

绕组的振动主要通过绝缘油传至油箱引起变压器器身的振动。三相结构变压器在三相负载运行情况下，油箱壁上的振动是各绕组振动通过绝缘油等介质传递、衰减后在油箱壁上叠加的结果。油箱壁上的绕组振动加速度可以表示为

$$a(t) = K_A i_A^2 + K_B i_B^2 + K_C i_C^2 \tag{6-18}$$

式中：i_A、i_B、i_C——A、B、C 三相负载电流，A；

　　　K_A、K_B、K_C——各相绕组振动的传递系数。

实际情况下，铁芯与绕组不同方向的振动经过复杂的传播过程，在箱体表面叠加，成为箱体振动的主要原因。可考虑使用简化方法，认为箱体在某一个给定方向上的振动为线圈与铁芯在该方向上的振动分量分别乘以一个传递系数的和，即

$$v_t = t_w v_w + t_c v_c \tag{6-19}$$

式中：v_t——箱体在某一方向上的振动加速度，m/s；

　　　v_w、v_c——绕组与铁芯在该方向上的振动加速度，m^2/s；

　　　t_w、t_c——绕组与铁芯的振动传递系数。

绕组与铁芯振动分别与电流、电压的平方成正比，因此式（6-19）可写为

$$v_{t,100} = C_w i_{50}^2 + C_c u_{50}^2 \tag{6-20}$$

绕组电流与电压存在相位差，在计算箱体振动时也必须充分考虑。由于电流、电压的相位差来源于变压器负载情况，因此，可以认为负载功率因数对变压器振动具有重要影响。

需要说明的是，变压器是一个由各种部件组成的弹性振动系统，该系统有许多固有振动频率。当变压器的铁芯、绕组、油箱以及其他机械结构的固有振动频率接近或等于硅钢片磁致伸缩振动的基频（2 倍电源频率）及其整数倍（50 Hz 电源系统分别为 100 Hz、200 Hz、300 Hz、400 Hz 等）时，将发生谐振，使得变压器噪声显著增加。

（7）变压器噪声频谱特性

变压器运行中产生的电磁噪声包含基频分量和高次谐波分量，变压器电磁噪声基频为交变电流频率的 2 倍，对于频率为 50 Hz 的交变电流而言，变压器铁芯产生的噪声以 100 Hz 为基频，绕组以 50 Hz 为基频，因此各个变压器在此频率处均存在特征峰，同时包括 200 Hz、300 Hz 等高次谐波分量。变压器电磁噪声呈低频特性，频率范围集中在 50～600 Hz，当频率高于 600 Hz 时，变压器噪声的声压级衰减较快。整个频谱以中、低频噪声为主。

6.1.1.3 高压并联电抗器噪声产生机理及特性分析

（1）高压并联电抗器分类

高压并联电抗器是变电站最主要的噪声源之一。按照相数划分，并联电抗器可分为单相电抗器和三相电抗器。按照磁路结构划分，可以分为空心电抗器与铁芯式电抗器两类。空心电抗器无铁芯，磁路主要由非铁磁材料（空气、变压器油等）构成，其磁导率为常数，不随负荷电流发生变化。铁芯式电抗器的磁路由带气隙或油隙的铁芯柱构成，加入铁芯柱中一定长度的气隙，则其磁导将呈非线性，当负载电流超过一定数值时，铁芯就会饱和，其磁导率将急剧下降，从而使其电感、电抗急剧下降，进而影响电抗器接入系统的正常工作。

电抗器种类不同，其噪声频谱也会存在差异。在铁芯式电抗器中，由于铁芯磁致伸缩以及铁芯饼之间的吸引力而产生较大的振动和噪声，而空心式电抗器无铁芯饼，因此其振动和噪声相对较小。

随着人们用电容量需求的增加，铁芯式电抗器因其容量大、体积小等优点，已被广泛应用在超高压输电工程中。

（2）高压并联电抗器结构

1）铁芯式高压电抗器

铁芯式高压电抗器结构与变压器结构类似，但仅有一个线圈（激励线圈），其铁芯由若干个铁芯饼叠置而成，铁芯饼之间用绝缘板（纸板、酚醛纸板、环氧玻璃布板）隔开，形成间隙；其铁轭结构与变压器相同，铁芯饼与铁轭由压缩装置通过螺杆拉紧形成整体，铁轭及所有铁芯饼均应接地。铁芯式高压电抗器铁芯结构如图 6-3 所示。

铁芯饼由硅钢片叠成，叠片方式分为平行叠片、渐开线状叠片和辐射状叠片。三种叠片方式分别适用于小容量、中等容量和大容量电抗器。

铁芯式电抗器铁轭结构与变压器相似，一般为平行叠片，中小型电抗器通常将两端的铁芯柱与铁轭叠片交错叠放，铁轭截面一般为矩形或"T"形，以便压紧。

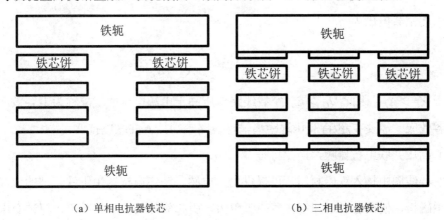

（a）单相电抗器铁芯 （b）三相电抗器铁芯

图6-3 铁芯式高压电抗器铁芯结构

2）空心式高压电抗器

空心电抗器均为单相，其结构与变压器线圈相同。空心电抗器的特点在于直径大、高度低，由于无铁芯柱，其对地电容小，线圈内串联电容较大，因此冲击电压的初始电位分布良好，即使采用连续式线圈也较为安全。

空心式电抗器的紧固方式一般有两种：一种采用水泥浇铸；另一种采用环氧树脂板夹固或浇铸。

（3）高压并联电抗器工作原理

并联电抗器主要用于补偿电容电流，抑制负载较低情况下线路端电压升高的现象。对于距离较短的输电线路，其空载时阻抗可以忽略。线路电感、电容分别用 L、C 表示，且工频容抗 X_C 大于工频感抗 X_L。并联电抗器铁芯结构如图6-4所示。

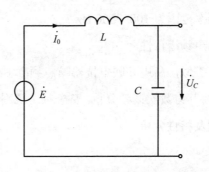

图6-4 并联电抗器铁芯结构

空载电流为

$$I_0 = \frac{E}{|X_L - X_C|} \tag{6-21}$$

输出端空载电压为

$$U_C = I_0 X_C = \frac{E}{|X_L - X_C|} X_C \tag{6-22}$$

由于 $X_C > X_L$，因此 $U_C > E$。空载线路电压高于电源电压的现象称为电容效应。为了抑制电容效应，需要在超/特高压远距离输电线路末端接入并联电抗器。

（4）高压并联电抗器噪声产生机理

在空心线圈中插入铁磁材料，可提供更大电感。铁芯电抗器由于铁芯柱的分段，各段分别产生磁极，使铁芯饼之间存在着磁吸引力，引起额外的振动和噪声，超过变压器通常所遇到的因磁致伸缩而导致的振动和噪声。由铁芯饼、垫块以及铁轭组成的系统可能出现机械共振现象，导致电抗器的振动和噪声较大。

（5）高压并联电抗器噪声传播与衰减特性分析

铁芯式电抗器大量采用了变压器的技术，但由于其功能的差异，噪声与变压器也有较大的差异。高压电抗器在 63 Hz、100 Hz、200 Hz、400 Hz 附近都出现峰值。高压电抗器的频谱与变压器的频谱均具有明显的工频谐波特征，在高频段具有较快的衰减速度。

在交流电压、交流电流情况下，交变磁势产生的磁场和铁芯磁密是交变的。铁芯电抗器各相邻铁芯叠片之间任何瞬间都是异性磁极相邻，所以其间的磁场力为吸引力，且其大小与磁密的平方成正比。在工频磁场的作用下，相邻铁芯叠片之间的吸引力在 0 与最大值之间以 2 倍于电源频率（50 Hz）的频率交变，造成铁芯叠片发生交变弹性变形从而产生机械振动，振动频率以 100 Hz 为主。铁芯电抗器的振动和噪声是固有的，且表现出不稳定性，空载或运行功率低时，噪声水平相对较低，负荷上升时一般噪声水平较高。实际测量表明噪声值贡献最大的频率范围为 100～500 Hz。

（6）高压并联电抗器噪声频谱特性

与变压器噪声频谱分布类似，高压并联电抗器噪声频率主要集中在 100 Hz 及其一系列倍频上，但不存在 50 Hz 及其奇数次谐频分量，整个频带范围主要集中在 1 000 Hz 以内。

6.1.1.4 电晕噪声产生机理及特性分析

（1）电晕噪声产生机理

带电导体工作时，导体附近存在电场。空气中存在大量自由电子，这些电子在电场作用下会加速，撞击气体原子。自由电子的加速度随着电场强度的增大而增大，在撞击气体原子前所积累的能量也随之增大。如果电场强度达到气体电离的临界值，自由电子在撞击前积累的能量足以从气体原子中撞出电子，并产生新的离子，此时在导线附近小范围内的空气开始电离。如果导线附近电场强度足够大，以致气体电离加剧，将形成大量电子崩，产生大量的电子和正负离子。在导体表面附近，电场强度较大，随着与导体距离的增加，电场强度逐步减弱。电子与空气中的氮、氧等气体原子的碰撞大多数为弹性碰撞，电子在碰撞中仅损失动能的一部分。当一个电子以足够猛烈的强度撞击一个原子时，使原子受到激发，转变到较高的能量状态，改变一个或多个电子所处的轨道状态，同时起撞击作用的电子损失掉部分动能。而后，受激发的原子再变回到正常状态，在这一过程中会释放能量。电子也可能与正离子碰撞，使正离子转变为中性原子，这个过程称为放射复合，也会放出多余的能量。伴随着电离、放射复合等过程，辐射出大量光子，在黑暗中可以看到导线附近空间有蓝色的晕光，同时还伴有"嘶嘶"声，这就是电晕。这种特定形式的气体放电称为电晕放电。电晕放电伴随着空气的强烈振动形成声音，这种可听声称为电晕噪声。

（2）电晕噪声传播与衰减特性分析

电晕噪声主要发生在恶劣天气条件下。在干燥条件下，导体电位梯度通常在电晕起始水平以下，电晕噪声水平较低。然而，在潮湿条件下，因为水滴碰撞聚集在导体上而产生大量的电晕放电，每次放电都发生爆裂声。

带电架构可听噪声有两个特征分量：宽频带噪声（"嘶嘶"声）和频率为 2 倍工频（100 Hz）及整倍数频率的纯声（"嗡嗡"声）。

宽频带噪声是由导线表面电晕放电产生的杂乱无章的脉冲所引起的。这种放电产生的突发脉冲具有一定的随机性。宽频带噪声听起来像破碎声、"吱吱"声或者"嗞嗞"声，与一般环境噪声有着明显区别，对人们的烦恼程度起着主导作用。

交流纯声是由于电压周期性变化，导体附近带电离子往返运动而产生的"嗡嗡"声。对于交流系统，随着电压正负半波的交变，导体先后表现为正电晕极和负电晕极，由电晕在导体周围产生的正离子和负离子被导体以 2 倍工频排斥和吸引。因此，这种噪声的频率是工频的倍数，若电源频率为 50 Hz，则对应的 100 Hz 量最明显。

（3）电晕噪声频谱特性

在时域上，电晕噪声具有短时脉冲性的特点，与变压器、电抗器噪声近似平稳的特征存在明显差异。频域上，电晕噪声分布频带较宽，在可听声范围内均有分布，并且分布相对均匀。

6.1.1.5　通风风机噪声产生机理及特性分析

通风风机是用于输送空气的机械设备，按照工作原理不同可分为容积式、叶片式与喷射式三类。变电站内以叶片式轴流风机的应用最为广泛，其突出特点是流量大而扬程短。轴流式通风机由圆形风筒、钟罩形吸入口、装有扭曲叶片的轮毂、流线型轮毂罩、电动机、电动机罩以及扩压管等部件构成。

轴流式风机的叶轮由轮毂和铆在其上的叶片组成，叶片从根部到梢部呈扭曲状态或与轮毂呈轴向倾斜状态，安装角度一般不能调节。大型风机进气口上通常设置导流叶片，出气口上设置整流叶片，以消除气流增压后产生的旋转运动，提高风机效率。

根据所需要的压强，轴流风机分为单级轴流风机和多级轴流风机。多级轴流风机上有后级叶轮和后导叶。在轴流风机中，流体质点基本上沿着以转动轴线为中心的圆柱面或圆锥面流动。

工业生产中使用的通风机，特别是大型轴流通风机，运转时往往产生很大的噪声，波及范围较大。通风风机噪声主要包括空气动力产生的噪声、机械振动产生的噪声以及二者共同作用产生的噪声。其中，空气动力性噪声最为强烈。风机的空气动力性噪声是气体流动过程中产生的噪声，它主要是由于气体的非稳定流动，即气流的扰动、气体与气体以及气体与物体相互作用产生的风机噪声，属于偶极子声源。

（1）空气动力产生的噪声

1）冲击噪声

风机高速旋转时，叶片周期性运动，空气质点受到周期性力的作用，冲击压强波以声速传播所产生的噪声。其基本频率 f_c 为

$$f_c = nz \tag{6-23}$$

式中：n ——转速，r/min；

　　z ——叶片数，个。

通风风机全压升越高，叶轮圆周速度越大，噪声越大。

2）涡流噪声

叶轮高速旋转时，因气体边界层分离而产生的涡流所引起的噪声称为涡流噪声。其频率为

$$f_c = k \frac{v}{D} \tag{6-24}$$

式中：k —— 常数，一般为 0.15～0.22；

　　v——叶片相对于气体的速度，m/s；

　　D——叶片在气体进口方向的宽度，m。

涡流噪声具有很宽的频率范围。

（2）机械振动产生的噪声

回转体的不平衡及轴承的磨损、破坏等原因所引起的振动会产生噪声，当叶片刚性不足、气流作用使叶片振动时，也会产生噪声。

（3）两者相互作用产生的噪声

叶片旋转引起自身振动通过管道传递时，往往在管道弯曲部分发生冲击和涡流，噪声增大。特别是当气流压强声波的频率与管道自身振动频率相同时，将产生强烈的共振，噪声急剧增大，严重时可能导致风机被破坏。

（4）风机噪声频谱特性

风机噪声信号较为平稳，频谱分布较宽。

6.1.2　变电站噪声现状与影响规律

对于变电站噪声来说，声衰减主要有两种情况：一种是随着距离的增加，噪声水平自然衰减，直到衰减至背景噪声水平；另一种则是噪声在传播过程中受到障碍物的阻隔，在隔挡物的另一边噪声会有较大程度的衰减。噪声在随距离传播过程中的自然衰减，其原因一是由于声波在声场传播过程中，波前的面积随距离的增加而不断扩大，声能逐渐扩散，从而使单位面积上通过的声能相应减少，使声强随着距离的增加而衰减；二是声波在介质传播时，由于介质的内摩擦、黏滞性、导热性等特性使声能不断被介质吸收转化为其他形式的能量，从而使声强逐渐衰减。

变压器和电抗器噪声频谱具有明显的低频特性，低频噪声与中、高频噪声有所不同，低频噪声具有较强的绕射性和透射性，容易穿越变电站内声屏障和建筑物等障碍物，在传播过程中随着距离的增加不会明显衰减。因此，在电力变电站内低频噪声产生的影响更大、范围更广。关于冷却设备，即风扇的噪声特性，普遍认为风扇噪声属于流体噪声，噪声频率较高，其随着距离增大而明显衰减。

由于低频噪声能通过人体骨骼结构传声，使人产生共鸣的感觉，因此，人体受低频噪声影响较大。人对噪声所能接受的范围，一般是在 30～35 dB（A），超过 35 dB（A）就会使人明显感觉到不舒服。由于低频噪声能直达耳骨，更容易刺激人的神经，造成心跳过速、血压升高等症状。变压器产生的低频噪声会对人体产生更大的影响，甚至达到不可逆的损伤，这比中、高频噪声损伤更加严重。

6.1.3 变电站噪声污染控制技术

6.1.3.1 变电站噪声污染控制方法

变电站噪声控制方法主要可分为声源控制法与被动降噪法。

（1）声源控制法

声源控制法是从变压器设备制造、工艺设计的角度，对变压器噪声进行控制，主要针对变压器本体噪声而言。变压器本体噪声主要取决于铁芯振动，而铁芯振动又主要取决于硅钢片的磁致伸缩。当磁致伸缩振动的频率和铁芯的固定频率接近时，或油箱及其附件的固有频率与铁芯振动频率接近时，将产生共振，本体噪声会进一步增加。目前，针对变压器本体噪声控制的声源控制方法主要有四种。

1）铁芯材料上，采用优质晶粒取向的冷轧硅钢片

磁致伸缩主要取决于激磁时的晶粒转动过程，97%的晶粒在晶粒取向硅钢片的作用下有最佳运动方向，因此采用优质晶粒取向的冷轧硅钢片，磁致伸缩将有效减小，进而使变压器的本体噪声减小。同时，冷轧硅钢片表面一般都带有涂层，硅钢片在这种涂层作用下长期处于应力状态，钢片的稳定性得以提高，从而达到降低噪声的目的。

2）铁芯结构上采用斜接缝叠装

根据实验测定，磁致伸缩受磁力线与硅钢片压延方向的夹角 α 影响，当 α 取 $50°\sim60°$ 时，磁致伸缩较小，所以在铁芯结构上应尽可能采用斜接缝叠装，以降低噪声。此外，铁芯不冲孔，采用黏结绑扎技术，也有利于降低噪声。

3）铁芯设计上增大一级铁芯柱直径，减小铁芯磁密度

铁芯设计上，除选用优质硅钢片外，还应适当增大一级铁芯柱直径，降低铁芯柱高度，同时适当减小铁芯磁密，以有效降低铁芯噪声，不过变压器成本将会增加。

4）铁芯制造工艺上，保持铁芯片的平整度和适当的铁芯夹紧力

铁芯制造工艺上，保持铁芯片的平整度和适当的铁芯夹紧力，可以较大降低噪声。研究表明，铁芯片间压力有一个最佳值，噪声水平在该最佳值下是最低的。因压力过大会引起噪声水平增大，压力过小又会引起铁芯柱弯曲而使噪声水平明显升高。因此，铁芯生产中要严格控制铁芯片的剪切毛刺，完善铁芯片堆放、搬运、叠装、翻转和夹紧及绑扎固定等操作过程中的工艺措施和工艺装备。铁芯装配工艺对变压器噪声的影响是不可忽视的。

（2）被动降噪法

被动降噪法是在噪声的传播路径上采取隔声、吸声、消声及隔振等措施，以达到降低噪声的目的。国内外较为常用的被动降噪措施有阻尼垫、隔声罩、隔声屏障等。被动降噪法原理较简单，目前应用较广。

1）阻尼材料

阻止铁芯的振动向线圈及油箱传导是降低变压器噪声的有效途径之一。其一，可在振源铁芯与线圈之间、线圈与线圈之间以及器身与箱底之间加装缓冲的硅橡胶垫，以减少铁芯的振动向其他器件的传递；其二，在铁芯与油箱箱底之间可用弹簧所产生的弹性连接来代替刚性连接，以减少铁芯与油箱的共振；其三，可将阻尼层玻璃丝安放在油箱的外表面或内表面，以减少油箱振动信号的传播。

对于室内变压器，噪声及振动信号主要以墙体、地板等固定结构为传播媒介，使用阻尼材料进行隔振可获得非常理想的降噪效果。但是，对于室外变压器，因其噪声传播途径主要以空气为媒介，使用阻尼材料的降噪效果有限。

2）隔声装置

隔声装置的安装可以有效阻隔变压器噪声的传播，但是由于变压器的类型及降噪要求的不同，隔声装置的安装位置也有较大差别。

①油箱隔声法

油箱隔声法采用隔声板、隔声墙（隔声屏障）或隔声室将油箱半封闭或全封闭，将声波阻隔并耗散在封闭的空间内，减少变压器对外界的声能量辐射，从而到达降低变压器噪声的目的。为获得更好的隔声效果，可在油箱外壳与隔音装置之间填充吸声性能较好的吸声材料以提高隔音量。对于本体噪声较大的变压器，此方法通常能使噪声降低 10～20 dB。但是此方法要求将隔声板安装在距离油箱壁很近的位置，因此存在检修、通风、散热等问题以及消防隐患。

②冷却装置隔声法

冷却装置隔声法是在变压器散热风机前或变压器本体和散热风机之间安装一道声屏障，或者同时安装两道声屏障，能有效阻隔变压器声能量的传播，以降低特定位置和特定方向的噪声水平。由于冷却装置噪声以中频噪声为主，因此该方法对冷却装置降噪效果较好，但对于变压器本体低频噪声降噪效果相对较差。此方法较简单、易于操作，已应用于部分变电站，但整体隔声效果不是十分理想，且同样存在通风、散热等问题以及消防隐患。

③围墙隔声法

围墙隔声法主要有两种方式：一是在变压器一定距离内设置隔声围墙（隔声屏障）；二是将变电站厂界围墙加高，或在变电站厂界围墙上增加吸隔声屏障。

目前，变压器周围多设置有防火墙，根据噪声计算软件的计算及实测分析，防火墙在噪声传播方向上有较好的隔声作用。因此，在噪声传播途径中设置声屏障或围墙，可有效阻隔变压器噪声的传播。但是，围墙的高度及安装位置，与主设备声源强度、降噪要求、声环境敏感建筑位置、厂界处的地形条件等有关，需要根据实际情形通过模拟计算后才能确定。一般而言，围墙的高度越高，声影区的范围越大，降噪效果越好，但变电站围墙的高度受限于电气安装要求。另外，围墙的表面越粗糙，吸声系数越大，降噪效果越好。因此，可考虑在围墙或声屏障表面加装吸声材料。

④受声点隔声法

受声点隔声法是指在声环境敏感建筑上采取一定的防护措施，减少外界噪声的影响。例如，在敏感建筑上安装双层隔声玻璃或通风隔声窗，减少变压器噪声对室内声环境的影响。

3）消声装置法

消声装置法是指对于冷却装置噪声占主要成分的变压器，可在冷却装置的通风口加装消声器，并在消声器内填充吸声材料，以达到降低出风口噪声的目的。

4）综合降噪法

综合降噪法是指将吸声、隔声及消声技术有效结合，达到降低变压器噪声的目的。该方法一般将一个半敞开式隔声罩安装在变压器顶部，将通风消声装置设置在变压器散热风机前，且将带有一定角度的吸隔声屏障安装在变压器周围一定位置。同时，把向变压器本体凸伸的吸隔声遮板设置在两侧防火墙顶部，并将复合式吸声体安装在防火墙墙上。该方法的降噪效果对散热风机较好，但由于变压器本体顶部仅有小部分区域被设置在防火墙顶部的吸隔声遮板遮住，而顶部大部分区域是敞开的，变压器本身辐射的噪声又以低频声为主，通过顶部敞开部分声波能通过衍射作用向外传播，可能会对厂界及声环境保护目标产生较大影响。

6.1.3.2 运行变电站噪声治理流程

运行变电站噪声控制应当考虑以下两个方面的问题：一是在扩建和改建变电站工程项目中，噪声治理应与主体工程同时设计、同时施工、同时投产运行，使变电站噪声防治工作得以全面考虑，统一布置，从而合理、经济地制定技术方案并获得满意的效果；二是在运行变电站投运前未考虑噪声问题或噪声超出预期限值，需要在现有基础上尽可能采取补救措施。后者是目前最为普遍而且数量较多的客观问题。

运行变电站噪声控制一般遵循以下原则：

①科学性：声源类型、特性、频谱明确，技术措施搭配得当、有针对性；

②先进性：技术措施可靠、有效、经济，可实施性和无妨碍性较好；

③经济性：价格便宜、耐久实用、美观大方，易于安装维护。

变电站噪声控制一般按照先声源再途径的顺序进行控制。运行变电站噪声治理的基本流程如图 6-5 所示。

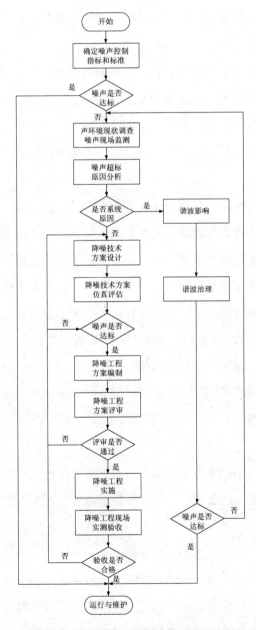

图 6-5　运行变电站噪声控制基本流程

根据变电站所在区域和场所声环境质量要求，确定适宜的噪声控制标准。对变电站进行声环境现状测量与分析，包括噪声源的种类、数量、声压级、频谱特性、指向性、声场状况等，并对传播途径进行调查，弄清敏感点噪声主要通过哪些途径传播，如果噪声源与敏感点均位于室外，则噪声主要通过空气传播；如果噪声源与敏感点均处于室内，噪声传播途径较为复杂，除了由空气传播的直达声外，还包括折射、反射以及由固体传递振动辐射的噪声等。因此，需调查噪声的传播途径，以便确定合理的噪声治理措施。分析是否由于谐波作用导致变电站噪声超标，若噪声超标因谐波而起，则对谐波进行治理，否则设计降噪方案对噪声进行治理。

受影响敏感区域调查主要是针对各种不同环境的要求，根据国家有关法律、法规和标准与现场实际测量资料的比较，确定降噪量（即确定总降噪量），以及各声源、传播途径降噪量的分贝数。噪声控制方案的制定，根据以上测试、比较和分析的结果，寻求声源控制的可能性，以及确定各种传播途径的控制措施等方面的比较，选择经济合理、技术可行的噪声控制方案。

控制方案设计要求应满足设备运行条件和生产工艺制作要求，不影响在运电力设备的技术性能，不妨碍电力生产操作和维护，保证水、电、气管线的穿越与供应，保证人流、物流的通畅，保障正常的通风、散热、采光、防尘、防腐，并且防止二次污染。对设计方案进行评审，根据选择的方案进行噪声治理工程施工。施工完成后，对所采取措施的效果进行测试，评价是否达到降噪要求；如果没有达到要求，需重新进行设计和改进，以达到降噪的目的并取得较好的效果。在噪声治理工程结束后，需要对工程结构进行不定期维护，防止工程质量出现劣化，保障噪声控制效果。

6.1.3.3　声环境调查与噪声检测

（1）声环境现状调查

1）调查目的

声环境现状调查的目的：掌握变电站周围声环境质量现状、环境敏感目标、人口分布情况以及影响噪声传播的环境要素，为变电站制定降噪技术方案并为降噪效果评价提供基础资料。

2）调查内容

声环境现状调查的主要内容：变电站声环境功能区类别和应执行的噪声标准，噪声超标情况以及受影响敏感目标分布，变电站周边环境敏感目标的名称、规模、人口分布，以图、表相结合的方式说明噪声源种类和位置、噪声水平和特性、敏感目标与变电站的关系

（如方位、距离、高差等）；调查变电站所在区域的主要气象特征，如年平均风速和主导风向、年平均气温、年平均相对湿度等；收集评价范围内（1∶2 000）～（1∶50 000）地理地形图，说明变电站内噪声源和敏感目标之间的地貌特征、地形高差及影响声波传播的环境要素。

3）调查方法

变电站声环境现状调查的基本方法是收集资料法、现场调查和测量法。

（2）变电站噪声源测量与分析

通过噪声测量，可以了解噪声的污染程度、噪声源的状况和噪声特征，从而为噪声控制提供分析依据，评价噪声控制的效果。噪声源测量是噪声测量的重要内容，主要包括两部分：噪声强度及其特性测量、声源参数与特性测量。噪声强度主要指噪声级和声功率，其特性主要是指它的时间分布和空间分布，声源参数与特性主要指声源识别与定位，它是噪声控制的关键问题之一。

1）噪声源的鉴别方法

变电站声源往往不止一个，在一个声源上通常也会有几个部分发声。如果不能判断出几个声源或一个声源的几个部分发声的强度及频率特性，就无法找到最主要的噪声源，难以有效地采取控制措施。因此准确找出噪声源是噪声控制的前提。噪声源的鉴别有两种方法：一是主观鉴别；二是客观鉴别。

①主观鉴别。主观鉴别是人们根据经验和噪声技术能力判断声源位置的一种方法，这种方法的实施有困难，因为不是所有人都拥有丰富的经验和熟练的噪声技术能力。此外，有些声音人耳的鉴别能力是有限的，因此，它只能对声源进行定性分析，得不到准确的量化结果。

②客观鉴别。客观鉴别噪声源是利用仪器进行测量，然后根据测量结果来分析和鉴别声源。客观鉴别声源的一般步骤如下：

a. 声学参量（如声压级）测量与计算；

b. 分析对比测量与计算结果；

c. 分析噪声峰值是何种声源引起的。

除上述鉴别声源的基本方法外，声强测量法、信号处理与频谱分析法（功率谱相关函数、相干函数、倒频谱）以及近来发展的全息照相诊断技术、自适应除噪技术（ANC）等，也在鉴别噪声源准确性及效率方面展现出很大的优越性，为有效地控制噪声创造了条件。

2）噪声级测量

噪声级的测量只需要使用声级计。早先设想在声级计中设置 A、B、C 等计权网络，以符合人耳的响度特性，因而规定声级小于 55 dB 的噪声用 A 计权网络测量；55～85 dB 的噪声用 B 计权网络测量；大于 85 dB 的噪声用 C 计权网络测量。后来的研究没有证实这种设想，但发现，A 声级可以在一定程度上用来评价噪声引起的烦恼程度，以及评价噪声对听力的危害程度。因此，噪声测量中越来越多地使用 A 声级。

为了准确测量噪声，应该选择合适的测量设备并进行校准，正确选择测量点的位置和数量，并正确放置传声器的位置和方向。当传声器电缆较长时，应对电缆引起的衰减进行校正。在环境噪声较高的条件下进行测量，应修正背景噪声的影响。在室外测量时，需要考虑气候，即风噪声、温度和湿度的影响；在室内测量时，要考虑驻波的影响。对稳态噪声，测量平均声压级；对起伏较大的噪声，除测量平均声压级外，还应该给出标准误差。不但要对时间平均，也应当对空间平均。对于噪声频谱分析通常用倍频程和 1/3 倍频程声压级谱。常用的 8 个倍频带的中心频率为 63 Hz、125 Hz、250 Hz、500 Hz、1 000 Hz、2 000 Hz、4 000 Hz、8 000 Hz。有时还分别测量 L_A 与 L_C，以大致了解噪声频谱的情况。如果 $L_C > L_A$，则表示低频声分量较多；如果 $L_C < L_A$，则表示高频声分量较多。

电力设备噪声多为稳态噪声，其声压级用声级计测量。如果用快挡来读数，当频率为 1 000 Hz 的纯音输入时，在 200～250 ms 以后就可以给出真实的声压级；如果用慢挡读数，则需要在更长时间才能给出平均声压级。

对于稳态噪声，快挡读数的起伏小于 6 dB，如果某个倍频带声压级比邻近的倍频带声压级大 5 dB，就说明噪声中有纯音或窄带噪声，必须进一步分析其频率成分。对于起伏小于 3 dB 的噪声可以测量 10 s 时间内的声压级；如果起伏大于 3 dB 但小于 10 dB，则每 5 s 读一次声压级并求出其平均值。

测量时背景噪声的影响可用表 6-1 给出的数值进行修正。例如，噪声在某点的声压级为 100 dB，背景噪声为 93 dB，则实际声压级应为 99 dB。需要说明的是，表 6-1 中的修正值也可以应用于每个倍频带声压级。

表 6-1　环境噪声的修正值　　　　　　　　　　　　　　　单位：dB

测量噪声级与环境噪声级之差	3	4	5	6	7	8	9	10
应由测得噪声级修正的数值	−3.0	−2.3	−1.7	−1.25	−0.95	−0.75	−0.6	0

测得 N 个声压值后，可以求得平均值为

$$\bar{p} = \frac{1}{N}\sum_{i=1}^{N}p_i \qquad (6\text{-}25)$$

其标准误差为

$$\delta = \frac{1}{\sqrt{N-1}}\left[\sum_{i=1}^{N}\left(p_i - \bar{p}\right)^2\right]^{1/2} \qquad (6\text{-}26)$$

若用声压级表示，则

$$\bar{L}_P = 20\lg\frac{1}{N}\sum_{i=1}^{N}10^{L_i/20} \qquad (6\text{-}27)$$

式中：p_i、L_i——第 i 次测得的声压和声压级。

3）测量方法

A. 基准发射面

基准发射面的定义与所采用的冷却设备的型式及其与变压器（电抗器）的相对位置有关。

对于带或不带冷却设备的变压器、带保护外壳的干式变压器及保护外壳内装有冷却设备的干式变压器，基准发射面是指由一条围绕变压器的弦线轮廓线，从箱盖顶部（不包括高于箱盖的套管、升高座及其他附件）垂直移动到箱底所形成的表面。基准发射面应将距变压器油箱小于 3 m 的冷却设备、箱壁加强铁及诸如电缆盒和分接开关等辅助设备包括在内，而距变压器油箱距离为 3 m 及以上的冷却设备，以及其他部件如套管、油管路和储油柜、油箱或冷却设备的底座、阀门、控制柜及其他次要附件不包括在内。

对于距变压器基准发射面距离为 3 m 及以上分体式安装的冷却设备，基准发射面是指由一条围绕设备的弦线轮廓线，从冷却设备顶部垂直移动到其有效部分底面所形成的表面，但基准发射面不包括储油柜、框架、管路、阀门及其他次要附件。

对于无保护外壳的干式变压器，基准发射面是指由一条围绕干式变压器的弦线轮廓线，从变压器顶部垂直移动到其有效部分底面所形成的表面，但基准发射面不包括框架、外部连线、接线装置和不影响声发射的附件。

B. 规定轮廓线

在风冷却设备（如果有）停止运行条件下进行声级测量时，规定的轮廓线应距基准发射面 0.3 m，但对无保护外壳的干式变压器，出于安全考虑，轮廓线与基准发射面的距离应选为 1 m；在风冷却设备投入运行条件下进行声级测量时，规定的轮廓线应距基准发射面 2 m。

对于油箱高度小于 2.5 m 的变压器，规定轮廓线应位于油箱高度 1/2 处的水平面上；对于油箱高度为 2.5 m 及以上的变压器，应有两条轮廓线，分别位于油箱高度 1/3 和 2/3 处的水平面上，但出于安全考虑，则选择位于油箱高度更低处的轮廓线。

在仅有冷却设备工作条件下进行声级测量时，若冷却设备总高度（不包括储油柜、管路等）小于 4 m，则规定轮廓线应位于冷却设备总高度 1/2 处的水平面上；若冷却设备总高度（不包括储油柜、管路等）为 4 m 及以上，应有两个轮廓线，分别位于冷却设备总高度 1/3 和 2/3 处的水平面上，但出于安全考虑，则选择位于冷却设备总高度更低处的轮廓线。

C. 传声器位置

传声器应位于规定轮廓线上，彼此间距大致相等，且间隔不得大于 1 m，至少应设有 6 个传声器位置（以下简称测点）。

可以使用带有求平均值器件的存储式测量设备。传声器应在围绕试品的规定轮廓线上作近似均匀速度的移动，读数取样的数量应不少于上面所规定的测点数。试验报告中仅需列出能量平均值的数据。

（3）噪声超标原因分析

首先通过测量系统谐波电压来判断噪声超标是否是系统原因所造成。若是系统原因引起的，则进行谐波治理；若非系统原因引起，则需根据声环境现状调查结果、变电站内主要噪声源设备噪声水平，以及站内外噪声分布检测结果，找出噪声传播的主要途径，计算主要噪声源设备对站界和环境敏感点噪声的贡献程度，分析出噪声超标的原因。

6.1.3.4 变电站降噪方案设计

噪声污染不同于废气、废水、废渣对环境的污染，它是声源振动引起周围介质产生的一种压力脉动，在环境中不积累、不持久、不远距离扩散，对人的干扰是局部性的。在一般情况下，声源停止发声，噪声即刻消失，并且只有当声源、声音传播的途径和接收者同时存在时，才对听者形成干扰。人们将噪声声源、传播途径和接收者称为噪声污染"三要素"。

控制噪声污染的途径可以从三个方面考虑：降低声源噪声、限制声的传播与阻断声的接收。在设计降噪方案时，既要从这三个方面出发，分别研究对策，又要将这三个方面当作一个系统综合考虑，在满足降噪要求的前提下，兼顾工艺操作性能，寻求一个经济合理的最佳方案。从广义上讲，噪声控制的内容应当包括降低噪声的强度，改变噪声的功率，缩短噪声的持续作用时间，减少噪声的重复出现次数等。噪声控制最根本的办法是降低噪声的强度。

（1）噪声控制方案设计的意义与要求

噪声控制方案设计和其他环境工程项目的方案设计一样，是实施工程项目最重要的前期工作之一，它不仅表达了项目的整体概况、内容与技术经济数据，而且为项目的可行性论证提供最基本的材料与依据。这些可行性论证包括工程的必要性、工艺的科学性、技术的可行性、经济的合理性、实施的可能性与操作的简易性等，在此基础上提出的最佳可行方案无疑对整个工程项目的实施具有决定性的作用，因此，编制好工程项目的方案设计具有十分重要的意义。

通常噪声控制工程的设计方案也作为项目技术评审和工程招投标的主要技术文件，它在市场经济中的作用也十分重要。

方案设计要求设计者依据科学原理和实践成果用工程语言（如图纸、表格等）和必要的文字说明把一个拟建项目的内容及可行性分析清楚简明地表达出来，反映了设计者的理论造诣、工程经验、对项目的熟悉程度以及相关技术的应用水平。

（2）噪声控制方案设计编写提纲

噪声控制方案设计编写提纲要求如下：

1）工程概况

①项目建设单位的名称、类型、主要产品与数量、产值与利税等一般情况；

②项目建设单位的地理位置、周边环境、声环境保护目标等；

③项目建设单位所在地的环境规划概况和所执行的环境噪声标准；

④项目建设单位的噪声源情况和声环境污染现状及扰民情况；

⑤本噪声控制工程的性质（新建、以新带老、超标整治、扩建、改建等）；

⑥方案设计的指导思想；

⑦承接方和设计方的资质与背景材料简介。

2）方案设计编制依据

①国家的法律、法规；

②地方法规；

③设计规范与标准；

④执行的噪声与振动限值标准；

⑤相关文件和材料；

⑥设计委托书；

⑦产品说明书、有关的性能与参数以及测量报告；

⑧相关土建与设备及安装图纸、文件。

3）噪声源调查与分析

①噪声源的名称、属性、类型、尺寸、数量及流动特性；

②噪声源的位置、布局及所处的声学环境；

③噪声源的声压级（声功率级）、频谱和指向性调查与测量；

④噪声源的强度特性、频率特性和时间特性的分析。

4）声环境的保护目标与要求标准及本治理工程的目标值

①工业企业厂区内、车间内的声环境卫生标准；

②室内生活、工作环境噪声允许标准；

③厂界、场界和路边噪声限值；

④保护目标区域的环境噪声标准。

5）噪声源噪声的传播途径调查与分析

①噪声源的几何类型与流动性；

②噪声源至保护目标的距离和地形、地貌；

③噪声传播途径上的障碍物、反射体和其类型、形状、尺寸与声学特性；

④噪声传播途径上的衰减方式和衰减量；

⑤保护目标接收点上噪声的叠加和结果。

6）噪声受害者的调查和噪声污染范围、程度及影响的测定和分析

7）噪声评价量的选用和评价标准的确定

8）保护目标或室内、车间内声环境需要控制的噪声降低量

9）需要控制的减振量

10）控制工程宜采取的降噪减振或防护技术措施

①降低噪声源辐射水平的技术措施和指标，主要有吸声、消声、隔振与阻尼等；

②在传播途径上的技术控制措施和指标，主要有吸声、隔声、隔振与阻尼等。

11）降噪、减振工程的设计与计算概要

①噪声源降噪减振改进技术；

②吸声技术；

③隔声技术；

④消声技术；

⑤隔振与阻尼技术。

12）降噪、减振设备与元件及功能材料的选用

13）控制工程对生产工艺、生产设备及操作维修的影响程度和改进措施

14）减振降噪效果的核算

15）工程总投资估算

土建费、降噪减振设备元件材料费、辅助材料费、安装费、运输费、管理费、设计费、技术服务费、税金等。

16）维护保养、使用寿命和验收标准

17）本工程的主要技术经济指标

投资或造价、占地或空间的尺寸、达到的噪声控制标准、噪声降低量、使用寿命等。

18）其他

①安全环保措施；

②施工期与进度安排；

③双方分工；

④承接方的承诺；

⑤存在问题和解决办法。

19）附件

①噪声源调查报告；

②噪声源位置与保护目标及周边环境关系图；

③减振降噪技术措施示意图；

④委托书；

⑤承接方有关材料（资质证书、专利证书、获奖证书、类比工程介绍等）。

（3）噪声控制工程设计规范

2014年6月1日，我国实施新的《工业企业噪声控制设计规范》（GB/T 50087—2013），对实施了多年的《工业企业噪声控制设计规范》（GB J87—1985）进行了修订。工业企业的新建、改建和扩建工程的噪声控制设计应与工程设计同时进行。设计过程中应对生产工艺、操作维修、降噪效果、技术经济性进行综合分析。具体噪声污染控制问题的工程实践中，不仅需要有声学理论基础以及综合运用噪声治理的各类技术和方法，还需要熟悉噪声控制设计规范和灵活运用声学设计手册。

1）噪声控制的工作程序

在实际工作中遇到的噪声控制问题可以分为两类情况：一类是把现有的工厂噪声或环境

噪声降低到允许水平；另一类是新建和改扩建工程，在规划和设计阶段就应考虑降低噪声方案，预防出现噪声污染问题。对于现有噪声污染问题，噪声控制的工作程序如图6-6所示。

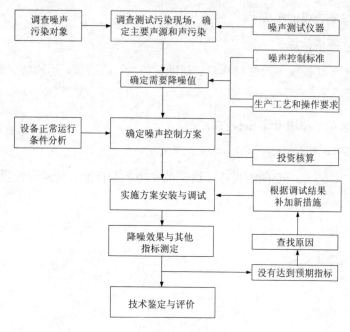

图 6-6　噪声控制程序

环境噪声标准规定了城市各功能区要达到的噪声限值以及工业企业边界要达到的厂界噪声限值。通过实际测试的噪声污染或根据噪声源预测的噪声值与标准值相比，确定需要控制的主要噪声源和需要治理的主要噪声污染，确定需要降低噪声的量值，即各频带声压级应降低的分贝数。

对于许多复杂噪声环境和复杂声源，噪声源的诊断和降噪方案的制定都存在许多不确定因素。工程施工后要及时进行测试，与预期结果进行比较，如果出现偏离设计预期的情况，要分析其原因并采取相应的补救措施。

2）噪声控制设计的一般规定

①设计规范规定的噪声控制设计原则

对生产过程中和设备产生的噪声，应首先从声源上进行控制，如仍达不到要求，则应采取隔声、消声、吸声、隔振以及综合控制等噪声控制措施；工业企业噪声控制设计，应对生产工艺、操作维修、降噪效果进行综合分析，积极采取新技术、新材料、新方法，力求获得最佳经济效益。

②隔声设计原则

对声源进行隔声设计，可以采用隔声罩的结构形式；对接收者隔声则采用隔声间的结构形式；对传播途径进行隔离可以采用隔声墙或隔声屏障的结构形式。要根据实际情况灵活选择，必要时也可以采用几种形式的组合。

A. 隔声设计步骤：

a. 依据声源特性和受声点的声学环境估算受声点的各倍频带声压级；

b. 确定受声点各倍频带的允许声压级；

c. 计算各倍频带需要的隔声量；

d. 选择适当的隔声结构与构件。

B. 规范规定隔声室设计要符合的要求。对噪声水平要求高的房间，宜采用以砖、混凝土等建筑材料为主的高性能隔声室。

C. 规范规定隔声罩设计应符合的要求：

a. 隔声罩宜采用有阻尼的薄金属板（0.5～2 mm）制作，阻尼层厚度不小于板厚的 1～3 倍；

b. 隔声罩内壁面与设备间应留有较大的空间，通常应该占设备所占空间的 1/3 以上，各内壁面与设备距离不得小于 100 mm；

c. 隔声罩内应铺设吸声层和吸声护面层；

d. 注意缝隙漏声以及与地面的隔振；

e. 设备的控制和计量装置、开关等宜移至罩外，必要时设置观察窗对设备进行监视；

f. 所有通风、排烟和工艺开口均应设置消声器，消声量与隔声量相当；

g. 隔声屏设置宜靠近声源或接收者，在接收者附近做有效的吸声处理。

③消声设计原则

A. 一般应设置在进气或排气敞开一侧。两侧都敞开则在两侧适当位置安装消声器；进排气口都不敞开，但噪声通过管道辐射噪声太强或对噪声环境要求高时也可以安装消声器。

B. 消声器的消声量应根据消声要求决定，但不宜超过 50 dB。

C. 设计消声器必须考虑空气动力性能，计算相应的阻力损失，控制在设备正常运行允许范围内。

D. 设计消声器产生的气流再生噪声必须控制在环境允许的范围内。

E. 要注意消声器和管道中的气流速度，不同情况存在一定限值，不要轻易超过该限值。

F. 消声器的设计应保证坚固耐用，体积和占地面积要小，便于安装。消声器的设计步骤：

a. 确定设备噪声级和各频带声压级；

b. 选择消声器的装设位置；

c. 确定允许噪声级和各倍频带的允许声压级，计算所需消声量；

d. 确定消声器类型；

e. 选用或设计合适的消声器。

④吸声设计原则

A. 一般性原则。吸声只适用于室内原有表面吸声量较少、混响声较强的厂房降噪处理，降低以直达声为主、不能采用吸声处理为主要手段的噪声。吸声设计要符合以下一般性规定：

a. 吸声处理 A 声级降噪量为 3～12 dB，降噪目标不宜定得过高；

b. 吸声降噪效果不与吸声面积成正比，进行吸声处理必须合理确定吸声处理面积；

c. 吸声处理必须满足防火、防潮、防腐和防尘等工艺和安全卫生要求，兼顾通风、采光、照明及装饰要求，注意埋件设置，做到施工方便、坚固耐用。

B. 吸声设计程序：

a. 确定吸声处理前室内噪声级和各倍频带声压级；

b. 确定降噪地点的允许噪声级和各倍频带允许声压级，计算所需吸声降噪量；

c. 计算吸声处理后室内应有的平均吸声系数；

d. 确定吸声材料的类型、数量和安装方式。

C. 吸声处理方式的选择应该遵循的规定：

a. 需要降噪量较高、房屋面积较小的吸声设计，应对墙壁和天花板都做吸声处理；

b. 需要降噪量较高、扁平状大房间的吸声设计，一般只做平顶吸声处理；

c. 吸声降噪设计，采用空间吸声体方式效果较好，吸声体面积宜取房间平顶面积的40%左右，或室内总面积的 15%左右，悬挂高度宜接近声源。

⑤隔振设计原则：

A. 一般性要求：

a. 对隔振要求较高的设备，应远离振动较强的设备或其他振动源；

b. 隔振装置及支撑结构形式，应根据设备类型、振动强弱、扰动频率等特点，以及建筑、环境、操作者对噪声振动的要求等因素确定；

c. 根据规范和标准合理设置隔振设计目标值。

B. 隔振设计的步骤：

a. 确定所需的振动传递比（或隔振效率）；

b. 确定隔振元件的荷载、型号、大小和数量；

c. 确定隔振系统的静态压缩量、频率比以及固有频率；

d. 验算隔振参量，估计隔振设计的降噪效果。

当隔振效率要求非常高（大于97%）或者要求多偏向隔振时，需要详细周密的计算与选择。

6.2 全户内变电站噪声污染控制

6.2.1 案例

6.2.1.1 现场概况

某110 kV全户内变电站建于1989年，建有两台40 MVA变压器，变压器具体参数如表6-2所示。根据现场调查，该变电站的北侧为幼儿园，西侧为居民楼，东侧与南侧均为公路。北侧幼儿园投诉反映变电站噪声影响师生的正常学习和生活。北侧幼儿园与变电站主变直线距离约为30 m。西侧居民楼与变电站主变直线距离约为17.9 m，高度为8.2 m。站内建有一幢高度为12 m建筑，两台变压器位于一层的变压器室。变压器室中间有一高度为5 m的围墙把两台变压器分隔开，室内高度为11.5 m。变压器室的正前方（变电站北侧）为薄的铁板以及通风百叶窗（图6-7），左右两侧（变电站东西侧）各有4扇玻璃窗。

表 6-2 某 110 kV 全户内变电站变压器参数

参数	1#变压器	2#变压器
生产时间	1989 年	1989 年
设备型号	SFZ7-40000/110	SFZ7-40000/110
设备厂家	常州变压器厂	常州变压器厂
冷却方式	ONAN/ONAF	ONAN/ONAF
额定容量/MVA	40	40

图 6-7　某 110 kV 全户内变电站现场

6.2.1.2　治理前现场测量与超标原因分析

（1）测量方法

该变电站噪声测量测点分布位置如图 6-8 所示。

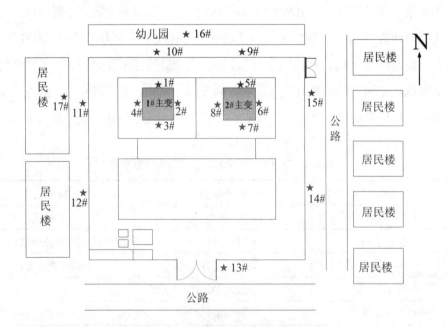

图 6-8　变电站噪声测量测点分布位置

1）变压器本体噪声测量

变压器本体噪声的测量是在规定轮廓线上进行的，规定轮廓线距基准发射面 0.3 m。由于油箱高度大于 2.5 m，出于安全考虑，选择在油箱高度 1/3 处的轮廓线，图 3-3 中测点 1#～8#。测量期间两台变压器处于正常运行状态。

2）厂界噪声测量

在该变电站四侧厂界布置多个测点，测量点在围墙外 1 m，高于围墙 0.5 m 处，具体测点为图 6-8 中 9#～15#。昼夜各测量一次，同时测量各个位置的噪声背景值，对测量结果进行背景噪声修正，修正方法根据《工业企业厂界环境噪声排放标准》（GB 12348—2008）与《环境噪声监测技术规范》（HJ 706—2014）。

3）居民敏感点噪声测量

居民敏感点噪声测量在变电站北侧幼儿园 2 楼楼道、西侧居民楼 2 楼楼道布置测点，如图 6-8 中测点 16#和 17#。

（2）测量结果

1）变压器本体噪声测量结果

变压器本体噪声测量结果如表 6-3 所示，1#主变本体噪声值为 74.2～76.2 dB（A），2#主变本体噪声值为 73.5～75.4 dB（A）。图 6-9 为两台主变压器本体噪声频谱图，由图可知，噪声频谱在 100 Hz、200 Hz、315 Hz 和 500 Hz 等处噪声值较为突出。

表 6-3　治理前某 110 kV 全户内变电站变压器本体噪声测量结果

设备名称	测量位置	L_{Aeq}/dB（A）
1#主变压器	1#	74.2
	2#	75.5
	3#	76.2
	4#	75.2
2#主变压器	5#	73.8
	6#	73.5
	7#	75.4
	8#	74.9

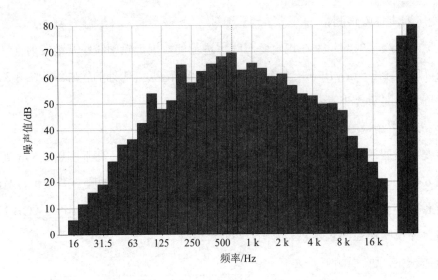

（a）1#主变压器测点 2#处

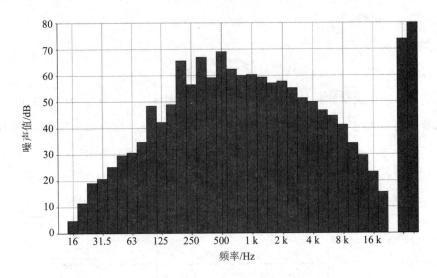

（b）2#主变压器测点 5#处

图 6-9　主变压器本体噪声频谱

2）厂界噪声测量结果

该 110 kV 全户内变电站噪声测量结果如表 6-4 所示。由表 6-4 可知，测点 9#和 10#昼夜厂界噪声值均未达到 GB 12348—2008 中 2 类声环境功能区的限值要求；测点 11#、12#、14#和 15#夜间厂界噪声值均未达到 GB 12348—2008 中 2 类声环境功能区的限值要求，测点 13#达到限值要求。

表 6-4　治理前某 110 kV 全户内变电站厂界噪声测量结果

测点	L_{Aeq}/dB（A）		是否达标	L_{Aeq}/dB（A）		是否达标
	昼间①	限值②		夜间①	限值②	
9#	64.6	60	不达标	62.3	50	不达标
10#	61.5	60	不达标	63.2	50	不达标
11#	56.8	60	达标	53.1	50	不达标
12#	57.2	60	达标	50.8	50	不达标
13#	55.0	60	达标	46.4	50	达标
14#	54.4	60	达标	50.1	50	不达标
15#	56.9	60	达标	51.7	50	不达标

注：①噪声测量数据已根据 GB 12348—2008 做背景值修正。
　　②根据 GB 12348—2008 中 2 类声环境功能区限值数据。

3）居民敏感点噪声测量结果

居民敏感点噪声测量结果见表 6-5，由表中可知，西侧居民楼敏感点的夜间噪声达到了 56.1 dB（A），超过《声环境质量标准》（GB 3096—2008）中 2 类声环境功能区的限值要求，超标量达 6.1 dB。治理前未能进入幼儿园，未采集到变电站改造前幼儿园的噪声数据。

表 6-5　治理前某 110 kV 全户内变电站居民敏感点噪声测量结果

居民敏感点测点	L_{Aeq}/dB（A）				是否达标
	昼间	限值①	夜间	限值①	
16#	—	60	—	50	—
17#	58.0	60	56.1	50	不达标

注：①根据 GB 3096—2008 中 2 类声环境功能区限值数据。

（3）超标原因分析

该变电站虽然为全户内变电站，但变压器室正前方的铁板与通风百叶窗隔声效果较差，向幼儿园持续稳定排放噪声，且变压器室左右两侧的玻璃窗亦不具备良好的隔声效果，对西侧居民影响较大。南侧由于主控楼对变压器噪声具有屏蔽作用，其排放的噪声对该侧厂界影响不大；东侧为公路，东侧居民与变电站存在一定距离，影响亦不大。因此，该变电站噪声影响最大的是北侧幼儿园与西侧居民楼。变压器运行时引起振动与产生噪声，噪声传播至居民敏感点有两种可能的途径，分别为结构传播与空气传播，如图 6-10 所示，由于变电站边缘处为草地，隔断通过变压器底座结构传播，因此判定变压器噪声至居民敏感点是通过空气传播。

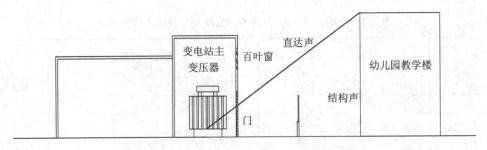

图 6-10　某 110 kV 全户内变电站噪声传播示意

6.2.1.3　噪声预测与特性分析

（1）厂界噪声预测与特性分析

由表 6-3 可知，该 110 kV 全户内变电站的夜间厂界噪声超标，超标点为变电站东侧、西侧和北侧厂界。使用 SoundPLAN 软件对该变电站声场进行仿真预测，如图 6-11～图 6-13 所示。图 6-11 为变电站距离地面 2.3 m（变电站围墙高 1.8 m）处的夜间噪声分布，由图可知噪声最大值位于主变正前方一侧，即变电站北侧，与实测一致。图 6-12 为变电站北侧厂界外 1 m 处的噪声竖向分布图（竖向高度与该侧幼儿园教学楼等高），噪声预测最大值为 61 dB（A）。图 6-13 为变电站西侧厂界外 1 m 处的噪声竖向分布图（竖向高度与该侧敏感点居民楼等高），噪声预测最大值为 61 dB（A）。

图 6-11　某 110 kV 全户内变电站夜间厂界噪声预测（平面）

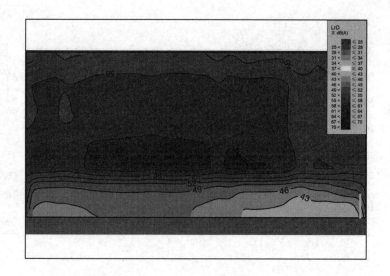

图 6-12　某 110 kV 全户内变电站夜间厂界噪声排放竖向（北侧）

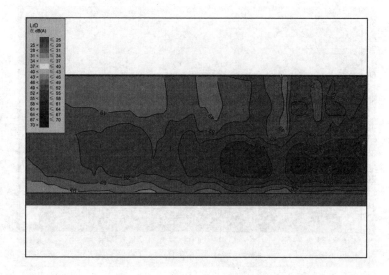

图 6-13　某 110 kV 全户内变电站夜间厂界噪声排放竖向（西侧）

对变电站厂界噪声进行频谱分析，图 6-14 为测点 10#的夜间厂界噪声频谱图，图 6-15 为背景噪声频谱图。与背景噪声频谱图相比，厂界噪声在 100 Hz、500 Hz 处噪声值突出，表明厂界受到变压器噪声排放的影响。

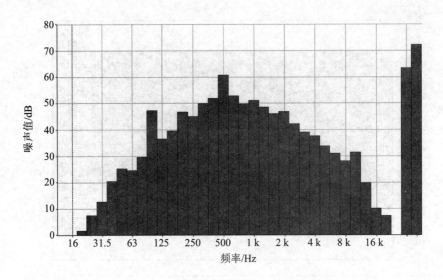

图 6-14　测点 10#夜间厂界频谱

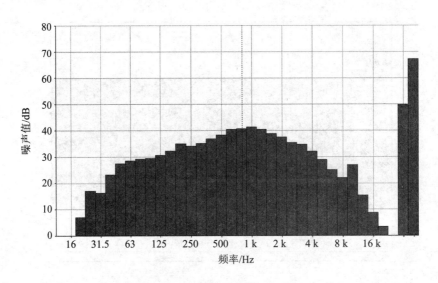

图 6-15　夜间背景噪声频谱

（2）居民敏感点噪声预测与特性分析

对该变电站居民敏感点噪声进行仿真预测，如图 6-16、图 6-17 所示，图 6-16 为变电站北侧幼儿园教学楼前 1 m 处的噪声竖向分布图，由图可知在敏感点噪声竖向分布中，最大值为 58 dB（A）。图 6-17 为变电站西侧居民楼前 1 m 处的噪声竖向分布图，由图可知在敏感点噪声竖向分布中，最大值为 61 dB（A）。

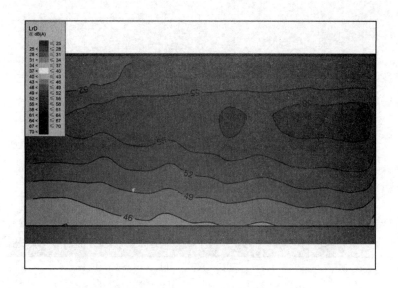

图 6-16　某 110 kV 全户内变电站夜间敏感点噪声竖向分布（北侧）

图 6-17　某 110 kV 全户内变电站夜间敏感点噪声竖向分布（西侧）

　　对变电站居民敏感点噪声进行频谱分析，图 6-18 为测点 17#的敏感点夜间噪声频谱图。与背景噪声频谱图（图 6-15）相比，居民敏感点噪声在 100 Hz、200 Hz 和 500 Hz 处噪声值突出，表明居民敏感点受到变压器噪声排放的影响。

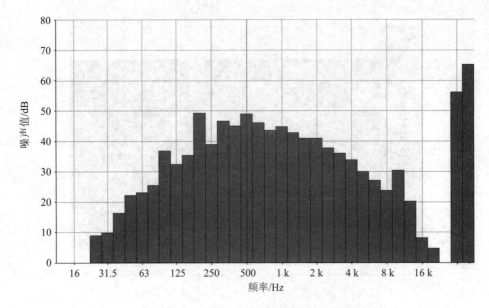

图 6-18　居民敏感点测点 17#夜间噪声频谱

6.2.1.4　降噪方案设计

（1）降噪量确定

由表 6-4 可知厂界测点 10#夜间噪声最高，因此降噪量确定以该测点为对象，如表 6-6 所示。

表 6-6　厂界噪声降噪量　　　　　　　　　　　　　　　　单位：dB（A）

测点	L_{Aeq}	标准限值	降噪量
10#	63.5	50	13.5

（2）降噪方案

为将该 110 kV 全户内变电站的厂界噪声控制在昼间 60 dB（A）以内、夜间 50 dB（A）以内，设计结果如下：

①如图 6-19 所示，将变压器室正面现有的铁板与通风百叶窗拆除，更换为声屏障，该声屏障包括"H"型柱、隔声板、通风消声板和隔声门，通风消声板安装在声屏障底部 0～1.3 m 处。

②将变压器室正面上部现有的通风百叶窗拆除，全部加装通风消声板。

③将变压器室左右两侧各 4 个玻璃窗、共计 8 个，全部拆除，改装通风消声窗。

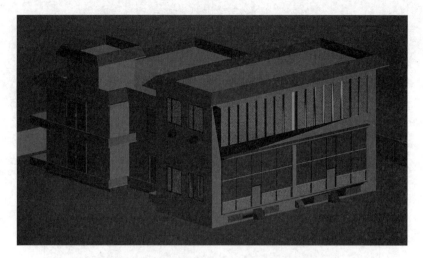

图 6-19　某 110 kV 全户内变电站治理效果

6.2.1.5　设计方案降噪效果预测

为验证设计方案的可行性，利用 SoundPLAN 软件对方案的降噪效果进行预测。

（1）厂界噪声预测

图 6-20 和图 6-21 为加装声屏障后夜间厂界噪声预测图，由图中可知，所有厂界噪声排放值均达到 GB 12348—2008 中 2 类声环境功能区的限值要求，相比治理前的噪声预测值（图 6-12 和图 6-13），治理后的预测值显著下降。

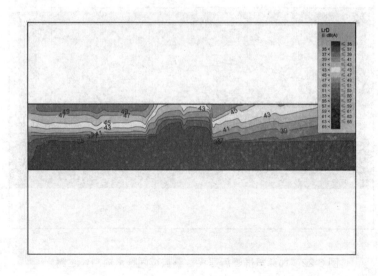

图 6-20　加装声屏障后夜间厂界噪声预测（北侧）

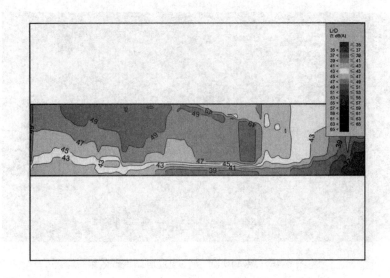

图 6-21　加装声屏障后夜间厂界噪声预测（西侧）

（2）居民敏感点噪声预测

图 6-22 和图 6-23 为加装声屏障后居民敏感点噪声预测图，相比治理前居民敏感点噪声预测值（图 6-16 和图 6-17），治理后的预测值显著下降。

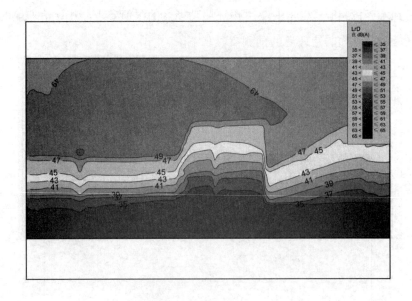

图 6-22　加装声屏障后居民敏感点夜间噪声预测（北侧）

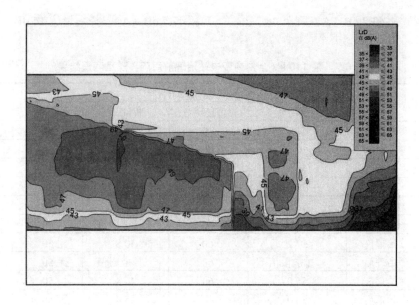

图 6-23　加装声屏障后居民敏感点夜间噪声预测（东侧）

6.2.1.6　治理后现场测量

依据设计方案完成噪声治理后，对变电站噪声进行测量，治理后现场如图 6-24 所示。

图 6-24　某 110 kV 全户内变电站治理后

（1）厂界噪声测量结果

治理前后厂界噪声测量结果见表 6-7。由表 6-7 可知，噪声治理后厂界噪声值明显下降，且昼夜厂界噪声达到 GB 12348—2008 中 2 类声环境功能区的限值要求，原厂界噪声超标问题得到治理。昼间噪声值最高点 9# 和 10# 分别由 64.6 dB（A）和 61.5 dB（A）降至 50.7 dB（A）和 52.5 dB（A），降噪量达 9 dB（A）以上；夜间噪声值最高点 9# 和 10# 夜间分别由

62.3 dB（A）和 63.2 dB（A）降至 48.2 dB（A）和 47.7 dB（A），降噪量达 14 dB（A）以上。

表 6-7　某 110 kV 全户内变电站治理前后厂界噪声测量结果

测点		L_{Aeq}/dB（A）				是否达标
		昼间①②	限值③	夜间①②	限值③	
9#	治理前	64.6	60	62.3	50	不达标
	治理后	50.7	60	48.2	50	达标
10#	治理前	61.5	60	63.2	50	不达标
	治理后	52.5	60	47.7	50	达标
11#	治理前	56.8	60	53.1	50	不达标
	治理后	<排放限值	60	<排放限值	50	达标
12#	治理前	57.2	60	50.8	50	不达标
	治理后	<排放限值	60	<排放限值	50	达标
13#	治理前	55.0	60	46.4	50	达标
	治理后	50.0	60	45.4	50	达标
14#	治理前	54.4	60	50.1	50	不达标
	治理后	53.2	60	46.6	50	达标
15#	治理前	56.9	60	51.7	50	不达标
	治理后	52.7	60	45.1	50	达标

注：①噪声测量数据已根据 GB 12348—2008 做背景值修正。

②＜排放限值，噪声测量值与背景噪声值相差小于 3 dB（A）时，且噪声测量值与被测噪声源排放限值的差值小于或等于 4 dB（A），根据 HJ 706—2014 使用"＜排放限值"表示。

③根据 GB 12348—2008 中 2 类声环境功能区限值数据。

（2）居民敏感点噪声测量结果

治理前后居民敏感点噪声测量结果见表 6-8。由表 6-8 可知，噪声治理后敏感点噪声值明显下降，且昼夜噪声达到 GB 3096—2008 中 2 类声环境功能区的限值要求。治理后幼儿园测点 16#昼夜噪声值分别为 44.2 dB（A）与 42.8 dB（A）。西侧居民楼测点 17#昼夜噪声值由改造前的 58.0 dB（A）与 56.1 dB（A）降至 50.1 dB（A）与 47.5 dB（A），昼间降噪量为 7.9 dB（A），夜间降噪量为 8.6 dB（A）。

表 6-8　某 110 kV 全户内变电站治理前后居民敏感点噪声测量结果

居民敏感点测点		L_{Aeq}/dB（A）				是否达标
		昼间	限值①	夜间	限值①	
16#	治理前	—	60	—	50	—
	治理后	44.2	60	42.8	50	达标
17#	治理前	58.0	60	56.1	50	不达标
	治理后	50.1	60	47.5	50	达标

注：①根据 GB 3096—2008 中 2 类声环境功能区限值数据。

6.3 半户内变电站噪声污染控制

6.3.1 案例1

6.3.1.1 现场概况

某 110 kV 半户内变电站建于 2000 年，建有两台 40 MVA 变压器，其中一台于 2018 年更换，变压器具体参数如表 6-9 所示，站内两幢建筑物相连。根据现场调查，该变电站的东侧、南侧均有居民楼，此两处居民投诉反映变电站存在噪声污染，干扰正常的工作生活。

表 6-9 某 110 kV 半户内变电站变压器参数

参数	1#变压器	2#变压器
生产日期	2018 年	2000 年
设备型号	SZ11-40000/110	SZ9-40000/110
设备厂家	中国南京立业电力变压器有限公司	广州伊林变压器有限公司
冷却方式	ONAN	ONAN
额定容量/MVA	40	40

6.3.1.2 治理前现场测量与超标原因分析

（1）测量方法

该变电站噪声测量测点分布位置如图 6-25 所示。

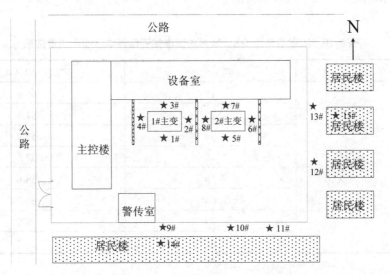

图 6-25 变电站噪声测量测点分布位置

1）变压器本体噪声测量

变压器本体噪声的测量是在规定轮廓线上进行的，规定轮廓线距基准发射面 0.3 m。由于油箱高度高于 2.5 m，出于安全考虑，选择在油箱高度 1/3 处的轮廓线，如图 6-25 测点 1#～8#所示。测量期间两台变压器处于正常运行状态。

2）厂界噪声测量

该变电站北侧与西侧为公路，且站内建筑对变压器噪声具有良好的屏蔽作用，北侧与西侧厂界噪声源主要为交通噪声，变压器对该两侧厂界的噪声排放较小，故不对其噪声进行评价。在该变电站东侧与南侧厂界布置多个测点，测量点在围墙外 1 m，高于围墙 0.5 m处，具体测点见图 6-25 中测点 9#～13#。昼夜各测量一次，同时测量各个位置的噪声背景值，对测量结果进行背景噪声修正，修正方法根据 GB 12348—2008 与 HJ 706—2014。

3）居民敏感点噪声测量

居民敏感点噪声测量在东侧和南侧居民楼楼顶布置测点，如图 6-25 中测点 14#和 15#所示。

（2）测量结果

1）变压器本体噪声测量结果

变压器本体噪声测量结果如表 6-10 所示，1#主变压器本体噪声值为 51.5～57.8 dB（A），2#主变本体噪声值为 58.6～66.7 dB（A）。由于 1#主变压器于 2018 年更换，其本体噪声值较低。图 6-26 为两台主变压器本体噪声频谱图，由图可知，噪声频谱在 100 Hz、200 Hz、500 Hz 和 630 Hz 等处噪声值较为突出。

表 6-10　治理前某 110 kV 半户内变电站变压器本体噪声测量结果

设备名称	测量位置	L_{Aeq}/dB（A）
1#主变压器	1#	55.6
	2#	51.5
	3#	52.9
	4#	57.8
2#主变压器	5#	58.6
	6#	66.7
	7#	59.0
	8#	64.7

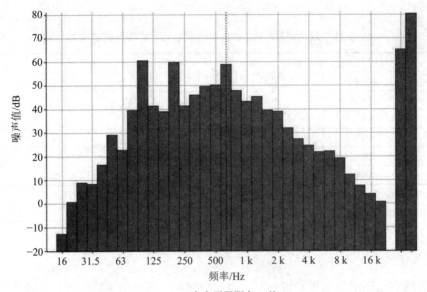

（a）1#主变压器测点 1#处

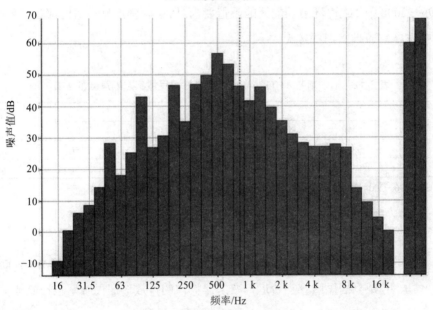

（b）2#主变压器测点 5#处

图 6-26 主变压器本体噪声频谱

2）厂界噪声测量结果

该 110 kV 半户内变电站噪声测量结果如表 6-11 所示。由表 6-10 可知，昼间厂界噪声值均达到 GB 12348—2008 中 2 类声环境功能区的限值要求；测点 10#夜间厂界噪声值未达到 GB 12348—2008 的限值要求，其余测点均达到限值要求。

表 6-11　治理前某 110 kV 半户内变电站厂界噪声测量结果

厂界测点	L_{Aeq}/dB（A）		是否达标	L_{Aeq}/dB（A）		是否达标
	昼间[①]	限值[②]		夜间[①]	限值[②]	
9#	53.1	60	达标	49.3	50	达标
10#	55.3	60	达标	50.3	50	不达标
11#	46.4	60	达标	43.7	50	达标
12#	49.1	60	达标	44.0	50	达标
13#	48.6	60	达标	45.4	50	达标

注：①噪声测量数据已根据 GB 12348—2008 做背景值修正。
②根据 GB 12348—2008 中 2 类声环境功能区限值数据。

3）居民敏感点噪声测量结果

居民敏感点噪声测量结果见表 6-12，由表中可知，两个居民敏感点昼夜噪声均没有达到 GB 3096—2008 中 2 类声环境功能区的限值要求。居民敏感点噪声值比部分厂界噪声高，原因是敏感点受交通噪声干扰较大。

表 6-12　治理前某 110 kV 半户内变电站居民敏感点噪声测量结果

居民敏感点测点	L_{Aeq}/dB（A）				是否达标
	昼间	限值[①]	夜间	限值[①]	
14#	58.6	60	49.9	50	达标
15#	55.5	60	47.9	50	达标

注：①根据 GB 3096—2008 中 2 类声环境功能区限值数据。

（3）超标原因分析

该变电站除变压器外其他电力设备均在封闭的室内，向外排放的噪声较小，而两台变压器处于室外，且距离居民敏感点较近，变压器噪声的排放对居民敏感点影响较大。变压器运行时引起振动与产生噪声，噪声传播至居民敏感点有两种可能的途径，分别为结构传播与空气传播，由于变电站边缘处为草地，隔断变压器底座结构传播，因此判定变压器噪声至居民敏感点是通过空气传播。

6.3.1.3　噪声预测与特性分析

（1）厂界噪声预测与特性分析

由表 6-10 可知，该 110 kV 半户内变电站的夜间厂界噪声超标，超标点为南侧厂界。使用 SoundPLAN 软件对该变电站声场进行仿真预测，如图 6-27～图 6-29 所示。图 6-27

为变电站距离地面 2.8 m（变电站围墙高 2.3 m）处的夜间噪声分布，图 6-28 为变电站南面厂界外 1 m 处的噪声竖向分布图（竖向高度与该侧敏感点居民楼等高），噪声预测最大值为 47 dB（A）。图 6-29 为变电站东侧厂界外 1 m 处的噪声竖向分布图（竖向高度与该侧敏感点居民楼等高），噪声预测最大值亦为 47 dB（A）。

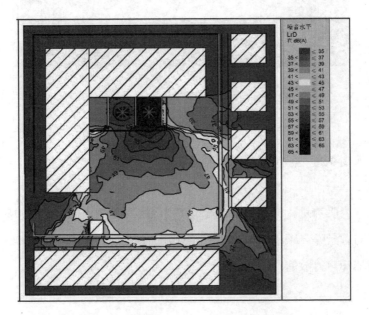

图 6-27　某 110 kV 半户内变电站夜间厂界噪声预测（平面）

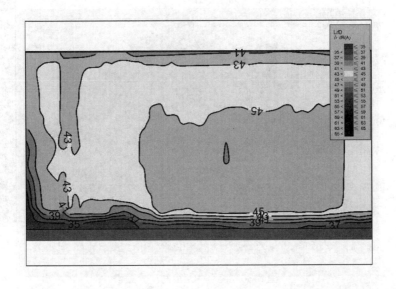

图 6-28　某 110 kV 半户内变电站夜间厂界噪声排放竖向（南侧）

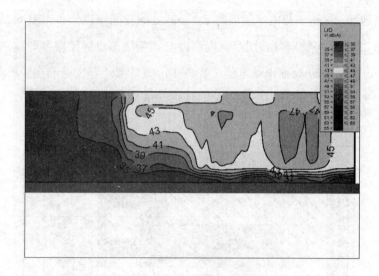

图 6-29　某 110 kV 半户内变电站夜间厂界噪声排放竖向（东侧）

对变电站厂界噪声进行频谱分析，图 6-30 为测点 10#的夜间厂界噪声频谱图及其背景噪声频谱图。与背景噪声频谱图相比（图 6-31），厂界噪声在 100 Hz 处噪声值突出，表明厂界受到变压器噪声排放的影响。

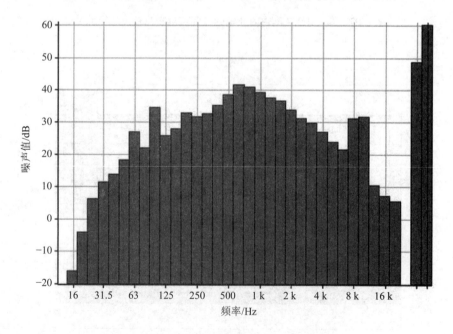

图 6-30　测点 10#夜间厂界频谱

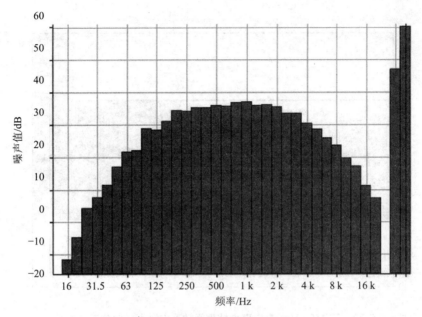

图 6-31　夜间背景噪声频谱

（2）居民敏感点噪声预测

为进一步明确该变电站居民敏感点处的噪声污染现状，对该变电站噪声排放现状进行仿真预测。如图 6-32 和图 6-33 所示，分别为南侧、东侧居民楼前 1 m 处的竖向噪声分布图。图 6-32 为变电站南侧居民楼前 1 m 处的噪声竖向分布图，由图可知在敏感点噪声竖向分布中，最大值为 47 dB（A）。图 6-33 为变电站东侧居民楼前 1 m 处的噪声竖向分布图，由图可知在敏感点噪声竖向分布中，最大值亦为 47 dB（A）。

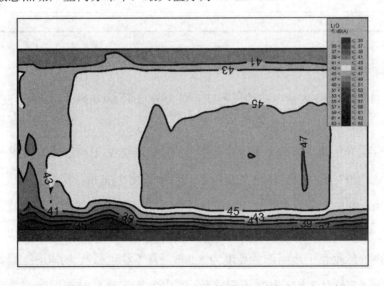

图 6-32　某 110 kV 半户内变电站夜间敏感点噪声竖向分布（南侧）

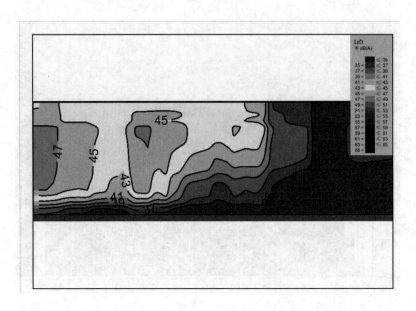

图 6-33　某 110 kV 半户内变电站夜间敏感点噪声竖向分布（东侧）

6.3.1.4　降噪方案设计

（1）降噪量确定

由表 6-10 可知厂界测点 10#夜间噪声最高，因此降噪量估算以该测点为对象，如表 6-13 所示。

表 6-13　厂界降噪量　　　　　　　　　　　　　　　　单位：dB（A）

测点	L_{Aeq}	标准限值	降噪量
10#	50.3	50	0.3

（2）降噪方案

为将该 110 kV 半户内变电站的厂界噪声控制在昼间 60 dB（A）以内、夜间 50 dB（A）以内，设计结果如下：

①在两台主变压器压器前（变电站南侧）3 m 处加装 Y 形声屏障，如图 6-34 所示。该 Y 形声屏障呈"凹"形，包括两台主变压器。总体长度 24.6 m，其中主变压器正前方（南侧）长 18.6 m，2#主变压器东侧长 3 m，并与 2#主变压器东侧的防火墙相连；1#主变压器西侧长 3 m，并与 1#主变压器西侧的防火墙相连。

②Y 形声屏障垂直于地面部分高度为 5.0 m，从下往上依次为：0～1 m 高的通风消声屏；1～5 m 为隔声墙体。上部为 Y 形吸声体，其中 Y 形吸声体与声屏障的垂直角度为 35°，

长度 1.0 m，如图 6-35 所示。

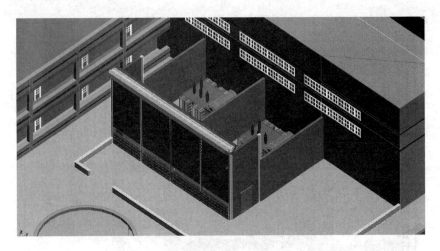

图 6-34 某 110 kV 半户内变电站治理效果

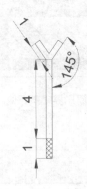

图 6-35 Y 形声屏障侧面示意

③为方便巡检人员进出，在 1#主变压器和 2#主变压器侧面各加装了 2 套隔声门，其中 1#主变压器侧隔声门为单开式隔声门，大小为 2 m×1 m；2#主变压器侧隔声门为双开式隔声门，大小为 2 m×2 m。

④该 Y 形声屏障采用模块化设计，使用 H 形钢柱搭建框架，在此基础上安装隔声板、隔声门、通风消声板。

6.3.1.5 设计方案降噪效果预测

为验证设计方案的可行性，利用 SoundPLAN 软件对方案的降噪效果进行预测。

（1）厂界噪声预测

图 6-36～图 6-38 为厂界噪声预测图，由图可知，所有厂界噪声排放值全部达到

GB 12348—2008 中 2 类声环境功能区的限值要求，相比治理前厂界噪声预测值显著下降。南侧厂界最大预测值为 40 dB（A），东侧厂界最大预测值为 38 dB（A）。

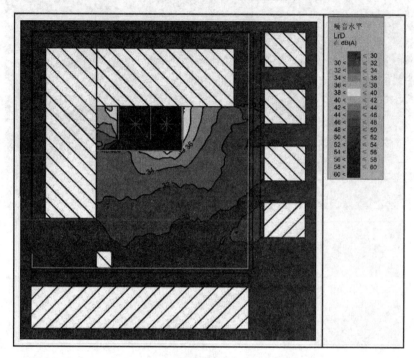

图 6-36　加装声屏障后夜间厂界噪声预测（距地面 2.8 m 的平面）

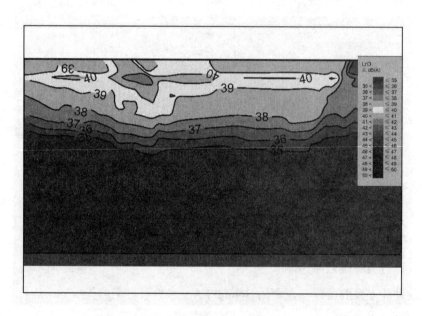

图 6-37　加装声屏障后夜间厂界噪声预测（南侧）

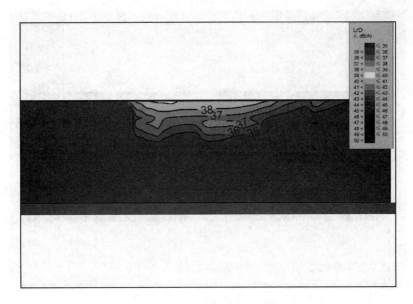

图 6-38　加装声屏障后夜间厂界噪声预测（东侧）

（2）居民敏感点噪声预测

图 6-39 和图 6-40 为居民敏感点噪声预测图，由图中可知，所有厂界噪声排放值全部达到 GB 3096—2008 中 2 类声环境功能区的限值要求，相比治理前居民敏感点噪声预测值显著下降。南侧居民敏感点最大预测值为 39 dB（A），东侧居民敏感点最大预测值为 37 dB（A）。

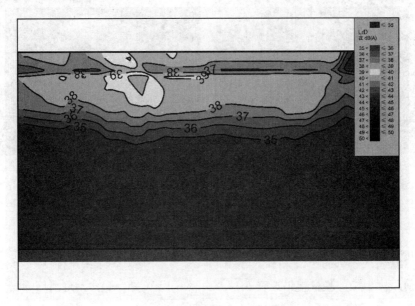

图 6-39　加装声屏障后居民敏感点夜间噪声预测（南侧）

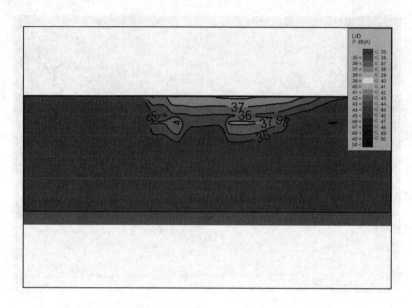

图 6-40　加装声屏障后居民敏感点夜间噪声预测（东侧）

6.3.1.6　治理后现场测量

　　根据设计方案完成噪声治理后，对变电站噪声进行测量，改造前后现场如图 6-41 所示。

（a）治理前　　　　　　　　　　　　　　　　（b）治理后

图 6-41　某 110 kV 半户内变电站治理前后

　　（1）厂界噪声测量结果

　　治理前后厂界噪声测量结果见表 6-14。由表 6-14 可知，噪声治理后厂界噪声值明显下降，且昼夜厂界噪声均达到 GB 12348—2008 中 2 类声环境功能区的限值要求，原夜间厂界噪声超标问题得到针对性治理。测点 10#噪声值由治理前的 50.3 dB（A）降至 42.8 dB（A），降噪量达 7.5 dB（A）。

表 6-14　某 110 kV 半户内变电站治理前后厂界噪声测量结果

测点		L_{Aeq}/dB（A）				是否达标
		昼间①	限值②	夜间②③	限值②	
9#	治理前	53.1	60	49.3	50	达标
	治理后	49.7	60	44.5	50	达标
10#	治理前	55.3	60	50.3	50	不达标
	治理后	47.0	60	42.8	50	达标
11#	治理前	46.4	60	43.7	50	达标
	治理后	44.6	60	＜排放限值	50	达标
12#	治理前	49.1	60	44.0	50	达标
	治理后	44.5	60	＜排放限值	50	达标
13#	治理前	48.6	60	45.4	50	达标
	治理后	44.5	60	＜排放限值	50	达标

注：①噪声测量数据已根据 GB 12348—2008 做背景值修正。

②根据 GB 12348—2008 中 2 类声功能区限值数据。

③＜排放限值，噪声测量值与背景噪声值相差小于 3 dB（A）时，且噪声测量值与被测噪声源排放限值的差值小于或等于 4 dB（A），根据 HJ 706—2014 使用"＜排放限值"表示。

（2）居民敏感点噪声测量结果

治理前后居民敏感点噪声测量结果见表 6-15。由表 6-15 可知，噪声治理后敏感点噪声值明显下降，且昼夜噪声达到 GB 3096—2008 中 2 类声环境功能区的限值要求。

表 6-15　某 110 kV 半户内变电站治理前后居民敏感点噪声测量结果

居民敏感点测点		L_{Aeq}/dB（A）				是否达标
		昼间	限值①	夜间	限值①	
14#	治理前	58.6	60	49.9	50	达标
	治理后	49.7	60	46.4	50	达标
15#	治理前	55.5	60	47.9	50	达标
	治理后	50.2	60	45.8	50	达标

注：①根据 GB 3096—2008 中 2 类声环境声功能区限值数据。

6.3.2　案例 2

6.3.2.1　现场概况

某 110 kV 半户内变电站建于 2005 年，建有 3 台 50 MVA 变压器，变压器具体参数如

表 6-16 所示。站内建有一幢高度为 17.2 m 的主控楼。根据现场调查，该变电站的东侧、南侧和东北角均有居民楼，东侧与东北角居民投诉反映变电站存在噪声污染，干扰正常的工作生活。东侧居民楼与变电站主变直线距离约为 37 m，居民楼高度为 42 m，东北角处居民楼高度为 10 m。

表 6-16 某 110 kV 半户内变电站变压器参数

参数	1#变压器	2#变压器	3#变压器
生产日期	2007 年	2005 年	2005 年
设备型号	SZ12-50000/110	SZ12-50000/110	SZ12-50000/110
设备厂家	广州维奥伊林	广州维奥伊林	广州维奥伊林
冷却方式	ONAN	ONAN	ONAN
额定容量/MVA	50	50	50

6.3.2.2 治理前现场测量与超标原因分析

（1）测量方法

该变电站噪声测量测点分布位置如图 6-42 所示。

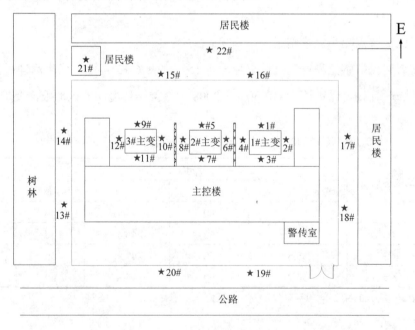

图 6-42 变电站噪声测量测点分布位置

1）变压器本体噪声测量

变压器本体噪声的测量在规定轮廓线上进行，规定轮廓线距基准发射面 0.3 m。由于油箱高度大于 2.5 m，出于安全考虑，选择在油箱高度 1/3 处的轮廓线，如图 6-42 测点 1#～12#所示。测量期间 3 台变压器处于正常运行状态。

2）厂界噪声测量

在该变电站四侧厂界布置多个测点，测量点在围墙外 1 m，高于围墙 0.5 m 处，具体为图 6-42 中测点 13#～20#。昼夜各测量一次，同时测量各个位置的噪声背景值，对测量结果进行背景噪声修正，修正方法根据 GB 12348—2008 与 HJ 706—2014。

3）居民敏感点噪声测量

居民敏感点测点为 21#～22#，测点 21#为变电站东北角居民楼 3 楼走廊，测点 22#东侧居民楼 1 楼空地与居民楼水平距离 1 m 处，如图 6-42 所示。

（2）测量结果

1）变压器本体噪声测量结果

变压器本体噪声测量结果如表 6-17 所示，1#主变压器本体噪声值为 66.8～71.8 dB（A），2#主变压器本体噪声值为 63.5～71.3 dB（A），3#主变压器本体噪声值为 69.9～71.2 dB（A）。图 6-43 为 3 台主变压器本体噪声频谱图，其在 100 Hz、200 Hz、315 Hz、500 Hz 和 630 Hz 处声压级较为突出。

表 6-17　治理前某 110 kV 半户内变电站变压器本体噪声测量结果

设备名称	检测位置	L_{Aeq}/dB（A）
1#主变压器	1#	66.8
	2#	71.8
	3#	70.9
	4#	70.6
2#主变压器	5#	66.4
	6#	68.6
	7#	63.5
	8#	71.3
3#主变压器	9#	69.9
	10#	70.7
	11#	70.6
	12#	71.2

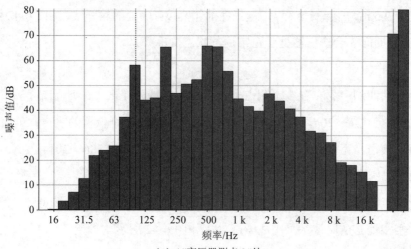

（a）1#变压器测点 3#处

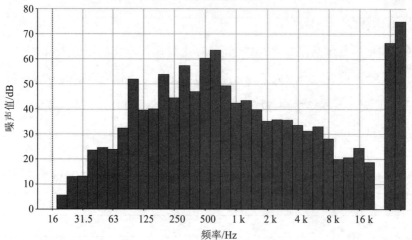

（b）2#变压器测点 5#处

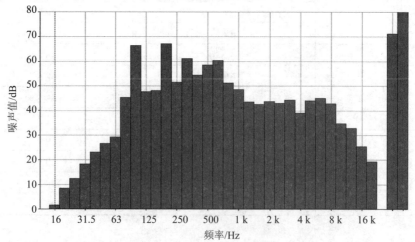

（c）3#主变压器测点 11#处

图 6-43　主变压器本体噪声频谱

2）厂界噪声测量结果

该 110 kV 半户内变电站噪声测量结果如表 6-18 所示。由表 6-18 可知，所有测点昼间厂界噪声值均达到 GB 12348—2008 中 2 类声环境功能区的限值要求；测点 14#、15#、16# 和 17# 夜间厂界噪声值均未达到 GB 12348—2008 的限值要求。夜间噪声最大值为测点 16#，为 55.9 dB（A），超标量达 5.9 dB（A）。

表 6-18　治理前某 110 kV 半户内变电站厂界噪声测量结果

厂界测点	L_{Aeq}/dB（A）		是否达标	L_{Aeq}/dB（A）		是否达标
	昼间①	限值②		夜间①	限值②	
13#	57.5	60	达标	47.6	50	达标
14#	58.5	60	达标	51.5	50	不达标
15#	59.7	60	达标	53.3	50	不达标
16#	58.6	60	达标	55.9	50	不达标
17#	56.5	60	达标	52.9	50	不达标
18#	59.7	60	达标	48.8	50	达标
19#	60.0	60	达标	48.5	50	达标
20#	58.9	60	达标	48.2	50	达标

注：①噪声测量数据已根据 GB 12348—2008 做背景值修正。
②根据 GB 12348—2008 中 2 类声环境功能区限值数据。

3）居民敏感点噪声测量结果

居民敏感点噪声测量结果见表 6-19，由表可知，测点 21# 夜间噪声超过《声环境质量标准》（GB 3096—2008）的要求限值，而测点 22# 达到限值要求。测点 21# 噪声值为 56.3 dB（A），超标量为 6.3 dB（A）。

表 6-19　治理前某 110 kV 半户内变电站居民敏感点噪声测量结果

居民敏感点测点	L_{Aeq}/dB（A）				是否达标
	昼间	限值①	夜间	限值①	
21#	56.2	60	56.3	50	不达标
22#	57.2	60	49.5	50	达标

注：①根据 GB 3096—2008 中 2 类声环境功能区限值数据。

（3）超标原因分析

该变电站除变压器外其他电力设备均在封闭的室内，向外排放的噪声较小。而 3 台变压器处于室外，且距离东侧与东北角居民敏感点较近，变压器噪声的排放对居民敏感点影响较大。西侧为公路，且站内建筑对变压器噪声具有良好的屏蔽作用，西侧厂界噪声源主要为交通噪声，变压器对该侧的厂界噪声排放较小。变电站边缘处为草地，隔断通过变压器底座结构传播，变压器噪声至居民敏感点是通过空气传播。

6.3.2.3 噪声预测与特性分析

（1）厂界噪声预测与特性分析

使用 SoundPLAN 软件对该变电站声场进行仿真预测，如图 6-44～图 6-46 所示。图 6-44 为变电站距离地面 2.7 m（变电站围墙高 2.2 m）处的夜间噪声分布，由图可知噪声最大值位于主变压器正前方一侧，即变电站东侧。图 6-45 为变电站东侧厂界外 1 m 处的噪声竖向分布图（竖向高度与该侧敏感点居民楼等高），最大超标值达到了 57 dB（A）；图 6-46 为变电站北侧厂界外 1 m 处的噪声竖向分布图，噪声最大预测值为 53 dB（A）。

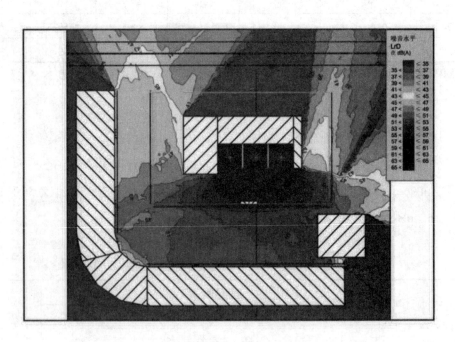

图 6-44　某 110 kV 半户内变电站夜间厂界噪声预测（平面）

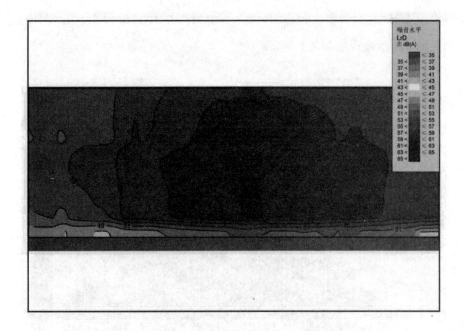

图 6-45　某 110 kV 半户内变电站夜间厂界噪声排放竖向（东侧）

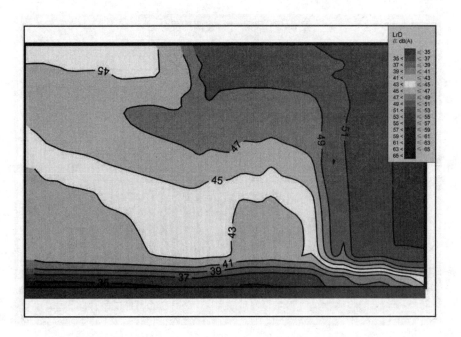

图 6-46　某 110 kV 半户内变电站夜间厂界噪声排放竖向（北侧）

对变电站厂界噪声进行频谱分析，图 6-47 为测点 15#的夜间厂界噪声频谱图，图 6-48 为背景噪声频谱图。与背景噪声频谱图相比，厂界噪声在 100 Hz 和 315 Hz 处声压级突出，表明厂界受到变压器噪声排放的影响。

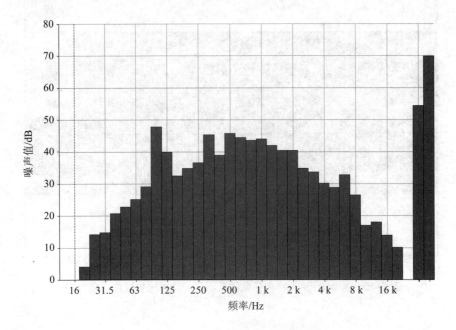

图 6-47　测点 15#夜间厂界频谱

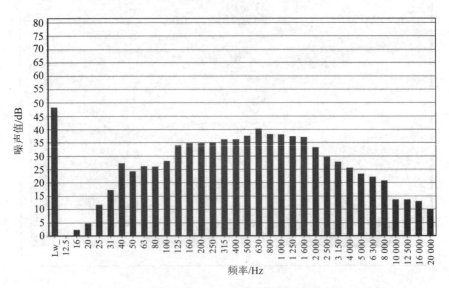

图 6-48　夜间背景噪声频谱

（2）居民敏感点噪声预测

对该变电站噪声排放现状进行仿真预测，如图 6-49 和图 6-50 所示，分别为东侧、南侧居民楼前 1 m 处的竖向噪声分布图。图 6-49 为变电站东侧居民楼前 1 m 处的噪声竖向分布图，噪声最大预测值达到了 57 dB（A），位于地面高度 15 m，5 层位置处。图 6-50 为变电站南侧居民楼前 1 m 处的噪声竖向分布图，噪声最大预测值位于地面高度 15 m 处，为 53 dB（A）。

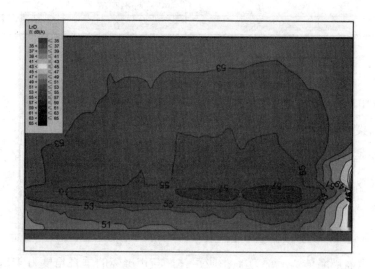

图 6-49 某 110 kV 半户内变电站夜间敏感点噪声竖向分布（东侧）

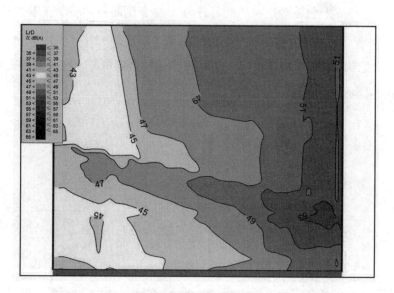

图 6-50 某 110 kV 半户内变电站夜间敏感点噪声竖向分布（南侧）

6.3.2.4 降噪方案设计

（1）降噪量确定

由表6-18可知厂界测点16#夜间噪声最高，因此降噪量估算以该测点为对象，如表6-20所示。

表 6-20　厂界降噪量　　　　　　　　　　单位：dB（A）

测点	L_{Aeq}	标准限值	降噪量
16#	55.9	50	5.9

（2）降噪方案

为将该110 kV半户内变电站的厂界噪声控制在昼间60 dB（A）以内、夜间50 dB（A）以内，设计结果如下：

①在主变压器前（变电站南侧）处加装Y形声屏障。该Y形声屏障呈"L"形，主变压器正前方（变电站东侧）长度为29.4 m，主变侧面（变电站北侧）长度为2 m，声屏障两端与主控楼外墙相连，平面图如图6-51所示，效果图如图6-52所示。

②Y形隔声屏障垂直于地面部分高度12 m，从下往上依次为：0~1 m高的通风消声屏；1~12 m为隔声墙体。上部为Y形吸声体，与声屏障的垂直角度为45°，长度1.5 m，如图6-53所示。

③为方便巡检人员进出，在1#主变前方与3#主变侧面各加装了1套隔声门，大小为2 m×1 m。

④该Y形声屏障采用模块化设计，使用H形钢柱搭建框架，在此基础上安装隔声板、隔声门、通风消声板。

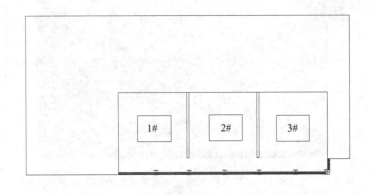

图 6-51　某 110 kV 半户内变电站治理方案（平面）

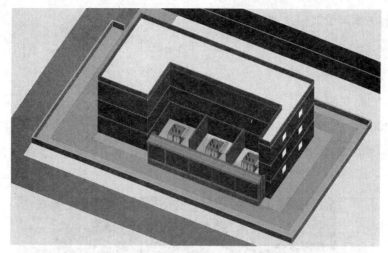

（a）整体效果

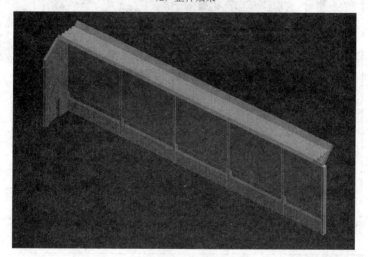

（b）声屏障效果

图 6-52　某 110 kV 半户内变电站治理效果

图 6-53　Y 形声屏障侧面示意

6.3.2.5　设计方案降噪效果预测

为验证设计方案的可行性，利用 SoundPLAN 软件对方案的降噪效果进行预测。

（1）厂界噪声预测

图 6-54～图 6-57 为厂界噪声预测图，由图可知，所有厂界噪声排放值全部达到 GB 12348—2008 中 2 类声环境功能区的限值要求。相比治理前的厂界噪声预测值，治理后的预测值显著下降。东侧与北侧厂界最大预测值为 49 dB（A），南侧最大预测值为 45 dB（A）。

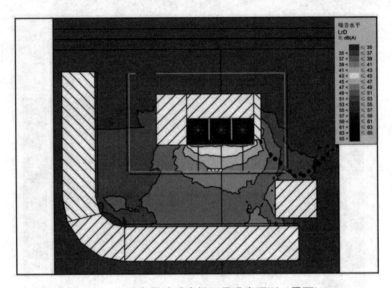

图 6-54　加装声屏障后夜间厂界噪声预测（平面）

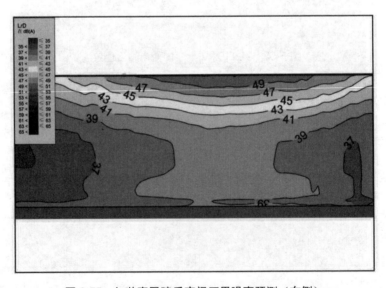

图 6-55　加装声屏障后夜间厂界噪声预测（东侧）

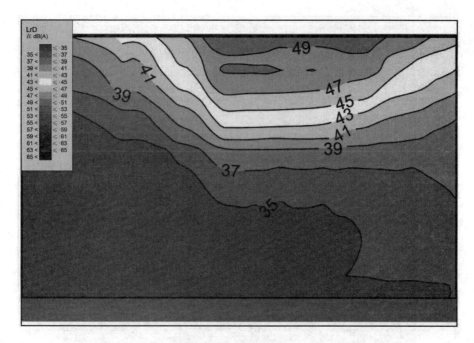

图 6-56 加装声屏障后夜间厂界噪声预测（北侧）

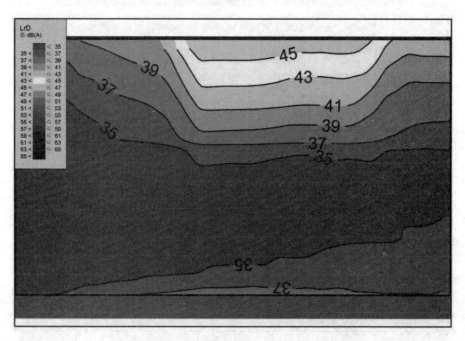

图 6-57 加装声屏障后夜间厂界噪声预测（南侧）

（2）居民敏感点噪声预测

图 6-58 和图 6-59 为居民敏感点噪声预测图，由图可知，所有厂界噪声排放值全部达

到 GB 3096—2008 中 2 类声环境功能区的限值要求，相比治理前的居民敏感点噪声预测值，治理后的预测值显著下降，东侧与南侧居民敏感点噪声最大预测值为 47 dB（A）。

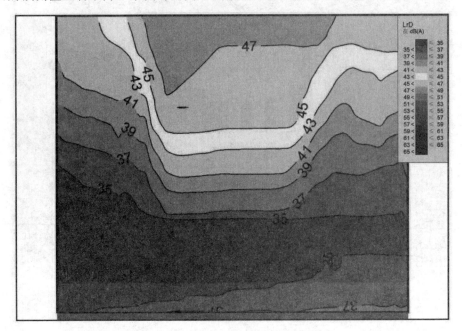

图 6-58　加装声屏障后居民敏感点夜间噪声预测（东侧）

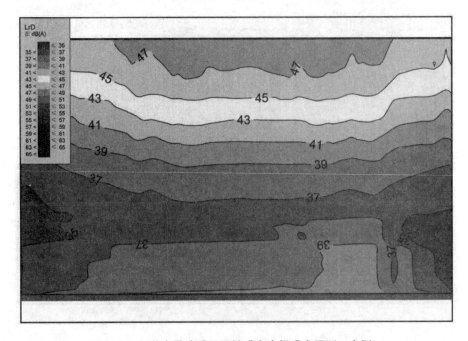

图 6-59　加装声屏障后居民敏感点夜间噪声预测（南侧）

6.3.2.6　治理后现场测量

根据设计方案完成噪声治理后,对变电站噪声进行测量,治理前后现场如图 6-60 所示。

<table>
<tr><td>（a）治理前</td><td>（b）治理后</td></tr>
</table>

图 6-60　某 110 kV 半户内变电站治理前后现场

（1）厂界噪声测量结果

治理前后厂界噪声测量结果见表 6-21,由表可知,噪声治理后厂界噪声值明显下降,且昼夜厂界噪声达到 GB 12348—2008 中 2 类声环境功能区的限值要求,原夜间厂界噪声超标问题得到治理。治理前夜间厂界噪声最大值为测点 16#,由 55.9 dB(A)降至 46.7 dB(A),降噪量达 9.2 dB(A)。

表 6-21　某 110 kV 半户内变电站治理前后厂界噪声测量结果

测点		L_{Aeq}/dB(A)				是否达标
		昼间[①]	限值[③]	夜间[①②]	限值[③]	
13#	治理前	57.5	60	47.6	50	达标
	治理后	49.3	60	<排放限值	50	达标
14#	治理前	58.5	60	51.5	50	不达标
	治理后	48.9	60	<排放限值	50	达标
15#	治理前	59.7	60	53.3	50	不达标
	治理后	48.3	60	46.6	50	达标
16#	治理前	58.6	60	55.9	50	不达标
	治理后	48.4	60	46.7	50	达标
17#	治理前	56.5	60	52.9	50	不达标
	治理后	48.8	60	46.5	50	达标

测点		L_{Aeq}/dB（A）				是否达标
		昼间①	限值③	夜间①②	限值③	
18#	治理前	59.7	60	48.8	50	达标
	治理后	50.8	60	44.0	50	达标
19#	治理前	60.0	60	48.5	50	达标
	治理后	48.4	60	＜排放限值	50	达标
20#	治理前	58.9	60	48.2	50	达标
	治理后	48.7	60	45.6	50	达标

注：①噪声测量数据已根据 GB 12348—2008 做背景值修正。

②＜排放限值，噪声测量值与背景噪声值相差小于 3 dB（A）时，且噪声测量值与被测噪声源排放限值的差值小于或等于 4 dB（A），根据 HJ 706—2014 使用"＜排放限值"表示。

③根据 GB 12348—2008 中 2 类声功能区限值数据。

（2）居民敏感点噪声测量结果

治理前后居民敏感点噪声测量结果见表 6-22，由表可知，噪声改造后敏感点噪声值明显下降，且昼夜噪声达到 GB 3096—2008 中 2 类声环境功能区的限值要求。测点 21#噪声值由治理前的 56.3 dB（A）降至 44.5 dB（A），降噪量达 11.8 dB（A）。

表 6-22 某 110 kV 半户内变电站治理前后居民敏感点噪声测量结果

居民敏感点测点		L_{Aeq}/dB（A）				是否达标
		昼间	限值①	夜间	限值①	
21#	治理前	56.2	60	56.3	50	不达标
	治理后	47.9	60	44.5	50	达标
22#	治理前	57.2	60	49.5	50	达标
	治理后	47.2	60	44.7	50	达标

注：①根据 GB 3096—2008 中 2 类声环境声功能区限值数据。

6.4 户外变电站噪声污染控制

6.4.1 现场概况

某 220 kV 户外变电站建于 1997 年，建有 2 台 150 MVA 变压器，变压器具体参数如表 6-23 所示。根据现场调查，该变电站西侧为村庄，村庄中距离变电站围墙约 70 m 的一户居民投诉反映变电站噪声干扰正常的工作生活；另外三侧厂界外均为农田。站内建有 110 kV 设备场、220 kV 设备场、设备室和主控楼等。变电站曾加高西侧围墙以阻挡变电站噪声的传播（图 6-61），但居民反映依然存在明显的噪声。

表 6-23　某 110 kV 户内变电站变压器参数

参数	1#变压器	2#变压器
生产日期	1997 年	2005 年
设备型号	SFPSZ7-150000/220TH	SFSZ9-150000/220
设备厂家	沈阳变压器厂	中山 ABB 变压器有限公司
冷却方式	ONAN/ONAF	ONAN/ONAF
额定容量/MVA	150	150

图 6-61　某 220 kV 户外变电站西侧围墙加高后现场

6.4.2　治理前现场测量与超标原因分析

（1）测量方法

该变电站噪声测量测点分布位置如图 6-62 所示。

1）变压器本体噪声测量

变压器本体噪声的测量是在规定轮廓线上进行的，规定轮廓线距基准发射面 0.3 m。由于油箱高度大于 2.5 m，出于安全考虑，选择在油箱高度 1/3 处的轮廓线，如图 6-61 测点 1#～8#所示。测量期间 2 台变压器处于正常运行状态。

2）厂界噪声测量

在该变电站厂界布置多个测点，测量点在围墙外 1.0 m，高于围墙 0.5 m 处，具体见图

6-62 中测点 9#~16#。昼夜各测量一次，同时测量各个位置的噪声背景值，对测量结果进行背景噪声修正，修正方法依据 GB 12348—2008 与 HJ 706—2014。由于变电站南侧交通噪声干扰较大，且该侧没有居民敏感点，故不对该侧厂界噪声进行测量评价。

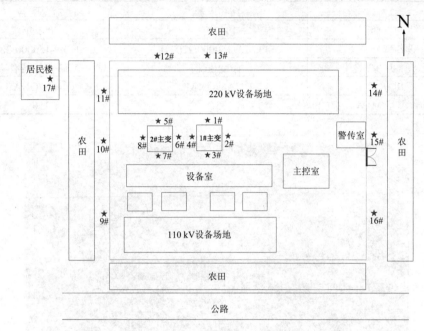

图 6-62 变电站噪声测量测点分布位置

3）居民敏感点噪声测量

居民敏感点噪声测量西侧居民楼三层楼顶处布置测点，如图 6-62 中测点 17#所示。

（2）测量结果

1）变压器本体噪声测量结果

变压器本体噪声测量结果如表 6-24 所示，1#主变压器本体噪声值为 62.2~68.2 dB（A），2#主变压器本体噪声值为 59.2~63.5 dB（A）。图 6-63 为两台主变压器本体噪声频谱图，由图可知，噪声频谱在 100 Hz、200 Hz、315 Hz、400 Hz 和 500 Hz 等处声压级较为突出。

表 6-24 治理前某 220 kV 户外变电站变压器本体噪声测量结果

设备名称	检测位置	L_{Aeq}/dB（A）
1#主变压器	1#	68.2
	2#	62.2
	3#	66.6
	4#	63.7

设备名称	检测位置	L_{Aeq}/dB（A）
2#主变压器	5#	63.5
	6#	60.4
	7#	60.6
	8#	59.2

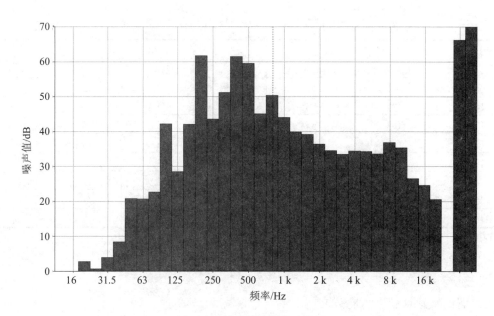

（a）1#主变压器测点 2#处

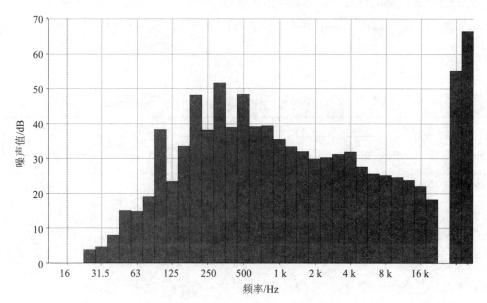

（b）2#主变压器测点 6#处

图 6-63　主变压器本体噪声频谱

2）厂界噪声测量结果

该 220 kV 户外变电站厂界噪声测量结果如表 6-25 所示。由表 6-24 可知，测点 10#和 11#夜间厂界噪声排放值未达到 GB 12348—2008 中 1 类声环境功能区的限值要求，所有测点昼间厂界噪声均达到 GB 12348—2008 中 1 类声环境功能区的限值要求。

表 6-25　治理前某 220 kV 户外变电站厂界噪声测量结果

测点	L_{Aeq}/dB（A）		是否达标	L_{Aeq}/dB（A）		是否达标
	昼间①	限值②		夜间①	限值②	
9#	54.1	55	达标	43.7	45	达标
10#	48.4	55	达标	45.4	45	不达标
11#	50.3	55	达标	45.8	45	不达标
12#	50.3	55	达标	43.3	45	达标
13#	49.5	55	达标	43.5	45	达标
14#	54.9	55	达标	42.9	45	达标
15#	53.9	55	达标	43.5	45	达标
16#	50.4	55	达标	44.5	45	达标

注：①噪声测量数据已根据 GB 12348—2008 做背景值修正。
②根据 GB 12348—2008 中 1 类声环境功能区限值数据。

3）居民敏感点噪声测量结果

居民敏感点噪声测量结果见表 6-26，由表可知，虽然测点 17#的噪声值未达到 GB 3096—2008 中 1 类声环境功能区的限值要求，但是变压器排放的噪声持续影响居民正常工作与生活。

表 6-26　治理前某 220 kV 户外变电站居民敏感点噪声测量结果

居民敏感点测点	L_{Aeq}/dB（A）				是否达标
	昼间	限值①	夜间	限值①	
17#	47.5	55	43.8	45	达标

注：①根据 GB 3096—2008 中 1 类声环境功能区限值数据。

（3）超标原因分析

距离居民敏感点较近的声源为 220 kV 设备场的电晕噪声以及 2 台变压器运行产生的噪声，现场测得 220 kV 设备场电晕噪声为 55.0 dB（A），而 1#主变压器噪声最大值为 68.2 dB（A），因此判定变电站西侧敏感点噪声主要来源于 2 台变压器。由于变电站与敏感点之间为农田，隔断通过变压器底座结构传播，因此变压器噪声至居民敏感点是通过空气传播。

6.4.3　噪声预测与特性分析

由表 6-24 可知，该 220 kV 户外变电站的夜间厂界噪声超标，超标点为变电站西侧厂界。使用 SoundPLAN 软件对该变电站声场进行仿真预测，如图 6-64 和图 6-65 所示。图 6-64 为变电站距离地面 2.5 m 处的夜间噪声分布。图 6-65 为变电站西侧厂界外 1 m 处的噪声竖向分布图（竖向高度与该侧敏感点居民楼等高）。

图 6-64　某 220 kV 户外变电站夜间厂界噪声预测（平面）

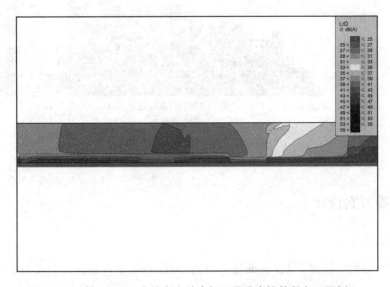

图 6-65　某 220 kV 户外变电站夜间厂界噪声排放竖向（西侧）

对变电站厂界噪声进行频谱分析，图 6-66 为测点 12#的夜间厂界噪声频谱图及其背景噪声频谱图。与背景噪声频谱图相比（图 6-67），厂界噪声在 100 Hz、200 Hz、315 Hz、400 Hz 和 500 Hz 处声压级突出，表明厂界受到变压器噪声排放的影响。

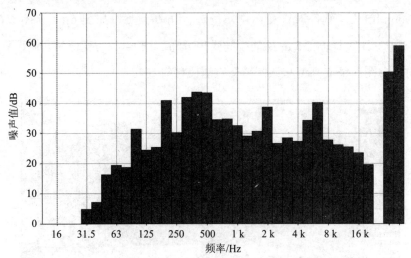

图 6-66　测点 12#夜间厂界频谱

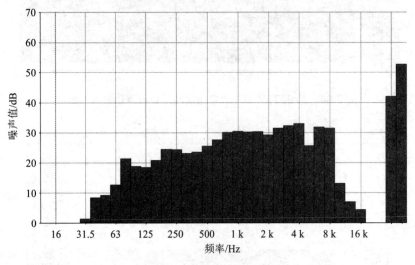

图 6-67　夜间背景噪声频谱

6.4.4　降噪方案设计

（1）降噪量确定

由表 6-25 可知厂界测点 11#夜间噪声最高，因此降噪量估算以该测点为对象，如表 6-27 所示。

表 6-27　厂界降噪量　　　　　　　　　　　　　　　　　　单位：dB（A）

测点	L_{Aeq}	标准限值	降噪量
11#	45.8	45	0.8

（2）降噪方案

为将该 220 kV 户外变电站的厂界噪声控制在昼间 55 dB（A）以内、夜间 45 dB（A）以内，设计结果如下：

①在该 220 kV 户外变电站距离 2#主变西侧 6 m 处加装声屏障（图 6-68），声屏障总长 10 m，中部长 7 m，两侧长均为 1.5 m，侧翼与中部夹角为 120°，如图 6-69（a）所示；

②声屏障垂直于水平面部分高度为 7 m，此外，在 7 m 高的主体声屏障上方增加长度为 1 m 且与水平面夹角为 45°的吸声体，如图 6-69（b）所示；

③该声屏障采用模块化设计，使用"H"形钢柱搭建框架，在此基础上加装隔声板、吸声体。

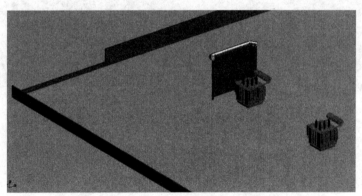

图 6-68　某 220 kV 户外变电站治理效果

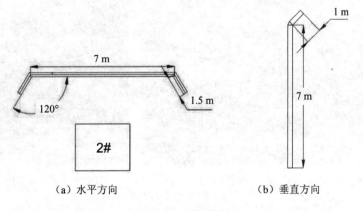

（a）水平方向　　　　　　　　　　（b）垂直方向

图 6-69　声屏障示意

6.4.5　设计方案降噪效果预测

为验证设计方案的可行性，利用 SoundPLAN 软件对方案的降噪效果进行预测。

图 6-70 为治理后厂界噪声预测图，由图中可知，所有厂界噪声排放值全部达到 GB 12348—2008 中 1 类声环境功能区的限值要求。

图 6-70　加装声屏障后夜间厂界噪声预测（平面）

6.4.6　治理后现场测量

依据设计方案完成噪声治理后，对变电站噪声进行测量，治理前后现场见图 6-71。

（a）治理前　　　　　　　　　　　　　　　　　（b）治理后

图 6-71　噪声治理前后现场

（1）厂界噪声测量结果

治理前后厂界噪声测量结果见表 6-28。由表 6-28 可知，噪声治理后厂界噪声值明显下降，且昼夜厂界噪声达到 GB 12348—2008 中 1 类声环境功能区的限值要求，原厂界噪声超标问题得到治理。

表 6-28　某 220 kV 户外变电站治理前后厂界噪声测量结果

测点		L_{Aeq}/dB（A）				是否达标
		昼间①	限值③	夜间①②	限值③	
9#	治理前	54.1	55	43.7	45	达标
	治理后	38.9	55	＜排放限值	45	达标
10#	治理前	48.4	55	45.4	45	不达标
	治理后	42.9	55	42.7	45	达标
11#	治理前	50.3	55	45.8	45	不达标
	治理后	45.8	55	44.2	45	达标
12#	治理前	50.3	55	43.3	45	达标
	治理后	43.1	55	41.2	45	达标
13#	治理前	49.5	55	43.5	45	达标
	治理后	43.6	55	＜排放限值	45	达标
14#	治理前	54.9	55	42.9	45	达标
	治理后	43.3	55	42.7	45	达标
15#	治理前	53.9	55	43.5	45	达标
	治理后	43.1	55	42.4	45	达标
16#	治理前	50.4	55	44.5	45	达标
	治理后	43.3	55	＜排放限值	45	达标

注：①噪声测量数据已根据 GB 12348—2008 做背景值修正。

②＜排放限值，噪声测量值与背景噪声值相差小于 3 dB（A）时，且噪声测量值与被测噪声源排放限值的差值小于或等于 4 dB（A），根据 HJ 706—2014 使用"＜排放限值"表示。

③根据 GB 12348—2008 中 1 类声环境功能区限值数据。

（2）居民敏感点噪声测量结果

治理前后居民敏感点噪声测量结果见表 6-29。由表可知，噪声治理后敏感点噪声值下降，且昼夜噪声达到 GB 3096—2008 中 1 类声环境功能区的限值要求。虽然治理前敏感点噪声没有超标，但变压器排放噪声造成扰民，经治理，解决了扰民问题。

表 6-29　某 220 kV 户外变电站治理前后居民敏感点噪声测量结果

敏感点测点		L_{Aeq}/dB（A）				是否达标
		昼间	限值[①]	夜间	限值[①]	
17#	治理前	47.5	55	43.8	45	达标
	治理后	42.8	55	39.0	45	达标

注：①根据 GB 3096—2008 中 1 类声环境功能区限值数据。

第 7 章　换流站噪声污染控制

7.1　换流站噪声污染特性及控制设计

7.1.1　换流站简介

换流站是指在高压直流输电系统中,为了完成将交流电变为直流电或者将直流电变为交流电的转换,并达到电力系统对安全稳定及电能质量的要求而建立的站点。

换流站主要设备(设施)包括换流阀、换流变压器、平波电抗器、交流开关设备、交流滤波器及交流无功补偿装置、直流开关设备、直流滤波器、控制与保护装置、站外接地极以及远程通信系统等。

换流站是高压直流输电的一种特殊方式,将高压直流输电的整流站和逆变站合并在一个换流站内,在同一处完成交流变直流,再由直流变交流的换流过程,其整流和逆变的结构、交流侧的设施与高压直流输电完全一样,具有常规高压直流输电的基本优点,可实现异步联网,较好地实现不同交流电压的电网互联。

高压直流输电是指将三相交流电通过换流站整流变成直流电,然后通过直流输电线路送往另一个换流站逆变成三相交流电的输电方式。

高压直流输电原理如图 7-1 所示。

换流器(整流或逆变)是指将交流电转换成直流电或将直流电转换成交流电的设备。

换流变压器是指向换流器提供适当等级的不接地三相电压源设备。

平波电抗器是指减小注入直流系统的谐波,减小换相失败的概率,防止轻载时直流电流间断,限制直流短路电流峰值的设备。

滤波器是指减小注入交流、直流系统谐波的设备。

无功补偿设备是指提供换流器所需要的无功功率，减小换流器与系统的无功交换的设备。

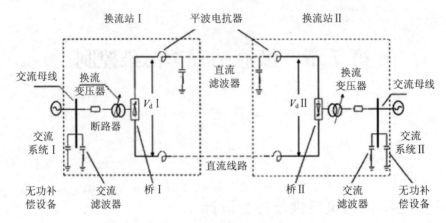

图 7-1　高压直流输电原理

7.1.2　换流站噪声特性

换流站的主要噪声源有换流变压器、平波电抗器、交流滤波器、换流阀和冷却系统设备。换流阀置于室内，其噪声基本被阀厅屏蔽；其余 4 种设备安装在户外，是外界的主要噪声源。由于直流偏磁、谐波电流等因素，这些设备的噪声很难在设备的设计和制造过程中得到有效控制（或控制的代价很高，或导致设备体积庞大，不能运输），其噪声一般都达到 95～100 dB。

根据主要声源的特点，可以将换流站划分为 A、B、C 3 个区域，其中 A 区域为交流滤波场区域，主要噪声源为电抗器和交流并联电容器；B 区域主要噪声源为换流变压器、平波电抗器、空调机组以及冷却塔等；C 区域为变压器区域，主要噪声源为主变压器。

换流站的声源特性：

①噪声频率均为中、低频；

②噪声频率范围大，总体呈现宽频带；

③噪声声压级大，达 100 dB。

在换流站选址阶段应选择适当站址，避开村、镇居民聚居区等噪声敏感源，是解决换流站对周围环境影响的最根本、最有效的方法。选址工作中值得注意的是：地形对声音的传播影响显著，山体能够反射或遮挡声音，地势低的地面处于无声区。

7.1.3 换流站噪声现状及影响规律

7.1.3.1 测试概况

某换流站内的主要声源及厂界敏感点进行了现场噪声测试。站区平面布置如图 7-2 所示，其中南北向距离约为 480 m，东西向距离约为 378 m。按功能将换流站主要声源测量区划分为 A、B、C 3 个区域，其中 A 区域为交流滤波场区域，其主要噪声源为电抗器和交流并联电容器；B 区域主要噪声源为换流变压器、平波电抗器、空调机组以及冷却塔等；C 区域为变压器区域，主要噪声源为主变压器。

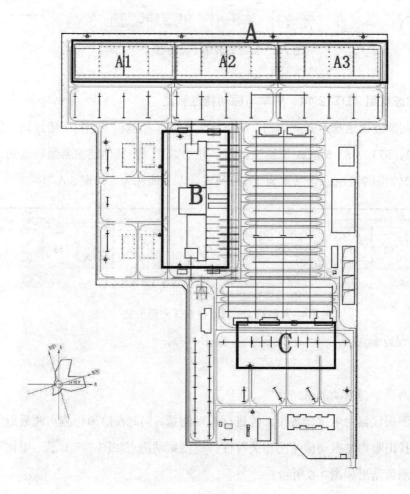

图 7-2　某换流站平面布置

7.1.3.2 交流滤波场（A 区域）声学与振动特性测试

交流滤波场由三大组交流滤波器组成，每大组又包括 2 组双调谐滤波器 DT12/24（A

型）和 2 组并联电容器 ShuntC（C 型）。图 7-3 为该区域的平面布置图，其中，562、563、572、573、582、583 为 A 型滤波器组，561、564、571、574、581、584 为 C 型滤波器组。

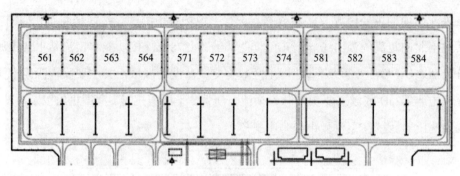

图 7-3　交流滤波场平面布置

1. A 型滤波器组（DT12/14）声学与振动特性测试

为避免不同滤波器组噪声之间的相互干扰，在测试 A 型滤波器组时，通过调度仅开启562、563、572、573、583 5 组 A 型滤波器组，并测试其中距其他滤波器组较远的 583 滤波器。测试工况如图 7-4 所示，功率为 1 650 MW（以下简称为"工况 5 A"）。

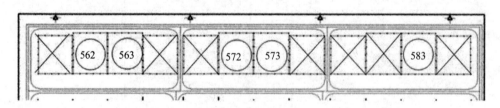

图 7-4　A 型双调谐滤波器 583 测量工况

注：图中"○"表示滤波器组运行，"×"表示滤波器组停止运行，下同。

（1）电抗器声学与振动测试

利用激光测振仪器对电抗器各个部位进行振动测量，同时在距离待测声源最近的围栏外测量噪声，找出噪声与振动信号的相关特性。典型振动测点如图 7-5 所示，电抗器各典型振动测点的测量结果如图 7-6 所示。

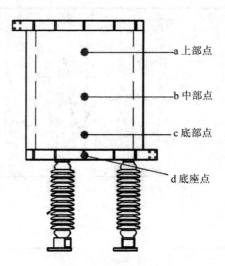

图 7-5　A 型双调谐滤波器电抗器典型振动测点

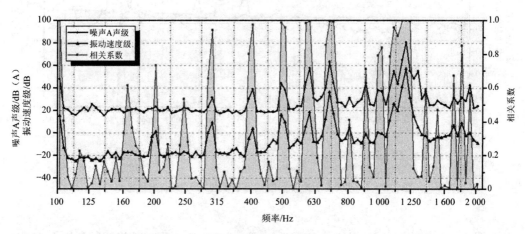

（a）电抗器外壳上部测点

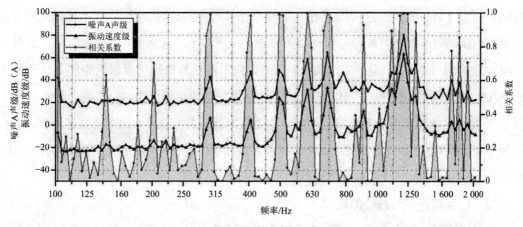

（b）电抗器外壳中部测点

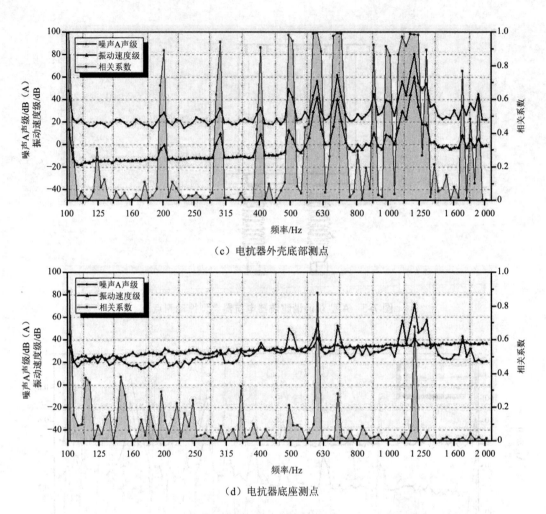

（c）电抗器外壳底部测点

（d）电抗器底座测点

图 7-6　A 型双调谐滤波器电抗器各典型振动测点测量结果

从图 7-6 中可以看出，电抗器外壳上部、中部、底部噪声与振动的峰值频率均在 600 Hz、700 Hz 以及 1 200 Hz 处达到明显峰值，且峰值处的相关系数均接近 1；而电抗器底座在这些频率处振动并不突出，噪声与振动相关系数在 0.9 以下，远小于其他测试部位。此外，在噪声最大的 1 200 Hz 处，电抗器本体上的 3 个测点的振动速度级大小相当，分别为 57.20 dB、63.53 dB 和 59.73 dB，而电抗器底座处振动速度级仅为 41.52 dB。由此可见，对于 A 型双调谐滤波器中的电抗器而言，主要发声部位并非底座，而是电抗器外壳，其特征频率为 600 Hz、700 Hz 以及 1 200 Hz（对应中心频率为 630 Hz 和 1 250 Hz 的两个 1/3 倍频带）。

（2）电容器声学与振动测试

类似地，同样对 A 型双调谐滤波器电容器进行噪声与振动测试，其典型振动测点如图

7-7 所示，电容器 C1 接线柱面振动测点的测量结果如图 7-8 所示。

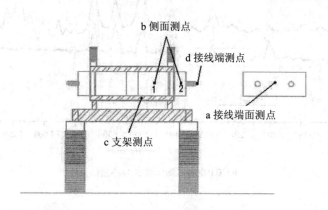

C1 电容器（10 层）测点布置

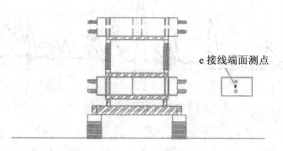

C2 电容器（2 层）测点布置

图 7-7　电容器各典型振动测点布置

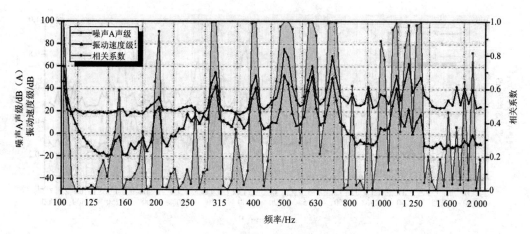

（a）C1 电容器接线端面测量结果

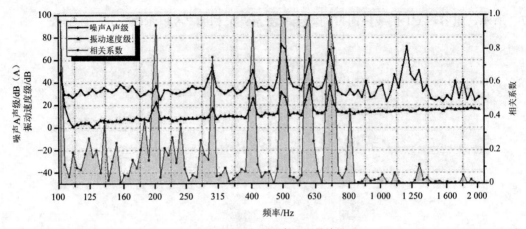

（b）C1 电容器侧面测点 1#测量结果

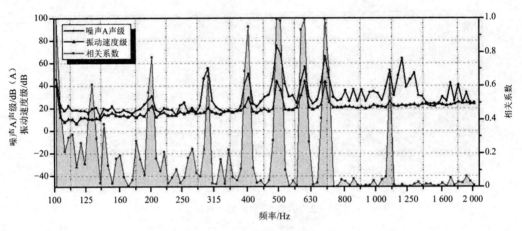

（c）C1 电容器侧面测点 2#测量结果

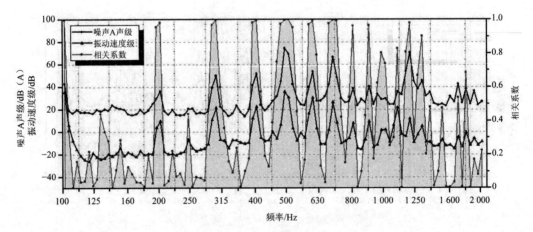

（d）C1 电容器支架测点测量结果

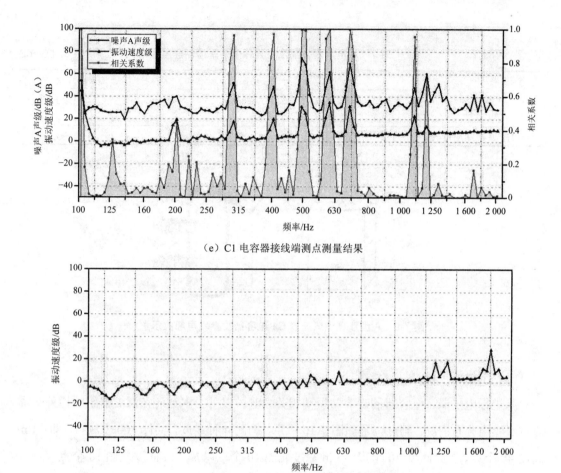

（e）C1 电容器接线端测点测量结果

（f）C2 电容器（2 层）接线端面测点测量结果

图 7-8　A 型双调谐滤波器电容器各典型振动测点测量结果

由图 7-8 可知，C1 电容器各测点处噪声与振动均在 500 Hz、600 Hz 和 700 Hz 处存在明显峰值。考虑到现场测试时受到电抗器噪声的影响，无法准确确定电容器噪声对于 600 Hz 和 700 Hz 噪声的贡献情况；而对比图 7-6 和图 7-8 可以发现，电容器附近 500 Hz 噪声 A 声级显著提高，因此可将 500 Hz 作为 A 型电容器 C1 噪声的特征频率。

表 7-1 给出了各测点 500 Hz 处的振动速度级，其中 C1 电容器 a 接线端面和 b 侧面测点 2# 的振动明显大于其他测点，且 C2 电容器 e 接线端面振动远小于 C1 电容器上各测点。由此可见，对于 A 型双调谐滤波器中的电容器，C2 电容器振动对噪声的贡献可以忽略不计，C1 电容器接线端面和侧面靠近接线面部分（图 7-9 框内部分）为主要发声部位。

表 7-1　电容器各部位主要峰值频率振动速度级对比　　　　　　　单位：dB

部位	C1					C2
	a 接线端面	b 侧面测点 1#	b 侧面测点 2#	c 支架	d 接线端	e 接线端面
500 Hz 处振动速度级	52.07	31.45	43.90	36.07	31.25	6.17

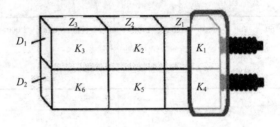

图 7-9　A 型双调谐滤波器 C1 电容器主要发声部位示意

（3）围栏外声场测量

除进行电抗器、电容器的噪声与振动相关性测试以外，本章还在滤波器组围栏外一周测试了噪声分布情况。测点位置如图 7-10 所示，勘测 4 种高度，共计 100 个测点，即：1 m高度 40 个点、2 m 高度 40 个点、3 m 高度北侧 10 个点以及 4 m 高度北侧 10 个点。各点噪声测试结果见表 7-2。

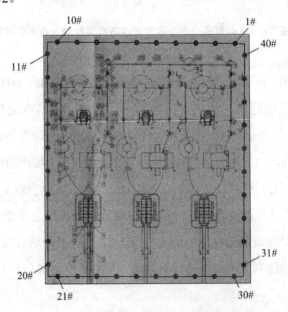

图 7-10　A 型双调谐滤波器围栏外噪声测点布置

表 7-2　A 型双调谐滤波器围栏外各测点 A 声级

测点编号	A 声级/dB（A）			
	1 m 高度	2 m 高度	3 m 高度	4 m 高度
01#	75.7	81.7	76.3	78.4
02#	80.5	81.9	81.8	73.4
03#	77.5	88.6	73.9	79.5
04#	86.1	83.3	77.6	77.6
05#	75.0	86.5	85.0	79.2
06#	82.2	86.4	76.4	79.3
07#	74.4	79.6	74.1	72.7
08#	86.5	91.6	83.7	73.8
09#	86.0	88.0	87.2	73.7
10#	89.5	88.9	77.4	76.7
11#	84.37	81.9	—	—
12#	87.54	89.2	—	—
13#	80.22	82.4	—	—
14#	84.54	80.4	—	—
15#	80.39	82.1	—	—
16#	83.54	76.4	—	—
17#	81.76	83.4	—	—
18#	79.06	73.9	—	—
19#	79.83	72.8	—	—
20#	74.13	71.4	—	—
21#	76.52	72.6	—	—
22#	75.85	78.8	—	—
23#	78.15	74.2	—	—
24#	77.38	75.7	—	—
25#	74.84	80.9	—	—
26#	74.51	69.0	—	—
27#	76.40	80.1	—	—
28#	71.08	80.0	—	—
29#	76.63	69.9	—	—
30#	69.58	72.4	—	—
31#	74.74	80.5	—	—
32#	76.82	77.7	—	—
33#	82.56	85.6	—	—
34#	75.39	78.0	—	—
35#	80.75	81.3	—	—
36#	78.08	86.2	—	—
37#	74.58	80.5	—	—
38#	82.10	80.9	—	—
39#	71.74	86.7	—	—
40#	79.87	78.9	—	—

注：由于电器安全距离限制，只在北侧布置 3 m、4 m 测点。

　　由表 7-2 可知，2 m 高度各频率声压级普遍高于其他高度，即 2 m 高度为噪声最大处。由于各高度滤波器噪声频谱曲线叠放后呈现的趋势以及各方向的分布情况类似，因此以下选取噪声最大的 2 m 高度测点进行分析。

　　图 7-11 为 2 m 高度处 583 滤波器场周边所有测点频谱曲线叠放图。由图可知，测点噪声在中心频率为 500 Hz 和 1 250 Hz 的 1/3 倍频带处达到峰值。结合振动分析可以看出，500 Hz 噪声主要来自 A 型双调谐滤波器电容器 C1，而 1 250 Hz 噪声主要来自 A 型双调谐滤波器电抗器。

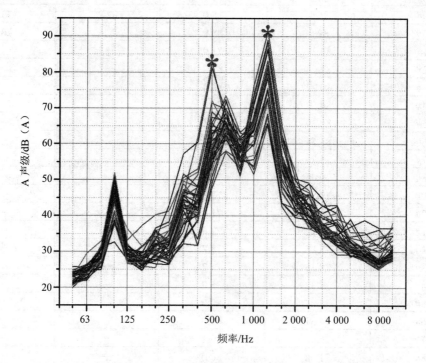

图 7-11　2 m 高度 583 滤波器场周边所有测点 1/3 倍频程频谱曲线叠放

　　图 7-12 给出了 2 m 高度不同点位典型频率噪声的分布情况，结合图 7-10 中滤波器场电容器和电抗器的布置情况可以看出，由于电抗器位于围栏北侧，其特征频率 1 250 Hz 处的 A 声级呈现北高南低的分布趋势；而由于电容器位于围栏南侧，且电容器噪声具有明显的指向性，主要通过接线端面和侧面靠近接线面部分向外辐射噪声，因而其特征频率500 Hz 处的 A 声级在东南角和西南角明显突出。

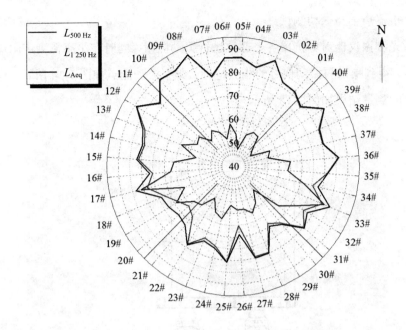

图 7-12 583 滤波器组 2 m 高度各点位典型频率噪声分布

综上所述，A 型双调谐滤波器电抗器主要发声部位为设备外壳，其特征频率为 600 Hz、700 Hz 和 1 200 Hz（对应中心频率为 630 Hz 和 1 250 Hz 的两个 1/3 倍频带）；电容器 C1 辐射噪声带有明显指向性，接线端面和侧面靠近接线面部分为其主要发声部位，其特征频率为 500 Hz（对应中心频率为 500 Hz 的 1/3 倍频带）。

2. C 型滤波器组（ShuntC）声学与振动特性测试

同样，在测试 C 型滤波器组时，为避免不同滤波器组噪声之间的相互干扰，通过调度仅开启 562、563、572、573 4 组 A 型滤波器组以及待测的 584 一组 C 型滤波器组（图 7-13），功率为 1 650MW（以下简称为"工况 4 A+C"）。

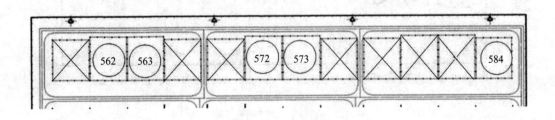

图 7-13 C 型滤波器组 584 测量工况

（1）电抗器声学与振动测试

利用激光测振仪器对电抗器各个部位进行振动测量，同时在距离待测声源最近的围栏外测量噪声，得到噪声与振动信号的相关特性。典型振动测点如图 7-14 所示，电抗器各典型振动测点的测量结果如图 7-15 所示。

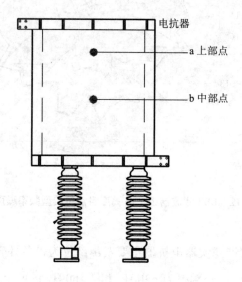

图 7-14　C 型滤波器组电抗器典型振动测点

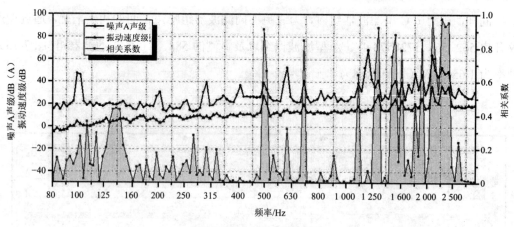

（a）电抗器上部测点测量结果

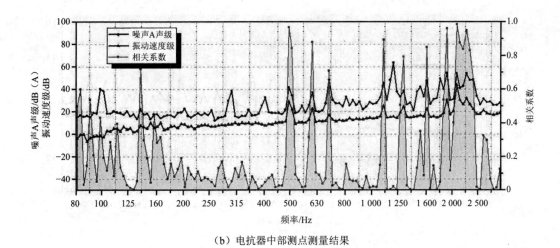

（b）电抗器中部测点测量结果

图 7-15　C 型滤波器组电抗器各典型振动测点测量结果

由图 7-15 可知，在 2 100 Hz 处，电抗器外壳上部、中部的相关系数、声压级、振动级同时达到峰值，且两者相关系数接近 1。可见 C 型滤波器组中的电抗器主要发声部位为电抗器外壳，其主要频率为 2 100 Hz（对应中心频率为 2 000 Hz 的 1/3 倍频带）。

（2）电容器声学与振动测试

同样，对于 C 型滤波器组中的电容器，典型振动测点如图 7-16 所示，电抗器各典型振动测点的测量结果如图 7-17 所示。

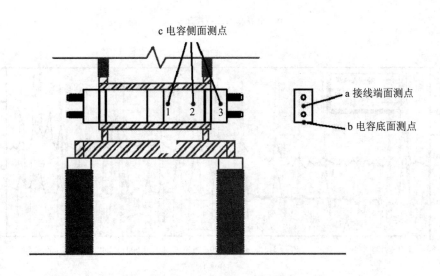

图 7-16　C 型滤波器组电容器典型振动测点

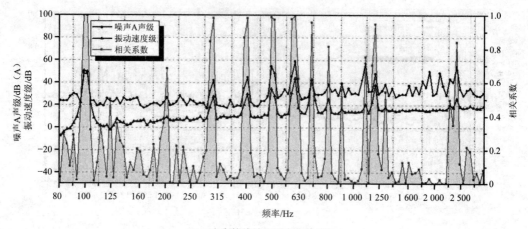

（a）电容接线端面测点测量结果

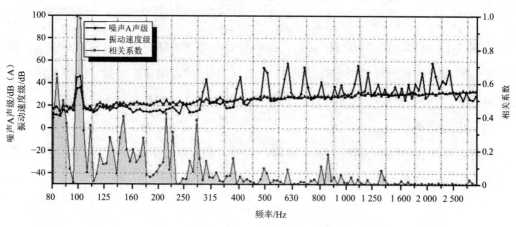

（b）电容底面测点测量结果

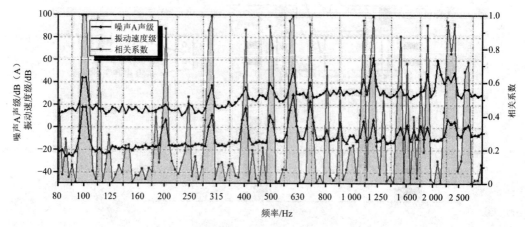

（c）电容侧面测点 1#测量结果

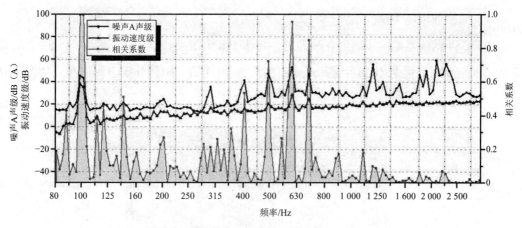

（d）电容侧面测点 2# 测量结果

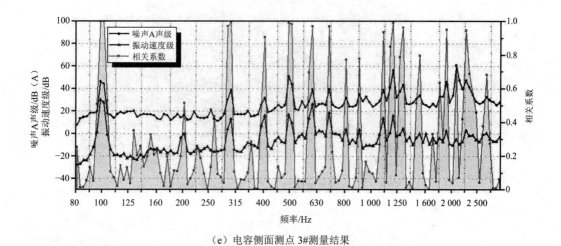

（e）电容侧面测点 3# 测量结果

图 7-17　C 型滤波器组电容器各典型振动测点测量结果

　　由图 7-17 可知，C1 电容器接线端面的噪声 A 声级和振动速度级均在 500 Hz 和 600 Hz 处达到峰值，且两者相关系数接近 1。对比图 7-15 可以看出，与电抗器附近相比，电容器附近 500 Hz 噪声较为突出，因此可将 500 Hz 作为电容器噪声的特征频率（对应于中心频率为 500 Hz 的 1/3 倍频带）。

　　在 1 200 Hz 处，噪声 A 声级达到峰值，但振动速度级和相关系数值很小，说明 1 200 Hz 噪声并非由 C1 电容器辐射的，根据前文对 A 型双调谐滤波器的振动噪声测试结果推断，1 200 Hz 噪声可能来源于 A 型双调谐滤波器电抗器。

　　同样，C1 电容器接线端面的振动明显大于其底面和侧面测点，为主要发声部位为接线端面。

（3）围栏外声场测量

对于 584 滤波器组，共测量 4 种高度，共计 118 个测点，即 1 m 高度 40 个点；2 m 高度 40 个点；3 m 高度北侧 19 个点；4 m 高度北侧 19 个点，围栏外噪声测量布点如图 7-18 所示。

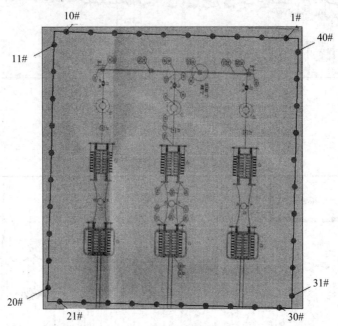

图 7-18　C 型并联电容器围栏外噪声测点布置

表 7-3　C 型滤波器组围栏外各测点 A 声级　　　　　单位：dB（A）

测点编号	A 声级			
	1 m 高度	2 m 高度	3 m 高度	4 m 高度
01#	62.6	62.9	61.2	70.6
02#	64.9	62.2	60.7	73.0
03#	67.0	67.2	61.4	70.4
04#	67.7	65.6	58.1	64.5
05#	69.8	65.5	60.5	62.3
06#	67.8	66.5	64.6	67.3
07#	62.2	66.8	63.6	61.0
08#	63.5	65.5	63.0	64.0
09#	66.5	64.1	63.8	66.3
10#	64.0	61.9	62.3	63.1
11#	66.9	64.2	—	—
12#	67.5	66.7	—	—

测点编号	A 声级			
	1 m 高度	2 m 高度	3 m 高度	4 m 高度
13#	64.7	66.5	—	—
14#	63.0	67.0	—	—
15#	66.6	64.1	—	—
16#	63.3	61.2	—	—
17#	62.3	62.6	—	—
18#	64.6	63.4	—	—
19#	64.2	61.1	—	—
20#	61.6	63.0	—	—
21#	61.1	63.2	—	—
22#	62.2	60.5	—	—
23#	60.5	57.4	—	—
24#	62.0	62.0	—	—
25#	60.7	60.5	—	—
26#	60.3	63.8	—	—
27#	60.5	59.8	—	—
28#	58.2	61.8	—	—
29#	60.1	63.1	—	—
30#	57.8	64.5	—	—
31#	60.8	60.5	61.2	61.0
32#	61.2	61.4	63.2	62.8
33#	61.3	62.5	59.0	62.6
34#	64.5	63.5	63.8	62.3
35#	64.8	66.3	64.6	61.0
36#	66.1	65.9	65.0	60.9
37#	66.8	67.1	60.9	62.5
38#	66.0	66.8	66.6	65.6
39#	66.3	67.0	65.8	67.2
40#	63.1	68.0	—	—

注：由于电器安全距离限制，只在北侧、东侧布置 3 m、4 m 测点。

对比表 7-2 和表 7-3 可知，C 型滤波器组围栏外各测点 A 声级比 A 型双调谐滤波器小 10 dB（A）以上。与 583 交流滤波器组类似，选取高度为 2 m 的测点值进行分析，2 m 高度 584 滤波器场周边所有测点 1/3 倍频程频谱曲线叠放图（图 7-19），典型频率处噪声分布见图 7-20。

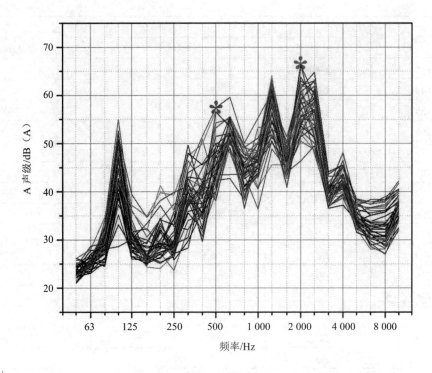

图 7-19　2 m 高度 584 滤波器场周边所有测点 1/3 倍频程频谱曲线叠放

由图 7-19 可知，C 型滤波器组噪声在中心频率为 500 Hz 和 2 000 Hz 的 1/3 倍频带处达到明显峰值。结合振动频率分析结论，500 Hz 噪声主要来源于电容器 C1，2 000 Hz 噪声主要来源于电抗器。

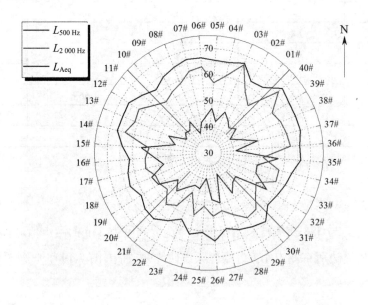

图 7-20　584 滤波器组 2 m 高度各点位典型频率噪声分布

结合图 7-18 中滤波器场电容器和电抗器的布置情况，从图 7-20 中可以看出，由于电抗器位于围栏北侧，其特征频率 2 000 Hz 处的 A 声级呈现北高南低的分布趋势；而由于电容器位于围栏内偏南侧，且其噪声带有明显指向性，主要由接线端面向外辐射，因而其特征频率 500 Hz 处的 A 声级在东南角和西南角较突出。

综上所述，C 型滤波器组中电抗器主要发声部位为外壳，其主要频率为 2 100 Hz（对应中心频率为 2 000 Hz 的 1/3 倍频带）；电容器 C1 辐射噪声带有明显指向性，接线端面和侧面靠近接线面部分为其主要发声部位，主要频率为 500 Hz（对应中心频率为 500 Hz 的 1/3 倍频带）。

7.1.3.3　其他声源区域（B、C 区域）声学特性测试

对于其他声源区域，交流滤波场噪声对其干扰较小，因此可以在正常运行工况下进行测试。测试时交流滤波场的调度情况如图 7-21 所示，功率为 3 002 MW（以下简称"正常工况"）。各区域测点布置情况如图 7-22 所示，测试结果见表 7-4，各声源典型频谱如图 7-23 所示。

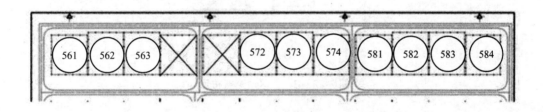

图 7-21　正常工况交流滤波器场调度说明

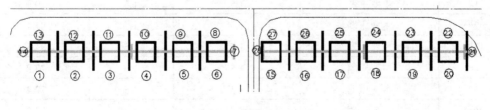

C 区域

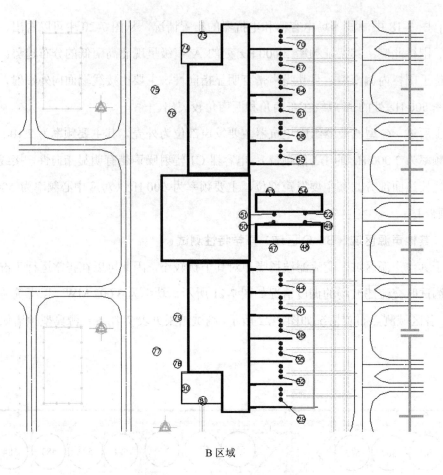

B区域

图 7-22　B、C 区域测点布置

表 7-4　B、C 区域噪声 L_{Aeq} 值

序号	声源名称	与设备的水平距离/m	测点高度/m	L_{Aeq}/dB（A）
1#	主变压器	1.5	1.5	79.9
2#	主变压器	1.5	1.5	81.1
3#	主变压器	1.5	1.5	81.3
4#	主变压器	1.5	1.5	77.8
5#	主变压器	1.5	1.5	77.4
6#	主变压器	1.5	1.5	77.8
7#	主变压器	1.5	1.5	74.0
8#	主变压器	1.5	1.5	78.7
9#	主变压器	1.5	1.5	73.4
10#	主变压器	1.5	1.5	78.6
11#	主变压器	1.5	1.5	81.3

序号	声源名称	与设备的水平距离/m	测点高度/m	L_{Aeq}/dB（A）
12#	主变压器	1.5	1.5	80.2
13#	主变压器	1.5	1.5	80.3
14#	主变压器	1.5	1.5	76.2
15#	主变压器	1.5	1.5	73.8
16#	主变压器	1.5	1.5	77.1
17#	主变压器	1.5	1.5	74.0
18#	主变压器	1.5	1.5	76.6
19#	主变压器	1.5	1.5	78.0
20#	主变压器	1.5	1.5	75.7
21#	主变压器	1.5	1.5	56.3
22#	主变压器	1.5	1.5	76.1
23#	主变压器	1.5	1.5	76.1
24#	主变压器	1.5	1.5	78.2
25#	主变压器	1.5	1.5	74.5
26#	主变压器	1.5	1.5	74.3
27#	主变压器	1.5	1.5	72.7
28#	主变压器	1.5	1.5	74.1
29#	换流变压器	1.5	1.5	83.0
30#	换流变压器	1.5	1.5	87.8
31#	换流变压器	1.5	1.5	84.2
32#	换流变压器	1.5	1.5	86.8
33#	换流变压器	1.5	1.5	83.4
34#	换流变压器	1.5	1.5	86.9
35#	换流变压器	1.5	1.5	82.8
36#	换流变压器	1.5	1.5	83.6
37#	换流变压器	1.5	1.5	84.0
38#	换流变压器	1.5	1.5	84.4
39#	换流变压器	1.5	1.5	84.1
40#	换流变压器	1.5	1.5	83.6
41#	换流变压器	1.5	1.5	82.2
42#	换流变压器	1.5	1.5	80.6
43#	换流变压器	1.5	1.5	83.2
44#	换流变压器	1.5	1.5	83.5
45#	换流变压器	1.5	1.5	82.7
46#	换流变压器	1.5	1.5	83.5
47#	冷却塔	1.0	1.5	74.8

序号	声源名称	与设备的水平距离/m	测点高度/m	L_{Aeq}/dB（A）
48#	冷却塔	1.0	1.5	71.5
49#	冷却塔	1.0	1.5	73.6
50#	冷却塔	1.0	1.5	74.8
51#	冷却塔	1.0	1.5	75.4
52#	冷却塔	1.0	1.5	74.6
53#	冷却塔	1.0	1.5	69.4
54#	冷却塔	1.0	1.5	71.3
55#	换流变压器	1.5	1.5	85.2
56#	换流变压器	1.5	1.5	86.2
57#	换流变压器	1.5	1.5	83.0
58#	换流变压器	1.5	1.5	83.6
59#	换流变压器	1.5	1.5	81.8
60#	换流变压器	1.5	1.5	83.4
61#	换流变压器	1.5	1.5	82.3
62#	换流变压器	1.5	1.5	82.9
63#	换流变压器	1.5	1.5	81.7
64#	换流变压器	1.5	1.5	83.1
65#	换流变压器	1.5	1.5	84.3
66#	换流变压器	1.5	1.5	83.7
67#	换流变压器	1.5	1.5	88.3
68#	换流变压器	1.5	1.5	85.6
69#	换流变压器	1.5	1.5	83.7
70#	换流变压器	1.5	1.5	85.7
71#	换流变压器	1.5	1.5	83.0
72#	换流变压器	1.5	1.5	83.0
73#	平波电抗器	2.0	1.5	78.4
74#	平波电抗器	2.0	1.5	77.2
75#	空调机组	1.0	1.5	82.9
76#	空调机组	1.0	1.5	83.3
77#	空调机组	1.0	1.5	84.8
78#	空调机组	1.0	1.5	85.9
79#	空调机组	1.0	1.5	78.6
80#	平波电抗器	2.0	1.5	80.8
81#	平波电抗器	2.0	1.5	77.6

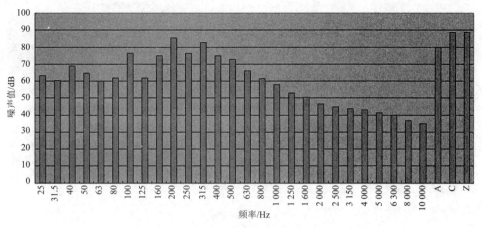

（a）主变压器

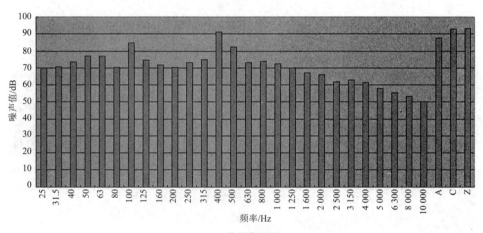

（b）换流变压器

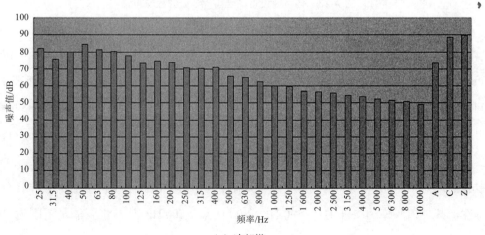

（c）冷却塔

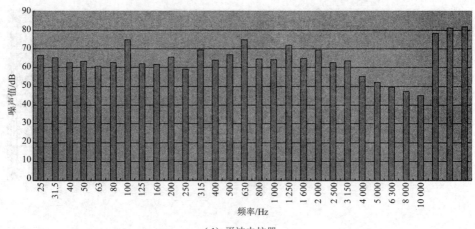

（d）平波电抗器

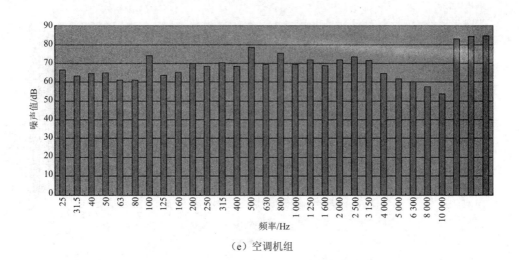

（e）空调机组

图 7-23　各声源设备的典型 1/3 倍频程噪声谱

由图 7-23 中各声源设备的典型 1/3 倍频程噪声谱可知，主变压器噪声谱线峰值出现在 100 Hz、200 Hz、300 Hz、400 Hz、500 Hz 等 100 Hz 的高次谐频，能量主要分布在 100～600 Hz；换流变压器噪声谱线峰值出现在 100 Hz、400 Hz、500 Hz，其中 400 Hz 的噪声最为明显；冷却塔噪声有宽频带特性，主要能量范围为 25～600 Hz；平波电抗器噪声有宽频特性，谱线峰值出现在中心频率为 100 Hz、315 Hz、630 Hz、1 250 Hz 的 1/3 倍频带，其中中心频率为 100 Hz 和 630 Hz 的两个 1/3 倍频带相对突出；空调机组噪声同样具有宽频带特性，其峰值频率为 100 Hz、500 Hz、800 Hz、2 500 Hz 等，主要能量范围为 100～2 500 Hz。

7.1.3.4　站内网格点噪声分布测试

本章还在站内进行了网格布点，测试了整体噪声分布情况。站内网格点示意如图 7-24 所示，各网格点 A 声级测试结果见表 7-5，典型测点 1/3 倍频程谱如图 7-25 所示。

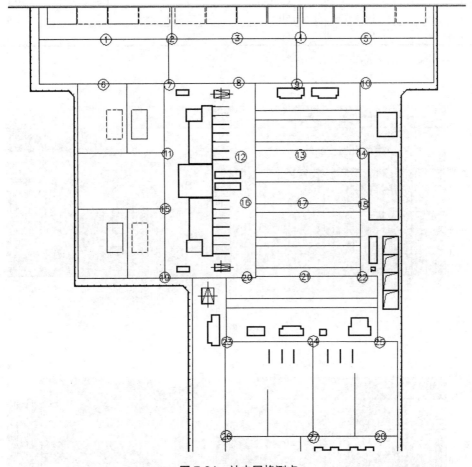

图 7-24　站内网格测点

表 7-5　站内网格点测量数据

序号	测点高度/m	L_{Aeq}/dB（A）	序号	测点高度/m	L_{Aeq}/dB（A）
1#	1.5	70.2	15#	1.5	64.0
2#	1.5	63.4	16#	1.5	66.0
3#	1.5	69.6	17#	1.5	63.3
4#	1.5	67.4	18#	1.5	58.1
5#	1.5	71.4	19#	1.5	65.0
6#	1.5	65.4	20#	1.5	62.1
7#	1.5	66.6	21#	1.5	58.9

序号	测点高度/m	L_{Aeq}/dB（A）	序号	测点高度/m	L_{Aeq}/dB（A）
8#	1.5	66.7	22#	1.5	54.4
9#	1.5	68.3	23#	1.5	67.4
10#	1.5	58.7	24#	1.5	66.2
11#	1.5	64.0	25#	1.5	66.4
12#	1.5	66.5	26#	1.5	56.1
13#	1.5	60.5	27#	1.5	57.4
14#	1.5	59.3	28#	1.5	52.8

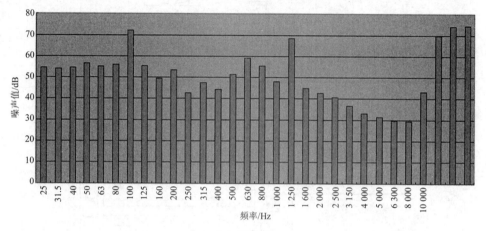

（a）3#点位

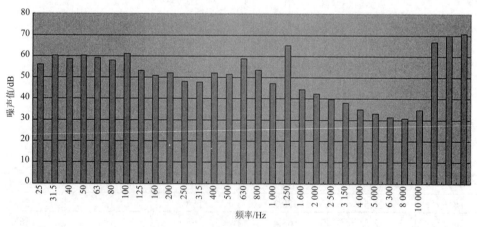

（b）8#点位

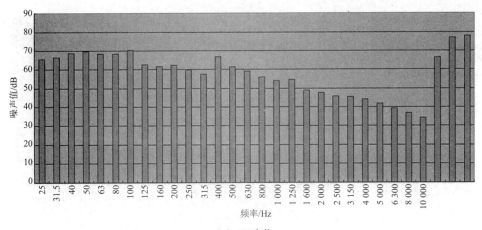

（c）12#点位

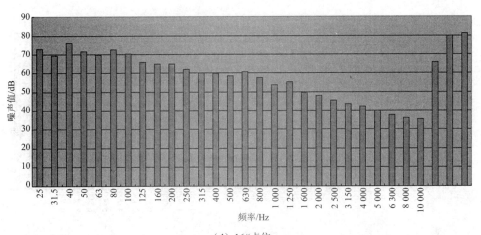

（d）16#点位

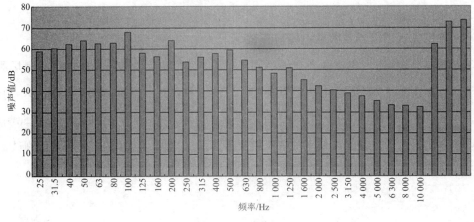

（e）20#点位

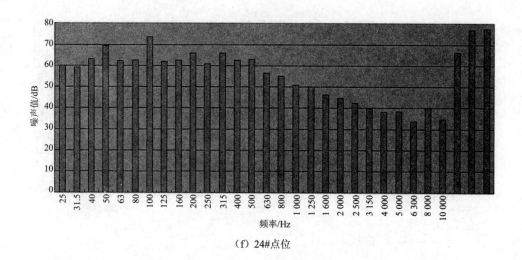

（f）24#点位

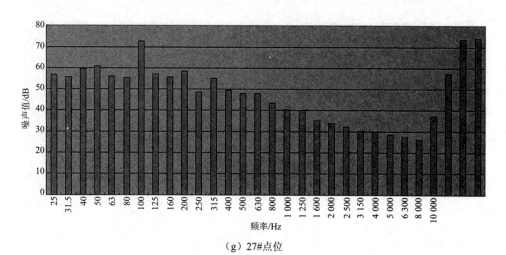

（g）27#点位

图 7-25 网格布点典型测点 1/3 倍频程噪声谱

7.1.3.5 不同工况下厂界及敏感点噪声测试

除站内噪声测试外，本章还在上述不同工况下，对厂界及敏感点噪声进行了现场测试，测试工况包括工况 5 A、工况 4 A+C 以及实际工况 3 种，测点位置如图 7-26 所示，测试结果见表 7-6。由于不同工况下，北侧交流滤波器场投运方式不同，主要影响站内北侧厂界点的噪声变化，因此工况 5 A 及工况 4 A+C 情况只对北侧厂界 1#～8#测点进行测试。

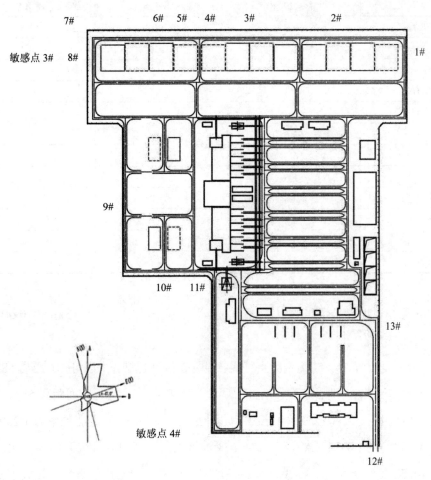

图 7-26　厂界点及敏感点测量点位

表 7-6　各工况厂界点噪声测量值　　　　　　　　单位：dB（A）

测点位置	A 声级		
	正常工况	工况 5A	工况 4A+C
厂界 1#	68.2	71.9	60.3
厂界 2#	75.8	70.5	68.1
厂界 3#	76.3	78.1	75.2
厂界 4#	71.5	75.6	75.6
厂界 5#	70.6	75.7	71.9
厂界 6#	73.9	74.4	70.9

测点位置	A 声级		
	正常工况	工况 5A	工况 4A+C
厂界 7#	69.9	65.9	61.5
厂界 8#	67.1	71.7	74.1
厂界 9#	59.3	—	—
厂界 10#	61.3	—	—
厂界 11#	66	—	—
厂界 12#	53.6	—	—
厂界 13#	56.8	—	—
敏感点 1#	51.5	—	—
敏感点 2#	68.5	—	—
敏感点 3#	59.5	—	—
敏感点 4#	49.1	—	—
敏感点 5#	44.6	—	—

由表 7-6 可知，厂界 1#测点噪声测量值在工况 5 A 和工况 4 A+C 下存在 10 dB（A）以上的差异。

图 7-27 分别是厂界 1#、5#两个测点处噪声的 1/3 倍频程谱。由图可知，距离 583、584 滤波器组较远的 5#测点，两种工况下各 1/3 倍频带 A 声级较为接近；而距离 583、584 滤波器组较近的 1#测点，A 型滤波器组 583 单独开启时（工况 5A）中心频率为 1 250 Hz 的 1/3 倍频带 A 声级为 71.3 dB（A），远高于 C 型滤波器组 584 单独开启时的 56.7 dB（A），两者相差 14.6 dB（A）。可见，A 型双调谐滤波器对厂界点的噪声的贡献明显大于 C 型并联电容器。

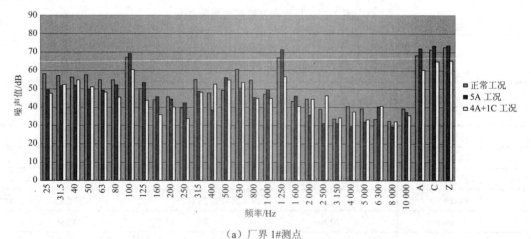

（a）厂界 1#测点

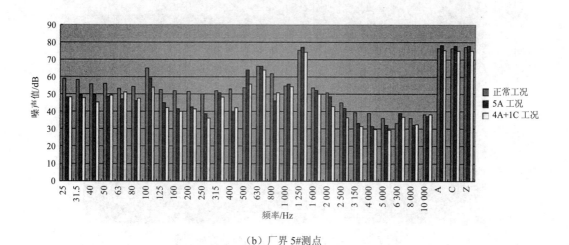

（b）厂界 5#测点

图 7-27 不同工况下典型厂界测点 1/3 倍频噪声谱对比

图 7-28 是正常工况下敏感点 2 处的声强测试结果，其中灰色表示声强方向为站内指向敏感点，黑色表示声强方向为敏感点指向站内（图 7-29）。

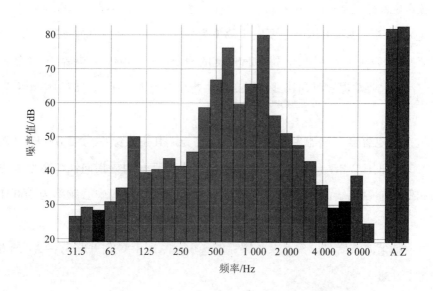

图 7-28 正常工况敏感点 2#声强测量结果

图 7-29　声强测量结果中声音传播方向示意

注：图中灰色表示站内指向敏感点方向，黑色表示敏感点指向站内方向。

　　由图可知，影响敏感点的噪声全部来自换流站，其中第一峰值频率 1 250 Hz 和第二峰值频率 630 Hz 全部来自 A 型双调谐滤波器电抗器；第三峰值频率 500 Hz 则主要来自 A 型双调谐滤波器电容器，因此需重点对这两种声源进行降噪处理。

7.1.3.6　噪声监测结论

　　①A 型双调谐滤波器电抗器主要发声部位为外壳，其主要频率为 600 Hz、700 Hz 和 1 200 Hz（对应中心频率为 630 Hz 和 1 250 Hz 的两个 1/3 倍频带）；电容器 C1 辐射噪声带有明显指向性，主要发生部位为接线端面，其主要频率为 500 Hz（对应中心频率为 500 Hz 的 1/3 倍频带）。

　　②C 型并联电容器电抗器主要发声部位为外壳，其主要频率为 2 100 Hz（对应中心频率为 2 000 Hz 的 1/3 倍频带）；电容器 C1 辐射噪声带有明显指向性，主要发生部位为接线端面和侧面靠近接线面部分，其主要频率为 500 Hz（对应中心频率为 500 Hz 的 1/3 倍频带）。

　　③A 型双调谐滤波器对厂界点及敏感点的噪声贡献大于 C 型并联电容器，两者相差在 10 dB（A）以上。

　　④主变压器噪声谱线峰值出现在 100 Hz、200 Hz、300 Hz、400 Hz、500 Hz 等 100 Hz 的高次谐频，能量主要分布在 100~600 Hz；换流变压器噪声谱线峰值出现在 100 Hz、400 Hz、500 Hz，其中 400 Hz 的噪声最为明显；冷却塔噪声有宽频带特性，主要能量范围为 25~600 Hz；平波电抗器噪声有宽频特性，谱线峰值出现在中心频率为 100 Hz、315 Hz、

630 Hz、1 250 Hz 的 1/3 倍频带，其中中心频率为 100 Hz 和 630 Hz 的两个 1/3 倍频带相对突出；空调机组噪声同样具有宽频带特性，其峰值频率为 100 Hz、500 Hz、800 Hz、2 500 Hz 等，主要能量范围为 100～2500 Hz。

⑤敏感点处声强测量结果表明，影响敏感点的噪声全部来自换流站，其中第一峰值频率 1 250 Hz 和第二峰值频率 630 Hz 全部来自 A 型双调谐滤波器电抗器；第三峰值频率 500 Hz 则主要来自 A 型双调谐滤波器电容器，因此需重点对这两种声源进行降噪处理。

7.1.4　换流站噪声污染控制设计

随着工业的发展和日常民用电器的普及，用电频繁致使电压负载，换流站噪声在我国城市环境噪声及工厂作业环境污染构成中占有一定比例。换流站噪声严重危害职工健康，干扰居民休息，已成为公认的重要环境危害。换流站内各种设备运转噪声级较高，需要对换流站噪声进行控制和治理。

换流站噪声治理的难点：①既保证通风散热，又保证噪声治理达标；②有声源叠加现象（声源多）；③低频声难以治理，治理不好不符合 NR 曲线要求；④可巡视、可拆卸、可移动结构，以满足维护检修要求；⑤材料防火要求高，部分用非金属材料，以满足绝缘和安全要求。

换流站降噪设计标准：根据换流站区域环境噪声昼间测试数据和《声环境噪声标准》（GB 3096—2008）、《工业企业环境噪声排放标准》（GB 12348—2009）中相关标准，换流站围墙外区域环境噪声治理后达到标准中规定的夜间限值（根据不同地区的现场情况，按照相关标准规定等级制定噪声要求）等。

控制换流站噪声应从声源、传声途径和人耳这三个环节采取技术措施。

①控制和消除噪声声源是一项根本性措施。通过工艺改革以无声或产生低声的设备和工艺代替高声设备。精心设计改造方案，合理统筹安排施工次序，如先将不涉及停工设备的步骤先实施，手动控制开一停一分时段进行改造，就能解决问题。

②合理进行厂区规划和厂房设计。

③对局部噪声源采取防噪声措施，采用消声装置以隔离和封闭噪声源；采用隔振装置以防止噪声通过固体向外传播；采用环氧树脂充填电机的转子槽和定子之间的空隙，以此降低电磁性噪声等。

④控制噪声的传播和反射，增设相应的空间吸隔声材料。

⑤加强个体防护。定期对接触噪声的工人进行听力及全身的健康检查，如发现高频段

听力持久性下降并超过了正常波动范围（15～20 dB），应及早调离噪声作业岗位。

7.2 换流站噪声污染控制典型案例

7.2.1 声源降噪方案

由噪声监测结果可知，造成厂界及敏感点噪声超标的主要原因为交流滤波场区声源噪声过大。因此各方案重点对交流滤波器组中的声源（电抗器、电容器）进行降噪处理。由噪声监测结果可知，C 型并联电容器组围栏外各测点声压级比 A 型双调谐滤波器组小 10 dB（A）以上，A 型双调谐滤波器组对厂界点及敏感点的噪声贡献大于 C 型并联电容器组。由之前分析可知，C 型并联电容器组噪声源，可以不进行处理。根据表 7-7 所列的降噪方案，进行声源降噪方案比选，由于厂家 1 提供的低噪声电容器噪声水平与现有站内已投运电容器相当，因此没有考虑更换厂家 1 电容器措施。

表 7-7　声源降噪方案

	降噪措施
声源降噪方案 1	更换 6 组双调谐交流滤波器组的 L1、L2 电抗器（共 36 台），更换为声功率级小于 85 dB（A）的电抗器；将 1 组双调谐交流滤波器组（滤波器组编号 562）的 C1 电容器（共 360 个单元）更换为厂家②的低噪声电容器或厂家③的加装降噪帽电容器［电容器单元声功率级小于 65 dB（A）］
声源降噪方案 2	更换 6 组双调谐交流滤波器组的 L1、L2 电抗器（共 36 台），更换为声功率级小于 85 dB（A）电抗器
声源降噪方案 3	更换 6 组双调谐交流滤波器组的 L1、L2 电抗器（共 36 台），更换为声功率级小于 85 dB（A）的电抗器；更换 6 组双调谐交流滤波器组的 C1 电容器（共 2 160 个单元）为 ABB 加装降噪帽电容器［电容器单元声功率级小于 75 dB（A）］
声源降噪方案 4	更换 6 组双调谐交流滤波器组的 L1、L2 电抗器（共 36 台），更换为声功率级小于 85 dB（A）的电抗器；更换 6 组双调谐交流滤波器组的 C1 电容器（共 2 160 个单元）为厂家③ D 型隔音腔电容器［电容器单元声功率级小于 70 dB（A）］
声源降噪方案 5	更换 6 组双调谐交流滤波器组的 L1、L2 电抗器（共 36 台），更换为声功率级小于 85 dB（A）的电抗器；更换 6 组双调谐交流滤波器组的 C1 电容器（共 2 160 个单元）为厂家②低噪声电容器或厂家③加装降噪帽电容器［电容器单元声功率级小于 65 dB（A）］
声源降噪方案 6	更换 6 组双调谐交流滤波器组的 L1、L2 电抗器（共 36 台），更换为声功率级小于 85 dB（A）电抗器；将 1 组双调谐交流滤波器组（滤波器组编号 562）的 C1 电容器（共 360 个单元）更换为厂家②低噪声电容器或厂家③加装降噪帽电容器［电容器单元声功率级小于 65 dB（A）］；对 1 组双调谐交流滤波器组（滤波器组编号 563）的 C1 电容器（共 360 个单元）设置阻尼隔声套筒

　　某换流站采取表 7-7 中所列的不同治理声源治理方案前后的效果预测计算结果见表 7-8。

表 7-8　某换流站各接收点噪声声压级　　　　　　单位：dB（A）

点位	措施前	声源方案 1	声源方案 2	声源方案 3	声源方案 4	声源方案 5	声源方案 6
厂界 1#	69.2	61.8	61.9	58.9	57.3	56.7	61.8
厂界 2#	68.3	60.1	60.1	56.7	54.6	53.7	60.0.
厂界 3#	74.8	64.7	64.7	61.0	58.5	57.2	64.7
厂界 4#	75.0	64.9	65.0	61.2	58.8	57.6	64.9
厂界 5#	75.4	65.4	65.5	61.9	59.5	58.4	65.3
厂界 6#	72.4	63.5	64.0	60.7	58.8	57.9	62.7
厂界 7#	72.8	63.4	64.1	60.8	58.8	57.9	62.0
厂界 8#	75.1	63.8	65.2	61.6	59.3	58.2	61.6
厂界 9#	68.1	57.7	60.0	56.8	54.9	54.1	56.5
厂界 10#	68.9	58.9	61.4	58.4	56.8	56.0	57.8
厂界 11#	61.4	56.4	56.7	55.6	55.1	55.0	56.0
厂界 12#	61.3	58.8	59.0	58.7	58.5	58.5	58.7
厂界 13#	63.5	62.7	62.8	62.7	62.6	62.6	62.7
厂界 14#	57.7	56.3	56.4	56.1	56.0	56.0	56.2
厂界 15#	55.6	53.8	53.8	53.5	53.4	53.3	53.7
厂界 16#	53.2	51.0	51.0	50.5	50.4	50.3	51.0
厂界 17#	44.5	43.8	43.8	43.6	43.5	43.5	43.8
厂界 18#	59.8	59.6	59.6	59.6	59.6	59.6	59.6
厂界 19#	45.8	45.5	45.5	45.4	45.3	45.3	45.5
居民点 1#	54.4	49.3	49.3	45.6	43.2	42.0	49.3
居民点 2#	65.3	56.2	58.6	54.8	52.3	51.0	54.3
居民点 3#	62.3	53.1	55.5	52.1	50.1	49.1	51.7
居民点 4#	44.7	44.4	44.4	44.3	44.3	44.3	44.4
居民点 5#	42.9	41.1	41.2	40.6	40.4	40.3	41.1

　　采取表 7-7 中所列各声源降噪方案，换流站厂界和敏感点噪声明显降低，但仍有大部分点位存在超标现象，需要结合声屏障方案对换流站噪声进行治理。

　　由以上分析可知，仅对声源进行降噪处理，虽然换流站噪声水平有明显下降，但仍不能使换流站厂界与敏感点达标。故需要考虑声源降噪与声屏障相结合的综合方案。

7.2.2　综合降噪方案对比

　　某站一期噪声治理工程已针对换流变进行了降噪处理，目前引起换流站超标的主要声源为站区北侧交流滤波器场的电容器和电抗器。位于站区北侧厂界外的敏感点 2#（养鸡场），距离北侧交流滤波器场较近，且位于山坡上（地势较高），治理难度大。敏感点 2# 位置和现场情况如图 7-30 和图 7-31 所示。

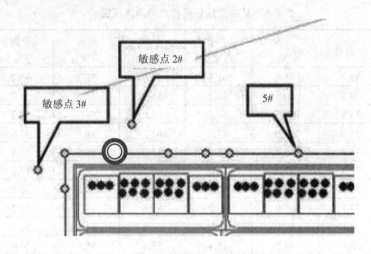

图 7-30　敏感点 2#位置示意

图 7-31　敏感点 2#现场情况

目前敏感点 2#的居民已经得到拆迁补偿款，但仍未搬离。换流站噪声达标监测部门是否将其作为敏感点进行考虑，尚未确定。故综合噪声治理方案按是否保证敏感点 2#达标，分两种情况进行设计。

经对声源进行分析和换流站现有场地进行布置，考虑到日后检修和设备通风散热的需要，结合声源降噪方案，提出以下综合降噪方案：

方案 1A：更换 6 组双调谐交流滤波器组的 L1、L2 电抗器（共 36 台），更换为声功率级小于 85 dB（A）的电抗器；将 1 组双调谐交流滤波器组（滤波器组编号 562）的 C1 电容器（共 360 个单元）更换为厂家②低噪声电容器或厂家③加装降噪帽电容器［电容器单元声功率级小于 65 dB（A）］，滤波器场地附近围墙处新建最高 15 m 围墙声屏障，其余部分局部围墙处新建最高 7 m 围墙声屏障。围墙声屏障形式为下部 2.5 m 围墙，2.5 m 以上装设隔声屏障。其他方案围墙声屏障形式与此相同。该方案可保证全部敏感点与厂界点噪声达标。详细方案见表 7-10。

方案 1B：更换 6 组双调谐交流滤波器组的 L1、L2 电抗器（共 36 台），更换为声功率级小于 85 dB（A）的电抗器；将 1 组双调谐交流滤波器组（滤波器组编号 562）的 C1 电容器（共 360 个单元）更换为厂家②低噪声电容器或厂家③加装降噪帽电容器［电容器单元声功率级小于 65 dB（A）］；滤波器场地附近围墙处新建最高 7 m 围墙声屏障，其余部分局部围墙处新建最高 6 m 围墙声屏障。该方案除敏感点 2#外，其余厂界点和敏感点噪声都达标。详细方案见表 7-11。

方案 2A：更换 6 组双调谐交流滤波器组的 L1、L2 电抗器（共 36 台），更换为声功率级小于 85 dB（A）的电抗器；滤波器场地附近围墙处新建最高 15 m 围墙声屏障，其余部分局部围墙处新建最高 8 m 围墙声屏障。该方案可保证全部敏感点与厂界点噪声达标。详细方案见表 7-12。

方案 2B：更换 6 组双调谐交流滤波器组的 L1、L2 电抗器（共 36 台），更换为声功率级小于 85 dB（A）的电抗器；滤波器场地附近围墙处新建最高 8 m 围墙声屏障，其余部分局部围墙处新建最高 6 m 围墙声屏障。该方案除敏感点 2#外，其余厂界点和敏感点噪声都达标。详细方案见表 7-13。

方案 3A：更换 6 组双调谐交流滤波器组的 L1、L2 电抗器（共 36 台），更换为声功率级小于 85 dB（A）电抗器；更换 6 组双调谐交流滤波器组的 C1 电容器（共 2 160 个单元）为 ABB 加装降噪帽电容器［电容器单元声功率级小于 75 dB（A）］；滤波器场地附近围墙处新建最高 13 m 围墙声屏障，其余部分局部围墙处新建最高 6 m 围墙声屏障。该方案可保证全部敏感点与厂界点噪声达标。详细方案见表 7-14。

方案 3B：更换 6 组双调谐交流滤波器组的 L1、L2 电抗器（共 36 台），更换为声功率级小于 85 dB（A）的电抗器；更换 6 组双调谐交流滤波器组的 C1 电容器（共 2 160 个单元）为 ABB 加装降噪帽电容器［电容器单元声功率级小于 75 dB（A）］；滤波器场地附近围墙处新建最高 6 m 围墙声屏障，其余部分局部围墙处新建最高 6 m 围墙声屏障。该方案除敏感点 2#外，其余厂界点和敏感点噪声都达标。详细方案见表 7-15。

方案 4A：更换 6 组双调谐交流滤波器组的 L1、L2 电抗器（共 36 台），更换为声功率级小于 85 dB（A）的电抗器；更换 6 组双调谐交流滤波器组的 C1 电容器（共 2 160 个单元）为厂家③ D 型隔音腔电容器［电容器单元声功率级小于 70 dB（A）］；滤波器场地附近围墙处新建最高 12 m 围墙声屏障，其余部分局部围墙处新建最高 6 m 围墙声屏障。该方案可保证全部敏感点与厂界点噪声达标。详细方案见表 7-16。

方案 4B：更换 6 组双调谐交流滤波器组的 L1、L2 电抗器（共 36 台），更换为声功率级小于 85 dB（A）的电抗器；更换 6 组双调谐交流滤波器组的 C1 电容器（共 2 160 个单元）为厂家③ D 型隔音腔电容器［电容器单元声功率级小于 70 dB（A）］；滤波器场地附近围墙处新建最高 5 m 围墙声屏障，其余部分局部围墙处新建最高 6 m 围墙声屏障。该方案除敏感点 2#外，其余厂界点和敏感点噪声都达标。详细方案见表 7-17。

方案 5A：更换 6 组双调谐交流滤波器组的 L1、L2 电抗器（共 36 台），更换为声功率级小于 85 dB（A）的电抗器；更换 6 组双调谐交流滤波器组的 C1 电容器（共 2 160 个单元）为厂家②低噪声电容器或厂家③加装降噪帽电容器［电容器单元声功率级小于 65 dB（A）］；滤波器场地附近围墙处新建最高 11 m 围墙声屏障，其余部分局部围墙处新建最高 6 m 围墙声屏障。该方案可保证全部敏感点与厂界点噪声达标。详细方案见表 7-18。

方案 5B：更换 6 组双调谐交流滤波器组的 L1、L2 电抗器（共 36 台），更换为声功率级小于 85 dB（A）的电抗器；更换 6 组双调谐交流滤波器组的 C1 电容器（共 2 160 个单元）为厂家②低噪声电容器或厂家③加装降噪帽电容器［电容器单元声功率级小于 65 dB（A）］；滤波器场地附近围墙处新建最高 4 m 围墙声屏障，其余部分局部围墙处新建最高 6 m 围墙声屏障。该方案除敏感点 2#外，其余厂界点和敏感点噪声都达标。详细方案见表 7-19。

方案 6A：更换 6 组双调谐交流滤波器组的 L1、L2 电抗器（共 36 台），更换为声功率级小于 85 dB（A）的电抗器；将 1 组双调谐交流滤波器组（滤波器组编号 562）的 C1 电容器（共 360 个单元）更换为厂家②低噪声电容器或厂家③加装降噪帽电容器［电容器单元声功率级小于 65 dB（A）］；对 1 组双调谐交流滤波器组（滤波器组编号 563）的 C1 电容器（共 360 个单元）设置阻尼隔声套筒；滤波器场地附近围墙处新建最高 14 m 围墙声屏障，其余部分局部围墙处新建最高 7 m 围墙声屏障。该方案可保证全部敏感点与厂界点噪声达标。详细方案见表 7-20。

方案 6B：更换 6 组双调谐交流滤波器组的 L1、L2 电抗器（共 36 台），更换为声功率级小于 85 dB（A）的电抗器；将 1 组双调谐交流滤波器组（滤波器组编号 562）的 C1 电容器（共 360 个单元）更换为厂家②低噪声电容器或厂家③加装降噪帽电容器［电容器单元声功率级小于 65 dB（A）］；对 1 组双调谐交流滤波器组（滤波器组编号 563）的 C1 电容器（共 360 个单元）设置阻尼隔声套筒；滤波器场地附近围墙处新建最高 7 m 围墙声屏障，其余部分局部围墙处新建最高 6 m 围墙声屏障。该方案除敏感点 2#外，其余厂界点和敏感点噪声都达标。详细方案见表 7-21。

　　方案 7：全屏障方案，无声源降噪措施。滤波器场地附近新建高 15 m 声屏障，其余部分局部围墙处新建最高 5 m 围墙声屏障。该方案部分厂界点和敏感点噪声不能达标。详细方案见表 7-22。

　　各方案中隔声屏障板厚度不低于 100 mm，结构形式为压型钢板背板+48 kg/m³ 玻璃棉+无碱憎水玻璃丝布+镀锌骨架（1.5 mm 厚镀锌板折成）+1.0 mm 压型铝合金孔板（穿孔率 25%）。屏障的布置应考虑设备防雷接地，以及与设备的安全距离；设计屏障板计权隔声量 Rw≥20 dB，保证设备区域日常的检修维护。

　　用 SoundPLAN 噪声预测软件对上述各方案的降噪效果进行预测，噪声治理措施前及各方案噪声源取值见表 7-9，预测接收点布置如图 7-32 所示，噪声治理措施前噪声预测网格图见图 7-33。各方案噪声计算网格图与声屏障布置见图 7-34～图 7-46，各方案噪声治理措施见表 7-10～表 7-22，各方案下测点预测 A 声级见表 7-23。

　　从采取各综合方案降噪措施后噪声网格图可以看出，方案 1～方案 6 中 A 方案变电站所有厂界点和敏感点能够达标；B 方案，除了敏感点 2#外，其余厂界点和敏感点都能使噪声达标。全屏障方案 7 存在多处厂界点和敏感点未达标现象。

表 7-9　噪声治理前及各方案噪声源取值　　　　单位：dB（A）

设备		类型	数量	声功率级							
				治理前	方案 1	方案 2	方案 3	方案 4	方案 5	方案 6	方案 7
换流变压器		点源	3 台/组×4 组	103	103	103	103	103	103	103	103
平波电抗器		点源	2 台	103	103	103	103	103	103	103	103
A 型双调谐滤波器组电容器 C1	编号 562	线源	3 台/组×1 组	100	85	100	95	90	85	85	100
	编号 563	线源	3 台/组×1 组	100	100	100	95	90	85	95	100
	其他	线源	3 台/组×5 组	100	100	100	95	90	85	100	100
A 型双调谐滤波器组电抗器 L1		点源	3 台/组×6 组	105	85	85	85	85	85	85	105
A 型双调谐滤波器组电抗器 L2		点源	3 台/组×6 组	105	85	85	85	85	85	85	105

设备	类型	数量	声功率级							
			治理前	方案1	方案2	方案3	方案4	方案5	方案6	方案7
C型并联电容器组 电容器 C1	线源	6 台/组× 6 组	84	84	84	84	84	84	84	84
C型并联电容器组 电抗器 L1	点源	3 台/组× 6 组	84	84	84	84	84	84	84	84
阀冷却塔	点源	8 台	88	88	88	88	88	88	88	88
空调冷却机组	点源	3 台	99	99	99	99	99	99	99	99
交流变压器	点源	3 台/组× 4 组	98	98	98	98	98	98	98	98

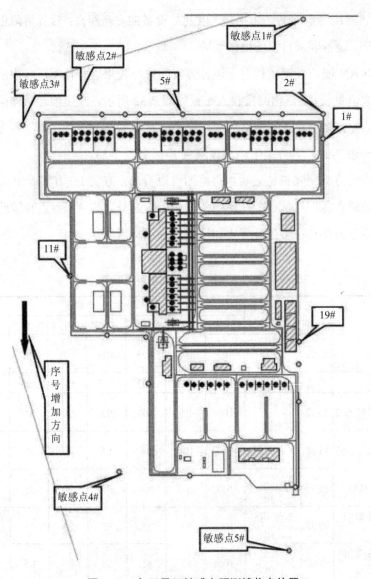

图 7-32　各厂界及敏感点预测接收点位置

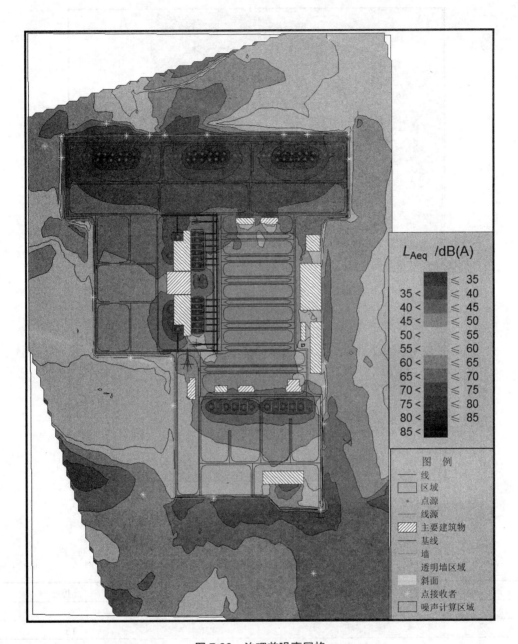

图 7-33　治理前噪声网格

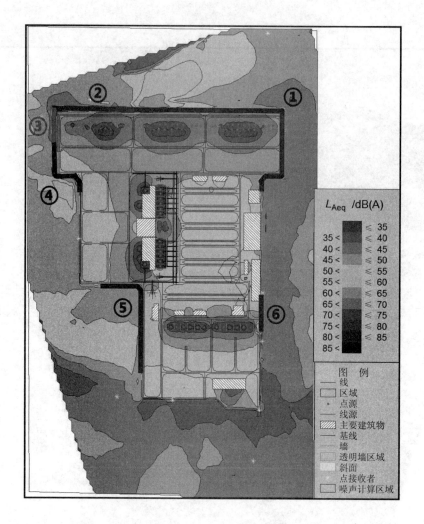

图 7-34　方案 1A 噪声预测网格图与声屏障平面布置

表 7-10　方案 1A 噪声治理措施

单位：m

屏障段号	名称	长度	高度
①	围墙声屏障	408	5
②	围墙声屏障	126	15
③	围墙声屏障	52.5	7
④	围墙声屏障	121	4
⑤	围墙声屏障	206	6
⑥	围墙声屏障	61	5
合计		974.5	—

声源降噪措施为更换 6 组双调谐交流滤波器组的 L1、L2 电抗器（共 36 台），更换为声功率级小于 85 dB（A）的电抗器；将 1 组双调谐交流滤波器组（滤波器组编号 562）的 C1 电容器（共 360 个单元）更换为厂家②低噪声电容器或厂家③加装降噪帽电容器［电容器单元声功率级小于 65 dB（A）］

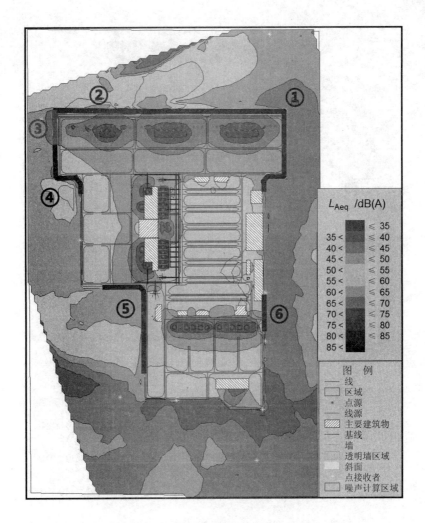

图 7-35 方案 1B 噪声预测网格图与声屏障平面布置

表 7-11 方案 1B 噪声治理措施

单位：m

屏障段号	名称	长度	高度
①	围墙声屏障	408	5
②	围墙声屏障	126	5
③	围墙声屏障	52.5	7
④	围墙声屏障	121	4
⑤	围墙声屏障	206	6
⑥	围墙声屏障	61	5
合计		974.5	—

声源降噪措施为更换 6 组双调谐交流滤波器组的 L1、L2 电抗器（共 36 台），更换为声功率级小于 85 dB（A）的电抗器；将 1 组双调谐交流滤波器组（滤波器组编号 562）的 C1 电容器（共 360 个单元）更换为厂家②低噪声电容器或厂家③加装降噪帽电容器［电容器单元声功率级小于 65 dB（A）］

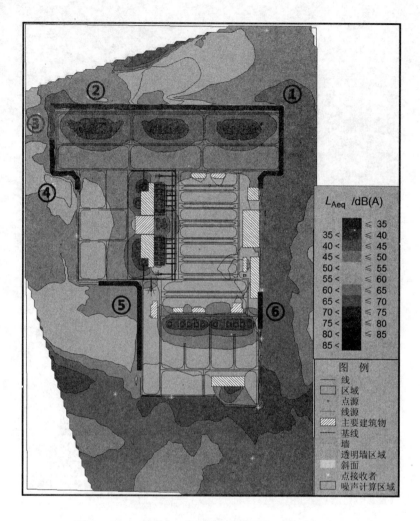

图 7-36　方案 2A 噪声预测网格图与声屏障平面布置

表 7-12　方案 2A 噪声治理措施　　　　　　　　　　　　　　　　　　　　　单位：m

屏障段号	名称	长度	高度
①	围墙声屏障	408	5
②	围墙声屏障	126	15
③	围墙声屏障	52.5	7
④	围墙声屏障	121	4
⑤	围墙声屏障	206	6
⑥	围墙声屏障	61	5
合计		974.5	—

其他降噪措施为更换 6 组双调谐交流滤波器组的 L1、L2 电抗器（共 36 台），更换为声功率级小于 85 dB（A）的电抗器

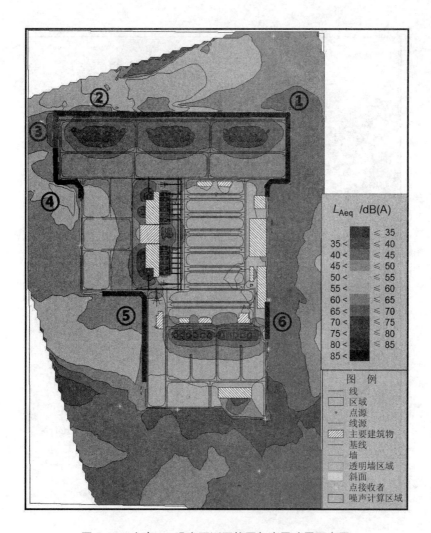

图 7-37　方案 2B 噪声预测网格图与声屏障平面布置

表 7-13　方案 2B 噪声治理措施　　　　　　　　　　　　　　　　　　　单位：m

屏障段号	名称	长度	高度
①	围墙声屏障	408	5
②	围墙声屏障	126	5
③	围墙声屏障	52.5	8
④	围墙声屏障	121	4
⑤	围墙声屏障	206	6
⑥	围墙声屏障	61	5
合计		974.5	—

其他降噪措施为更换 6 组双调谐交流滤波器组的 L1、L2 电抗器（共 36 台），更换为声功率级小于 85 dB（A）的电抗器

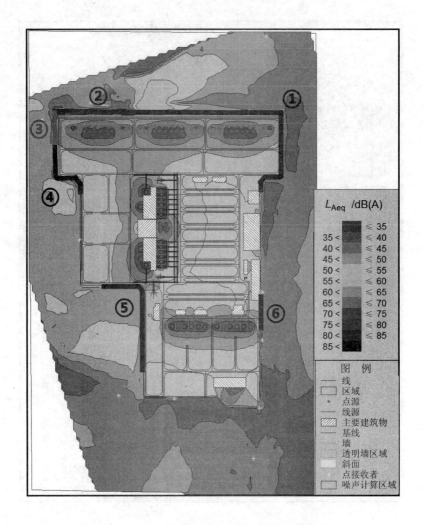

图 7-38 方案 3A 噪声预测网格图与声屏障平面布置

表 7-14 方案 3A 噪声治理措施 单位：m

屏障段号	名称	长度	高度
①	围墙声屏障	408	4
②	围墙声屏障	126	13
③	围墙声屏障	52.5	6
④	围墙声屏障	121	4
⑤	围墙声屏障	206	6
⑥	围墙声屏障	61	5
合计		974.5	—

其他降噪措施为更换 6 组双调谐交流滤波器组的 L1、L2 电抗器（共 36 台），更换为声功率级小于 85 dB（A）的电抗器；更换 6 组双调谐交流滤波器组的 C1 电容器（共 2 160 个单元）为 ABB 加装降噪帽电容器［电容器单元声功率级小于 75 dB（A）］

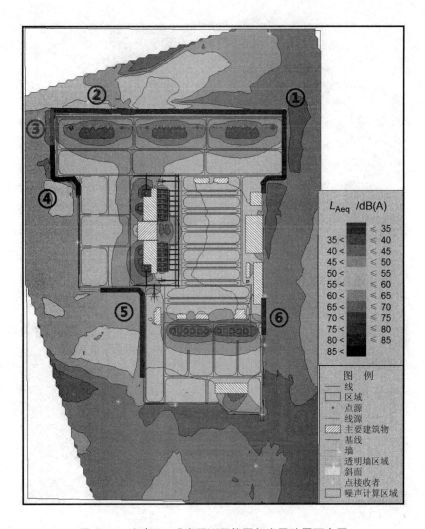

图 7-39　方案 3B 噪声预测网格图与声屏障平面布置

表 7-15　方案 3B 噪声治理措施 单位：m

屏障段号	名称	长度	高度
①	围墙声屏障	408	4
②	围墙声屏障	126	4
③	围墙声屏障	52.5	6
④	围墙声屏障	121	4
⑤	围墙声屏障	206	6
⑥	围墙声屏障	61	5
合计		974.5	—

其他降噪措施为更换 6 组双调谐交流滤波器组的 L1、L2 电抗器（共 36 台），更换为声功率级小于 85 dB（A）的电抗器；更换 6 组双调谐交流滤波器组的 C1 电容器（共 2 160 个单元）为 ABB 加装降噪帽电容器［电容器单元声功率级小于 75 dB（A）］

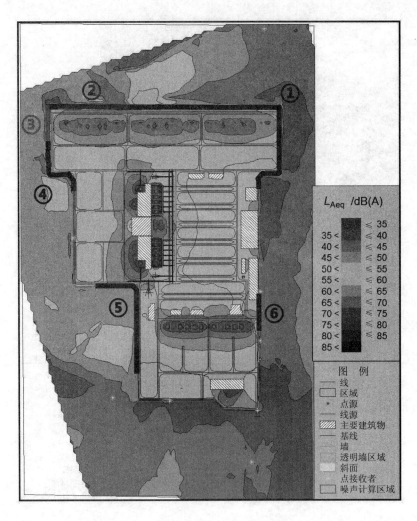

图 7-40 方案 4A 噪声预测网格图与声屏障平面布置

表 7-16 方案 4A 噪声治理措施   单位：m

屏障段号	名称	长度	高度
①	围墙声屏障	408	3.5
②	围墙声屏障	126	12
③	围墙声屏障	52.5	5
④	围墙声屏障	121	4
⑤	围墙声屏障	206	6
⑥	围墙声屏障	61	5
合计		974.5	—

其他降噪措施为更换 6 组双调谐交流滤波器组的 L1、L2 电抗器（共 36 台），更换为声功率级小于 85 dB（A）的电抗器；更换 6 组双调谐交流滤波器组的 C1 电容器（共 2 160 个单元）为厂家③D 型隔音腔电容器［电容器单元声功率级小于 70 dB（A）］

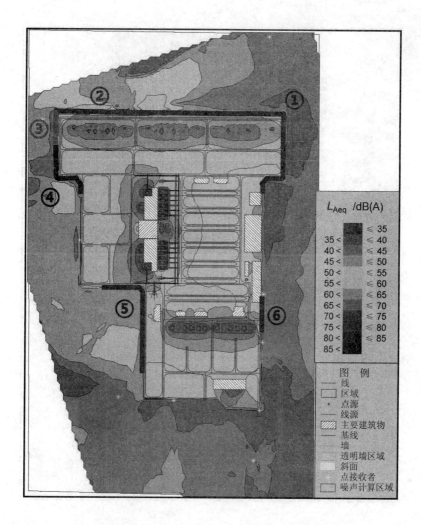

图 7-41 方案 4B 噪声预测网格图与声屏障平面布置

表 7-17 方案 4B 噪声治理措施   单位：m

屏障段号	名称	长度	高度
①	围墙声屏障	408	3.5
②	围墙声屏障	126	3.5
③	围墙声屏障	52.5	5
④	围墙声屏障	121	4
⑤	围墙声屏障	206	6
⑥	围墙声屏障	61	5
合计		974.5	—

其他降噪措施为更换 6 组双调谐交流滤波器组的 L1、L2 电抗器（共 36 台），更换为声功率级小于 85 dB（A）的电抗器；更换 6 组双调谐交流滤波器组的 C1 电容器（共 2 160 个单元）为厂家③D 型隔音腔电容器［电容器单元声功率级小于 70 dB（A）］

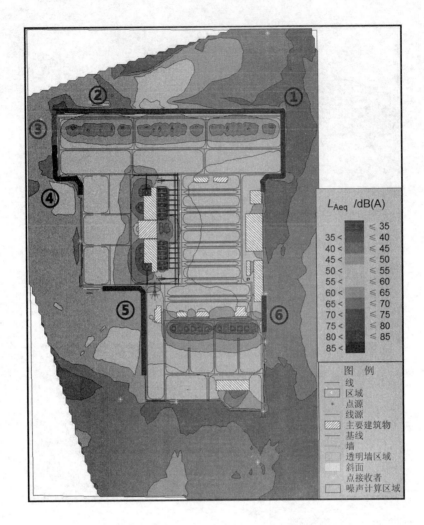

图 7-42 方案 5A 噪声预测网格图与声屏障平面布置

表 7-18 方案 5A 噪声治理措施   单位：m

屏障段号	名称	长度	高度
①	围墙声屏障	408	3
②	围墙声屏障	126	11
③	围墙声屏障	52.5	4
④	围墙声屏障	121	4
⑤	围墙声屏障	206	6
⑥	围墙声屏障	61	5
合计		974.5	—

其他降噪措施为更换 6 组双调谐交流滤波器组的 L1、L2 电抗器（共 36 台），更换为声功率级小于 85 dB（A）的电抗器；更换 6 组双调谐交流滤波器组的 C1 电容器（共 2 160 个单元）为厂家②低噪声电容器或厂家③加装降噪帽电容器 [电容器单元声功率级小于 65 dB（A）]

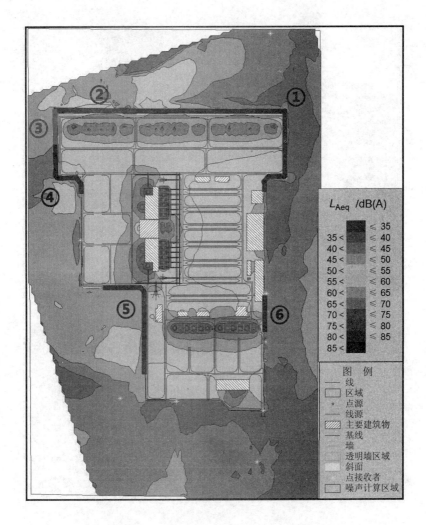

图 7-43 方案 5B 噪声预测网格图与声屏障平面布置

表 7-19 方案 5B 噪声治理措施 单位：m

屏障段号	名称	长度	高度
①	围墙声屏障	408	3
②	围墙声屏障	126	3
③	围墙声屏障	52.5	4
④	围墙声屏障	121	4
⑤	围墙声屏障	206	6
⑥	围墙声屏障	61	5
合计		974.5	—

其他降噪措施为更换 6 组双调谐交流滤波器组的 L1、L2 电抗器（共 36 台），更换为声功率级小于 85 dB（A）的电抗器；更换 6 组双调谐交流滤波器组的 C1 电容器（共 2 160 个单元）为厂家②低噪声电容器或厂家③加装降噪帽电容器 [电容器单元声功率级小于 65 dB（A）]

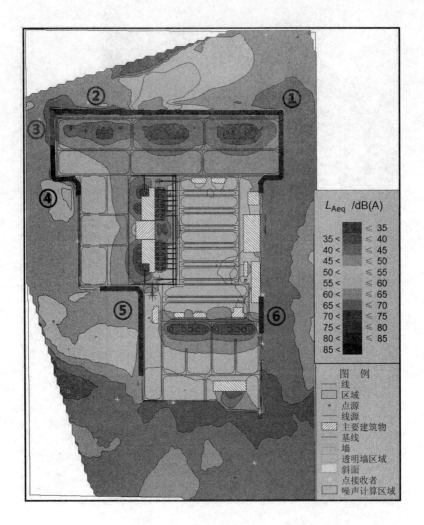

图 7-44　方案 6A 噪声预测网格图与声屏障平面布置

表 7-20　方案 6A 噪声治理措施　　　　　　　　　　　　　　　　　单位：m

屏障段号	名称	长度	高度
①	围墙声屏障	408	5
②	围墙声屏障	126	14
③	围墙声屏障	52.5	7
④	围墙声屏障	121	4
⑤	围墙声屏障	206	6
⑥	围墙声屏障	61	5
合计		974.5	—

其他降噪措施为更换 6 组双调谐交流滤波器组的 L1、L2 电抗器（共 36 台），更换为声功率级小于 85 dB（A）的电抗器；将 1 组双调谐交流滤波器组（滤波器组编号 562）的 C1 电容器（共 360 个单元）更换为厂家②低噪声电容器或厂家③加装降噪帽电容器 [电容器单元声功率级小于 65 dB（A）]

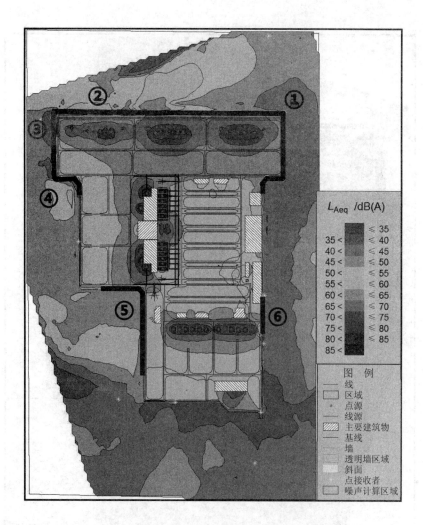

L_{Aeq} /dB(A)

	≤ 35
35 <	≤ 40
40 <	≤ 45
45 <	≤ 50
50 <	≤ 55
55 <	≤ 60
60 <	≤ 65
65 <	≤ 70
70 <	≤ 75
75 <	≤ 80
80 <	≤ 85
85 <	

图　例
线
区域
点源
线源
主要建筑物
基线
墙
透明墙区域
斜面
点接收者
噪声计算区域

图 7-45　方案 6B 噪声预测网格图与声屏障平面布置

表 7-21　方案 6B 噪声治理措施　　　　　　　　　　　　　　　　　　单位：m

屏障段号	名称	长度	高度
①	围墙声屏障	408	5
②	围墙声屏障	126	5
③	围墙声屏障	52.5	7
④	围墙声屏障	121	4
⑤	围墙声屏障	206	6
⑥	围墙声屏障	61	5
合计		974.5	—

其他降噪措施为更换 6 组双调谐交流滤波器组的 L1、L2 电抗器（共 36 台），更换为声功率级小于 85 dB（A）的电抗器；将 1 组双调谐交流滤波器组（滤波器组编号 562）的 C1 电容器（共 360 个单元）更换为厂家②低噪声电容器或厂家③加装降噪帽电容器［电容器单元声功率级小于 65 dB（A）］

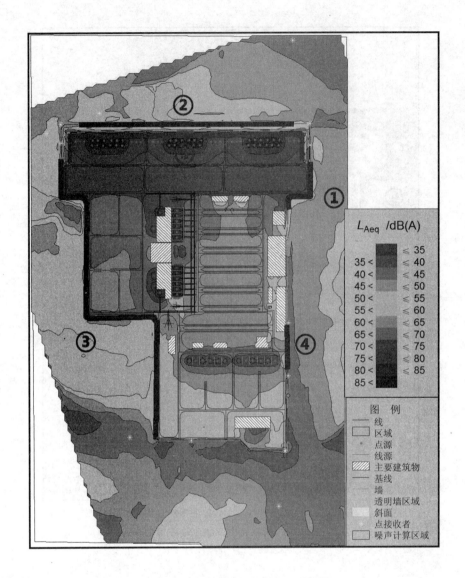

图 7-46　方案 7 噪声预测网格图与声屏障平面布置

表 7-22　方案 7 噪声治理措施　　　　　　　　　　　　　　单位：m

屏障段号	名称	长度	高度
①	围墙声屏障	105	5
②	围墙声屏障	320	5
③	围墙声屏障	551	5
④	围墙声屏障	61	5
⑤	声屏障	435	15
合计		1 472	—
无声源降噪措施			

单位：dB（A）

表 7-23　各接收点噪声声压级

接收点	治理前	方案 1		方案 2		方案 3		方案 4		方案 5		方案 6		方案 7
		A	B	A	B	A	B	A	B	A	B	A	B	
厂界 1#	69.2	43.8	43.8	43.8	43.8	42.1	42.1	41.5	41.5	41.8	41.8	43.7	43.7	48.6
厂界 2#	68.3	41.8	41.8	41.9	41.9	40.0	40.0	39.2	39.2	39.4	39.4	41.8	41.8	44.7
厂界 3#	74.8	46.5	46.5	46.5	46.5	44.2	44.2	42.9	42.9	43.2	43.2	46.4	46.4	50.5
厂界 4#	75.0	46.5	46.5	46.6	46.6	44.3	44.3	42.9	42.9	43.0	43.0	46.5	46.5	50.7
厂界 5#	75.4	48.1	48.1	48.3	48.3	47.0	47.0	46.7	46.7	48.0	48.0	47.9	47.9	51.1
厂界 6#	72.4	45.8	45.8	46.3	46.3	44.7	44.7	44.1	44.1	44.7	44.7	45.2	45.2	48.5
厂界 7#	72.8	44.8	45.7	45.5	46.4	42.7	44.7	41.4	44.0	40.8	44.5	43.6	44.6	48.8
厂界 8#	75.1	45.1	45.7	46.3	47.0	43.2	44.8	41.5	43.6	40.8	43.8	43.3	44.0	50.8
厂界 9#	68.1	39.6	39.8	41.4	41.5	38.9	39.3	37.9	38.3	38.1	39.7	38.7	38.8	44.3
厂界 10#	68.9	42.3	40.9	44.1	42.8	41.8	40.5	41.2	39.8	41.7	42.0	41.4	40.1	48.9
厂界 11#	61.4	46.6	46.2	48.2	47.6	46.2	45.9	45.4	45.1	45.0	44.9	45.9	45.7	47.1
厂界 12#	61.3	46.8	46.8	46.9	46.8	46.7	46.7	46.7	46.7	46.7	46.7	46.8	46.8	49.5
厂界 13#	63.5	47.4	47.4	47.4	47.4	47.3	47.3	47.3	47.3	47.3	47.3	47.4	47.4	48.8
厂界 14#	57.7	47.2	46.9	48.2	47.6	46.7	46.4	46.1	46.0	45.9	45.8	46.4	46.2	55.1
厂界 15#	55.6	43.4	43.4	43.4	43.4	43.3	43.3	43.3	43.3	43.3	43.3	43.4	43.4	44.1
厂界 16#	53.2	41.0	40.9	41.0	41.0	40.8	40.8	40.7	40.7	40.7	40.7	40.9	40.9	42.1
厂界 17#	44.5	43.2	43.2	43.3	43.2	43.2	43.2	43.1	43.1	43.1	43.1	43.2	43.2	43.8
厂界 18#	59.8	44.0	44.0	44.0	44.0	44.0	44.0	43.9	43.9	43.9	43.9	44.0	44.0	44.7
厂界 19#	45.8	41.2	41.2	41.2	41.2	41.1	41.1	41.0	41.0	41.0	41.0	41.2	41.2	42.3
居民敏感点 1#	54.4	48.2	48.2	48.2	48.2	45.1	45.1	42.8	42.8	41.8	41.8	48.1	48.1	43.7
居民敏感点 2#	65.3	47.8	56.3	48.8	58.9	48.5	55.0	48.1	52.4	48.2	51.0	48.2	54.4	53.3
居民敏感点 3#	62.3	48.3	46.7	48.0	46.7	48.5	47.5	48.1	47.3	48.4	48.8	47.1	45.7	50.3
居民敏感点 4#	44.7	44.1	44.1	44.1	44.1	44.0	44.0	44.0	44.0	44.0	44.0	44.1	44.1	43.4
居民敏感点 5#	42.9	41.2	41.2	41.2	41.2	40.6	40.6	40.4	40.4	40.3	40.3	41.2	41.2	44

方案效果评价：

方案 1 的声源降噪措施为更换 6 组双调谐交流滤波器组的 L1、L2 电抗器（共 36 台），更换为声功率级小于 85 dB（A）的电抗器；将 1 组双调谐交流滤波器组（滤波器组编号 562）的 C1 电容器（共 360 个单元）更换为厂家②低噪声电容器或厂家③加装降噪帽电容器 [电容器单元声功率级小于 65 dB(A)]。方案 1A 交流滤波器场附近围墙处新建最高 15 m 声屏障，可保证全部敏感点和厂界点噪声达标，投资总费用 2 629 万元。方案 1B 交流滤波器场附近围墙处新建最高 7 m 声屏障，除敏感点 2#外，其余敏感点和厂界点均噪声达标，投资总费用 2 520 万元。

方案 2 的声源降噪措施为更换 6 组双调谐交流滤波器组的 L1、L2 电抗器（共 36 台），更换为声功率级小于 85 dB(A)的电抗器；方案 2A 交流滤波器场附近围墙处新建最高 15 m 声屏障，可保证全部敏感点和厂界点噪声达标，投资总费用 1 913 万元。方案 2B 交流滤波器场附近围墙处新建最高 8 m 声屏障，除敏感点 2#外，其余敏感点和厂界点均噪声达标，投资总费用 1 804 万元。

方案 3、方案 4、方案 5 声源降噪措施中，均更换 6 组双调谐交流滤波器组的 L1、L2 电抗器（共 36 台），更换为声功率级小于 85 dB（A）的电抗器；更换全部双调谐交流滤波器组 C1 电容器分别为 ABB 加装降噪帽电容器 [电容器单元声功率级小于 75 dB（A）]、厂家③D 型隔音腔电容器 [电容器单元声功率级小于 70 dB（A）]、厂家②低噪声电容器或厂家③加装降噪帽电容器 [电容器单元声功率级小于 65 dB（A）]。A 方案交流滤波器场附近围墙处新建最高声屏障高度分别为 13 m、12 m、11 m，可保证全部敏感点和厂界点噪声达标。B 方案交流滤波器场附近围墙处新建最高声屏障高度分别为 6 m、5 m、4 m，除敏感点 2#外，其余敏感点和厂界点均噪声达标。由于均更换全部双调谐交流滤波器组 C1 电容器，故总投资费用较高，在 5 400 万元以上。

方案 6 的声源降噪措施为更换 6 组双调谐交流滤波器组的 L1、L2 电抗器（共 36 台），更换为声功率级小于 85 dB（A）的电抗器；将 1 组双调谐交流滤波器组（滤波器组编号 562）的 C1 电容器（共 360 个单元）更换为厂家②低噪声电容器或厂家③加装降噪帽电容器 [电容器单元声功率级小于 65 dB（A）]；对 1 组双调谐交流滤波器组（滤波器组编号 563）的 C1 电容器（共 360 个单元）设置阻尼隔声套筒。方案 6A 交流滤波器场附近围墙处新建最高 14 m 声屏障，可保证全部敏感点和厂界点噪声达标，投资总费用 2 667 万元。方案 6B 交流滤波器场附近围墙处新建最高 7 m 声屏障，除敏感点 2#外，其余敏感点和厂界点均噪声达标，投资总费用 2 569 万元。

　　方案 7 为全屏障方案，该方案声屏障工程量最高，在交流滤波器场附近设置高度 15 m 的声屏障后，又在北侧厂界设置 5 m 高声屏障，不能保证北侧厂界点和敏感点全部达标。

　　推荐采用方案 1A 作为工程实施方案，该方案可保证全部敏感点和厂界点达标。该方案将部分交流滤波器组电抗器更换为低噪声设备，更换一组双调谐交流滤波器组的 C1 电容器为低噪声电容器，在部分站内围墙上方新建声屏障以实现厂界及居民敏感点噪声全部达标。该方案投资较小，屏障距离交流滤波器场远，方便日后电气设备更换检修，不会造成电气设备运行隐患。通过某噪声治理工程，可积累电抗器与电容器的声源降噪措施经验，为解决类似换流站噪声超标问题提供治理思路。

第8章　输电线路噪声污染控制

近年来，随着电网建设不断加快，输电线路不断地向大容量和超/特高压化发展，由输电线带来的风噪声和电晕噪声以及对环境的影响问题日益受到重视，尤其是能被直接感知的可听噪声，已成为人们关注的重点。为建设环境友好型输变电工程，输电线路噪声是线路建设中必须解决的重要问题之一。

8.1　输电线路电晕噪声污染控制

8.1.1　输电线路电晕噪声产生机理

电晕现象是带电导体周围空间出现强电场并使空气发生游离的结果，是一种特殊的气体放电形式（图8-1）。在大气中存在数量巨大的自由电子，这些电子在输电线路电场的作用下加速，并不停地撞击气体原子。当电场强度增加，气体中自由电子的运动速度亦随着不断增大，其撞击气体原子的时所携带的能量也越大。当电场强度到达某一数值时，气体自由电子具备的撞击能量正好可以使得气体原子中的电子摆脱原子核束缚，产生一个新的离子，即输电线周边空气开始产生电离现象。大气中的氮、氧等原子受到自由电子的撞击而激发，跃迁到较高的能级。随后，受激发的原子力图回到基态，与此同时放出激发时所吸收的能量。正离子也有机会和自由电子产生碰撞，使得正离子与自由电子复合，转变为中性原子，这个过程会释放出多余的能量。在不断地电离、复合过程中，会辐射出大量光子，因此夜晚时可以看到输电线周围产生的蓝色晕光，并同时伴随有"咝咝"声响，这就是电晕现象。电晕放电对高压输电线路产生的影响非常大，据不完全统计，全国每年因电晕损耗的电能已经达到了25亿 kW·h，十分巨大，因此对电晕现象的研究就显得十分重要。除了能量浪费外，其产生的电磁噪声比一般的噪声更令人烦躁，并且电晕放电过程中还伴随着高频脉冲电流，这会大幅干扰无线电通信。此外，电晕放电还会使空气发生化学反应产生氮氧化物和臭氧，这些气体会严重腐蚀金属电极，进而使得电极表面更加不平整，又进一步加剧了电晕放电现象，形成恶性循环。

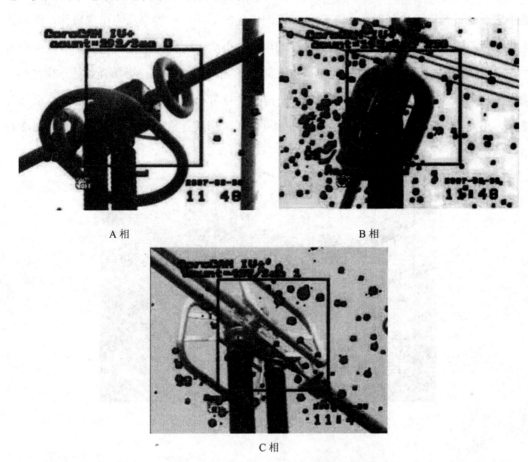

A 相 B 相

C 相

图 8-1 隔离刀闸中部电晕放电紫外成像

当输电线路电压越来越高、输电线半径越大的时候，电晕放电将会变弱。此外输电线的布局方式以及其对地高度等因素都将影响电晕放电的触发电压和电离强度。此外，从外部环境来看，如果空气污染比较严重，或在空气密度小、湿度大的地方，电晕放电更加容易发生，并且会更强烈。

影响交流架空线路电晕放电水平的主要因素：

①架空输电线表面情况。影响输电线表面状况的主要有两个方面：一是飘落到输电线上的异物，如粉尘、树枝、风筝等。当异物附着在架空输电线表面时，会使输电线表面场强发生畸变，在畸变场强的峰值位置，容易成为起晕部位；二是制造工艺或架设过程会引

起架空输电线表面出现毛刺、凸起等现象，投入运行后在这些部位的局部场强会增强，有可能成为线路的起晕部位。

②临近架空输电线的小质点。当输电线处于雨、雪及雾霾天气或粉尘环境中，空气中的小质点靠近带电输电线时，由于输电线周围电场的影响，使得小质点出现极化，面向输电线和背向输电线侧分别感应出不同极性的电荷。小质点面向带电输电线侧感应的电荷极性与输电线上的相反，对输电线与小质点之间的场强有助增作用。当场强到达一定数值，输电线与小质点之间击穿空气间隙放电，使得小质点带上与输电线同样极性的电荷而相互排斥，小质点又迅速离开带电输电线。如此反复，可形成连续的电晕放电现象。图 8-2 是电晕笼实景图。

图 8-2　电晕笼实景

③空气密度和大气条件。相对空气密度和气象状况直接影响输电线表面起晕临界场强。相对空气密度增加，提高了电晕起始电场强度。在高海拔地区，由于相对空气密度较小，因此在相同的输电线结构和电压下，其电晕放电情况较低海拔地区要严重得多。

由于电场的加速，离子比空气分子热能大，且电场的支配附加有整体的定向运动。可听噪声是空气分子层振动传播的结果，由离子施加的作用引起。离子与分子的质量相当，在碰撞中离子损失能量较大，对空气起到加热作用，可以产生宽频噪声向外传播。同时，大量离子的定向运动向空气分子层施加压力，形成声压。在交变电场作用下，正极性区间正离子沿径向向外运动，对空气层施加压力，负极性区间由电子附着于分子形成的负离子沿径向向外运动，对空气层施加压力，从而形成对空气层的周期性作用，产生向外传播的声波。图 8-3 是电晕笼上的多通道噪声测量系统图。

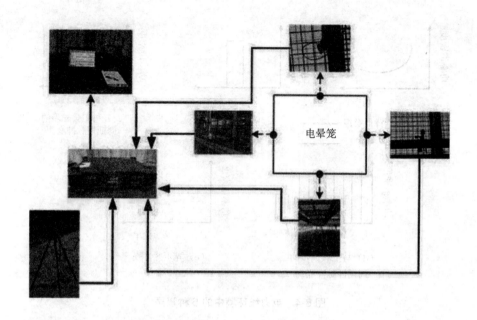

图 8-3 电晕笼上的多通道噪声测量系统

8.1.2 输电线路电晕噪声特性

架空输电线的表面场强达到某一临界限值时，该输电线表面将出现电晕现象。随机的高能放电使输电线附近空气压缩或变稀薄并以声的形式传播，产生可听噪声。架空线路的可听噪声主要有两个频率分量：一是宽频带噪声（破裂声、"吱吱"声），二是频率为 50 Hz 及其整数倍的纯声（"哼哼"声和"嗡嗡"声）。输电线电晕引起的随机且无规律放电脉冲是宽频带噪声的源头，其与环境背景噪声有着明显的差异。引起人们厌烦的主要是由于离子往返运动挤压空气引起的 50 Hz 及其整数倍的纯声。交流输电系统电压是随着时间在正负半波之间交变，由于电晕产生的正、负离子在带电输电线附近以 2 倍工频往返运动，因此电晕放电发出的可听噪声频率主要为 100 Hz。

当可听噪声频率超过 1 000 Hz 时，其随距离的衰减幅度将非常明显（图 8-4）。因此，在离开交流输电线路一定距离后，可听噪声中的高频分量会很快衰减，噪声的主要成分将是 100 Hz 的纯声。

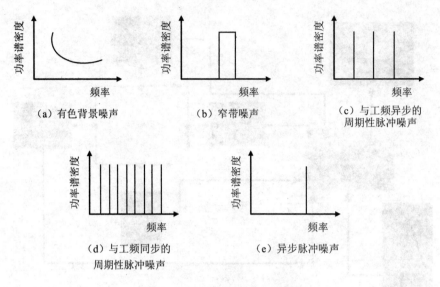

图 8-4　电力线环境中的 5 种噪声

8.1.3　输电线路电晕噪声控制

电晕噪声因电晕现象产生，可以通过减少或者防止输电线路电晕的产生从而减少电晕噪声的影响。

8.1.3.1　导体电极控制

减少导体电极曲率半径小的部位是减少和防止电晕的最佳途径。首先，变电所母线的耐张夹处是很容易产生电晕的地方，母线尾端剪切不平滑是主要原因，其解决办法是在母线两端加装球形附件，并采用线夹穿钉开口销封闭装置，使曲率半径小的耐张夹不会暴露在空气中。然后，线路的耐张杆塔两端剪切通常也不会很平滑，也容易产生电晕，其解决办法是在其跳线两头套用球头状铝筒棒等。

8.1.3.2　传输导线控制

除增加导线半径和采用空芯导线外，使用分裂导线也能够减小电晕现象的影响。采用子导线非对称分裂方式，可使每相子导线分配的电荷均匀，降低导线表面电场，从而减小可听噪声。但这种方法会对线路施工检修、辅助金具的材料工艺、导线防舞动以及杆塔应力设计等提出严格要求。

8.1.3.3 附加子导体控制

采取附加子导体，即在对称分裂子导线束中再加 1 根子导线，以达到改善和减小各子导线表面电荷分布，从而达到减小表面电场强度的目的，降低可听噪声。但附加子导线会增加导线重量，引起局部过热，并易造成舞动碰线。因杆塔重量会有所增加，需要特殊的子导线间隔棒。在工程建设中，可将附加子导线分割为长 10 m 的小段，分别装设在需要的地方以降低工程费用和施工难度。

8.1.3.4 防晕涂料控制

增加导线半径、增加分裂数、提高杆塔高度或者增加不平滑保护装置等，这些方法虽然能降低电晕损耗，但需要投入大量的财力、人力，不切实际。使用一些涂料（如 RTV 涂料等）也可改善输电线路的电晕放电现象。在导线上涂抹既不影响导线散热、又有较高老化寿命的亲水涂料等，使导线在大雾、毛毛雨及雨停后附着在导线表面上的水滴吸收到线股之间而不易形成水滴，减小雨水滴沿导线随机分布的电晕源点，从而减小因此产生的电晕放电，以达到降低可听噪声的目的。这种方法对工程建设的成本影响也比较大。

8.2 输电线路风噪声污染控制

8.2.1 输电线路风噪声产生机理

当风吹过输电线后，由于空气的黏性作用，会在输电线表面产生大的边界层，边界层因输电线表面不平坦而剥离进而形成周期性的卡门旋涡。卡门旋涡会引起输电线表面的压力变化从而产生空气振动，形成输电线风噪声。当把输电线看作圆柱体时，其周围的空气流动模型如图 8-5 所示。阻力 F_D 的振幅一般在举力振幅的 10%以下，因此在输电线表面产生的压力变动主要为近似上下交错运动的举力振动。由于举力振动几乎是垂直于风向的，因此输电线风噪声一般不是沿风向传播，而是最容易沿与风向垂直的方向传播。

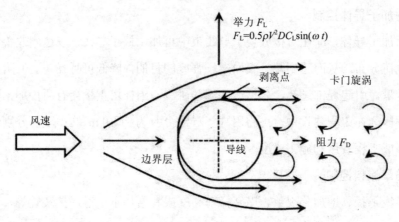

注：图中举力 F_L 的公式中，ρ 为空气密度（kg/m³）；V 为风吹到输电线时的速度（m/s）；C_L 为举力变动系数；ω 为卡门旋涡振动角频率（Hz）。

图 8-5 导线周围的空气流动模型

8.2.2 输电线路风噪声特性

输电线风噪声水平与输电线路的对地高度、输电线方式（单输电线或分裂输电线）、风向以及风速等有关，具体分析如下：

①输电线路距地高度越高越容易产生风噪声，因此，随着电压等级的提高，在考虑地面电磁环境等问题而提高输电线路高度的同时，需要采取措施来防止随之而来的线路风噪声问题。

②分裂输电线风噪声水平与分裂数、子输电线间距离以及排列方式有关。当风吹过分裂输电线时（如双分裂输电线），在迎风侧子输电线表面产生的卡门旋涡会与在背风侧子输电线表面产生的卡门旋涡相干涉，使得背风侧子输电线表面的压力变化增加。因此，分裂输电线产生的输电线风噪声水平一般比单输电线的风噪声高。

③当风垂直吹向输电线时（即风向角为 90°时），产生的风噪声水平最高。随着风向角的减小，风噪声水平也随之降低。

④当风速增大时，风噪声水平也升高。根据日本电力中央研究所的试验结果，随着风速的增加，风噪声水平以风速的 6 次幂升高。

⑤输电线风噪声水平随传播距离的增加而降低。输电线风噪声的频率特性主要与风速及输电线的直径有关。根据风洞试验结果，风速越大，产生的输电线风噪声的主频率越高；在风速一定的情况下，不同直径的输电线都有各自的固有主频率成分，并且输电线直径越

小，其主频率越高。输电线风噪声的主频率与风速、输电线的直径有下列关系：

$$f = S_t \cdot \frac{V}{D} \tag{8-1}$$

式中：f —— 输电线风噪声的主频率，Hz；

　　　V —— 风速，m/s；

　　　S_t —— 斯托罗哈尔参数，$S_t = 0.2$；

　　　D —— 输电线的直径，m。

8.2.3　输电线路风噪声控制

输电线风噪声一般指自然风作用在输电线上所产生的入耳难以忍受的声音。风噪声的振动频率为 50～250 Hz，属于声音的低频范围，传播范围可达 1 000 m。风噪声对策实施方案如图 8-6 所示。

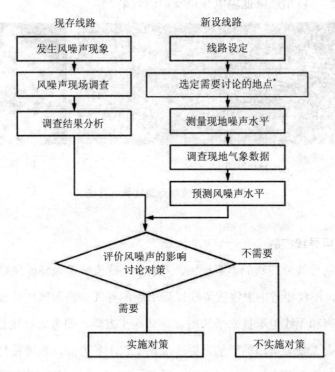

注：*表示一般在强风地区的房屋等。

图 8-6　风噪声对策的实施方案

8.2.3.1 扰流线控制

输电线风噪声是随着气流从输电线周围剥离引起压力变化而产生的，因此设法改变输电线断面形状或者增加输电线表面的粗糙度，使气流处于乱流剥离状态，便有可能降低输电线风噪声。具体办法是开发用铝线或铝包钢线制成的扰流线。但其副作用是，在输电线上缠绕扰流线后，输电线的电晕噪声和无线电干扰水平均略有增加，比较有代表性的 500 kV 输电线路采用输电线 ACSR410ramx。采取缠绕扰流线措施后，处于风噪声的主要频率带的噪声水平降低了 10 dB 以上。

在超高压输电线上缠绕扰流线主要有 3 种不同的方式：①对角 2 条缠绕（图 8-7）；②对角密着 4 条缠绕；③密着 2 条缠绕。其中对角密着 4 条缠绕和密着 2 条缠绕方式不仅能降低输电线风噪声，而且对降低输电线电晕噪声也有很好的效果。在需要采取缠绕扰流线措施的场合，从悬垂线夹出口处开始，在输电线的全档长度上都要安装。在装有防震锤的场合，可从防震锤线夹出口处开始安装，扰流线的螺旋方向分为右旋和左旋 2 种。在分裂输电线的场合，相邻的次档距上应安装不同旋向的扰流线，相邻的子输电线上也应安装不同旋向的扰流线。以增强降低输电线风噪声的效果。

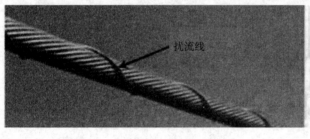

（a）实物图　　　　　　　　　　　　　　　（b）切面图

图 8-7　扰流线螺旋式缠绕导线

8.2.3.2 低风噪声导线控制

随着输电线路导线分裂数的不断增加，采取缠绕扰流线措施降低风噪声的场合越来越多。从设计方面，不仅要考虑缠绕扰流线以后引起的导线自重和风压荷载的增加，而且要考虑导线电晕噪声和无线电干扰水平的增加。从施工方面，要考虑导线分裂数增加以后，缠绕扰流线作业人工安装费用的增加。综合考虑了以上各方面，经过反复试验研究，研究者在 20 世纪 80 年代开发出低风噪声导线，并从 1987 年开始于 500 kV 输电线路中使用。低风噪声导线是在导线制造过程中，直接在其外层绞制若干股类似扰流线的异型线股，这种异型线股要比扰流线的直径小，而且具有一定的开角（图 8-8），使新型低风噪声导线不会增加电晕噪声和无线电干扰水平，而且与缠绕扰流线措施具有同等的防风噪声效果。因此低风噪声导线是一种兼顾防风噪声和电晕噪声的特种导线。

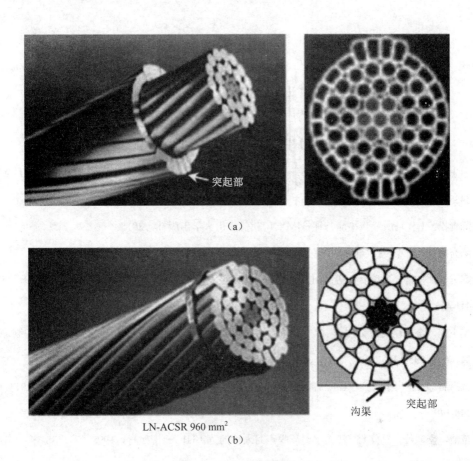

（a）

LN-ACSR 960 mm²

（b）

图 8-8　低风噪声导线

参考文献

[1] 白志勇，李功宇，黄志亮，等. 新型干式变压器通风消声窗研究[J]. 科学技术与工程，2009, 9（18）：5485-5489.

[2] 陈青松. 工作场所噪声检测与评价[M]. 广州：中山大学出版社，2015.

[3] 陈秀娟. 工业噪声控制[M]. 北京：化学工业出版社，1981.

[4] 陈玉翠，刘静，秦晓蕾，等. 2017年天津市滨海新区噪声危害现状[J]. 职业与健康，2019, 35（3）：411-413.

[5] 樊小鹏，李丽，刘嘉文. 户内配电变压器结构噪声污染分析及控制措施[J]. 噪声与振动控制，2014, 34（6）：135-139.

[6] 范惠君. 配电房干式变压器噪音的形成、造成的危害和减震降噪处理方案[J]. 科技传播，2014, 6（7）：148-149.

[7] 范洁，李政峰，马文樵. 浅谈水泥厂噪声对人体的危害[J]. 云南建材，1998（2）：38-39.

[8] 高扬. 变电站声场特性及噪声分布预测研究[D]. 保定：华北电力大学，2014.

[9] 郭栋. 汽车传动系声品质评价方法与控制研究[D]. 成都：西南交通大学，2015.

[10] 郭桂梅，邓欢忠，韦献革，等. 噪声对人体健康影响的研究进展[J]. 职业与健康，2016, 32（5）：713-716.

[11] 洪宗辉. 环境噪声控制工程[M]. 北京：高等教育出版社，2002.

[12] 蒋丹，邓海宏，温文涛，等. 地下低压配电房通风降噪仿真与分析[J]. 电工电气，2014（12）：21-25.

[13] 李文忠. 城区变电站噪声影响分析及降噪措施的研究与应用[D]. 福州：福州大学，2017.

[14] 梁遥，瞿明霞，章平，等. 地下配电房干式变压器的降噪处理[J]. 农村电气化，2013（7）：23-24.

[15] 廖丹. 小区配电房噪声及常见故障处理方法[J]. 科技风，2012（23）：53-54.

[16] 廖谦. 特高压工程变电站噪声特性及控制性措施研究[D]. 兰州：兰州交通大学，2016.

[17] 林炬，胡建伟. 高压输变电项目声环评问题分析[J]. 环境影响评价，2015, 37（2）：54-56.

[18] 刘广祥. 噪声控制措施对变电站噪声声品质改善效果评价方法研究[D]. 杭州：浙江大学，2018.

[19] 刘惠玲. 环境噪声控制[M]. 哈尔滨：哈尔滨工业大学出版社，2002.

[20] 刘嘉林，王毅. 城区箱式变压器环保监测分析与安装建议[J]. 城市管理与科技，2005（5）：198-199.

[21] 卢燕，詹承烈，李昌吉. 噪声对女性生殖机能的影响[J]. 预防医学情报杂志，1990（2）：70-72.

[22] 罗梦维. 输电线路运行产生的电晕及其影响[J]. 通讯世界，2017（12）：142-143.

[23] 马惠钦，李明辉. 谈噪声的危害与防治[J]. 生物学教学，2004，9（3）：47-49.

[24] 马涛，顾辉，丁亚峰. 对于数字滤波器系统设计的研究[J]. 山东工业技术，2019（9）：133.

[25] 聂云峰. 噪声的危害及防护[J]. 湖南安全与防灾，2014（12）：46-47.

[26] 潘家玮. 变电站的噪声分析与降噪控制策略研究[D]. 广州：华南理工大学，2014.

[27] 钱堃. 电动汽车声品质评价分析与控制技术研究[D]. 长春：吉林大学，2016.

[28] 曲长宏，庞宏. 浅谈噪声对人体的危害[J]. 黑龙江环境通报，2003（2）：22-23

[29] 曲飞雨. 变电站噪声及隔声材料隔声性能研究[D]. 保定：华北电力大学，2017.

[30] 沈秋霞，姚青，赖风香. 噪声测量仪器的发展[J]. 电声技术，2008（3）：80-82.

[31] 盛美萍. 噪声与振动控制技术基础（3版）[M]. 北京：科学出版社，2017.

[32] 宋琦如，金锡鹏. 噪声与呼吸系统损伤[J]. 劳动医学，2000（3）：153-174.

[33] 苏丽俐. 车内声品质主客观评价与控制方法研究[D]. 长春：吉林大学，2012.

[34] 孙春平. 室内配电房及变压器结构传声治理研究[D]. 成都：西南交通大学，2013.

[35] 唐兆民. 噪声污染的现状、危害及其治理[J]. 生态经济，2017，33（1）：6-9.

[36] 唐志胜，李志远，白宇. 居民区配电房噪声研究与控制[J]. 广西轻工业，2011，27（3）：93-94.

[37] 田野，刘磊，侯帅，等. 输电线路风噪声防治对策研究[J]. 南方电网技术，2015，9（1）：19-24.

[38] 王小涛. 电力变压器噪声辐射特性研究[D]. 合肥：合肥工业大学，2013.

[39] 王永宏，耿明昕，安翠翠，等. 箱式变压器噪声治理的研究与应用[J]. 陕西电力，2012，40（8）：
50-52.

[40] 王泽元. 城市环境噪声污染与监测技术探讨[J]. 科学技术创新，2015（36）：134-134.

[41] 肖尧. 摩托车发动机的声品质评价研究[D]. 重庆：重庆大学，2016.

[42] 谢军. 汽车声品质评价技术及方法研究[D]. 长春：吉林大学，2009.

[43] 熊积斌. 浅谈噪声污染的现状、危害及其治理[J]. 资源节约与环保，2018（6）：138-139.

[44] 徐世勤. 工业噪声与振动控制[M]. 北京：冶金工业出版社，1999.

[45] 鄢涛. 试论小区配电房噪声及常见故障处理对策[J]. 企业技术开发，2013，32（9）：126.

[46] 闫函，董克，董新春. 关于工业企业厂界环境噪声排放标准的思考与探讨[J]. 环境与可持续发展，

2016（1）：41-43.

[47] 闫靓，陈克安. 声品质与噪声影响评价[J]. 环境影响评价，2013（6）：26-28.

[48] 叶鸿声，袁志磊，赵连岐. 降低特高压输电线路电晕可听噪声的措施[J]. 电力建设，2007（8）：1-5.

[49] 尤传永. 输电线路低噪声导线的开发研究[J]. 电线电缆，2008（1）：1-5.

[50] 尤庆伟，宋秀丽，毛洁. 不同类型的噪声对作业工人听力损害的调查分析[J]. 医药论坛杂志，2006（18）：77-78.

[51] 张茜茹. 选择降噪金具降低电晕噪声[J]. 能源与节能，2011（12）：14-17，96.

[52] 张晓龙. 干式变压器隔声罩消声器研制[D]. 昆明：昆明理工大学，2008.

[53] 张颖姬，黄海龙. 环境噪声监测中应注意的问题[J]. 环境监测管理与技术，2003，15（3）：33-34.

[54] 郑剑武. 架空输电线路的电晕及其对环境的影响[J]. 山东工业技术，2018（23）：195，219.

[55] 周建国，李莉华，杜茵，等. 变电站、换流站和输电线路噪声及其治理技术[J]. 中国电力，2009，42（3）：75-78.

[56] 周年光. 变电站噪声控制技术及典型案例[M]. 北京：中国电力出版社，2015.

[57] 周雪会. 高压输电线路电晕放电分析与研究[J]. 科技展望，2017（3）：58.

[58] 周兆驹. 噪声环境影响评价与噪声控制实用技术[M]. 北京：机械工业出版社，2016.